职业教育"十三五"规划教材

计算机应用项目式教程

JISUANJI YINGYONG XIANGMUSHI JIAOCHENG

主　审／王爱红

主　编／王发荣　李　超　熊学斌

副主编／王　昇　申时岗　薛　熠　王　燕

参　编／张　毅　杨健波　金　芃　张　鹤

卢仕萍　杨　斌　黄　遂

北京师范大学出版集团

BEIJING NORMAL UNIVERSITY PUBLISHING GROUP

北京师范大学出版社

图书在版编目(CIP)数据

计算机应用项目式教程/王发荣，李超，熊学斌主编. —北京：北京师范大学出版社，2017.9

(职业教育“十三五”规划教材)

ISBN 978-7-303-22739-6

Ⅰ.①计… Ⅱ.①王… ②李… ③熊… Ⅲ.①电子计算机—中等专业学校—教材 Ⅳ.①TP3

中国版本图书馆 CIP 数据核字(2017)第 212130 号

营销中心电话 010-58802181 58805532
北师大出版社职业教育教材网 http://zjfs.bnup.com
电子信箱 zhijiao@bnupg.com

出版发行：北京师范大学出版社 www.bnup.com
北京市海淀区新街口外大街 19 号
邮政编码：100875
印　　刷：天津市宝文印务有限公司
经　　销：全国新华书店
开　　本：787 mm×1092 mm 1/16
印　　张：15
字　　数：325 千字
版　　次：2017 年 9 月第 1 版
印　　次：2017 年 9 月第 1 次印刷
定　　价：37.50 元

策划编辑：林　子　　责任编辑：林　子
美术编辑：高　霞　　装帧设计：高　霞
责任校对：陈　民　　责任印制：陈　涛

前　言

随着《国家中长期教育改革和发展规划纲要(2010—2020年)》的颁布，中等职业教育与高等职业教育协调发展，构建现代职业教育体系，增强职业教育支撑产业发展的能力，使职业教育为社会、经济和人的发展服务已经成为职业教育理论工作者与实践工作者的共识。

培养高素质的职业教育人才，离不开高质量的学校，离不开高水平的教师，更离不开理念先进、内容丰富、形式新颖的精品教材！为此，我们组织全国行业职业教育教学指导委员会、全国中等职业教育教学改革创新指导委员会、职业教育教学研究机构的专家群策群力编写了本套教材。

本教材由王爱红担任顾问，由王发荣、李超、熊学斌担任主编，由王昇、申时岗、薛熠、王燕担任副主编，张毅、杨健波、金芃、张鹤、卢仕萍、杨斌参编。

本教材主要讲授计算机应用基础，以项目为引领、以任务为导向。通过项目实践，掌握计算机应用基础知识。本教材可作为全国计算机高新信息技术等级考试的参考资料。全书共有4编共13个项目，其中第1编计算机基础知识包含2个项目，主要介绍计算机的基本组成，重点强调计算机的基础知识；第2编Window 7操作系统包含2个项目，主要介绍当前使用较为广泛的Windows 7操作系统的功能；第3编Office办公软件包含7个项目，涵盖了Word、Excel和PowerPoint软件的基本操作，熟练掌握以后能应对当前社会对办公软件的常规需求；第4编网络基础应用包含2个项目，重点介绍如何接通网络，如何使用网络进行搜索并下载资料。每编由若干个项目构成，每个项目分解为若干个常规任务，每个任务都有详细的步骤演示，以图文并茂的形式，生动详细的讲解，辅以拓展任务的设计，在完成常规任务的基础上为读者提供了横向发展的空间。在每编的最后设计了扫一扫任务，可让读者通过扫描二维码掌握更有趣的知识。

在编写教材的过程中，我们参阅了大量的相关论著与资料，引用了一些最新的研究成果，但由于时间较紧、联系方式不准确等原因，未能一一取得原成果作者的同意，敬请原成果作者谅解并与我们取得联系，并在重版时根据原成果作者要求进行相应的调整。

由于编者经验和水平所限，本教材难免还有不尽如人意之处，恳请广大读者提出宝贵意见，以便我们修订时加以完善。

编　者

前言

目　录

第1编　计算机基础知识

第2编　Windows 7操作系统

第3编 Office办公软件

第4编　网络基础应用

第 1 编

计算机基础知识

项目 1

走进计算机

项目描述

电子计算机是 20 世纪最伟大的发明之一，经过半个多世纪的发展，电子计算机早已家喻户晓，计算机的应用遍及人类社会的各个领域，极大地推动了人类社会的进步与发展。由计算机技术和通信技术相结合而形成的信息技术是现代信息社会最重要的技术支柱，对人类的生产方式、生活方式及思维方式都产生了极其深远的影响。

项目目标

1. 了解计算机发展各个阶段的时间。
2. 了解计算机发展各个阶段的元器件。
3. 了解计算机发展各个阶段最具代表性的电子计算机。
4. 了解计算机的特点。
5. 了解计算机主要的一些应用领域。

项目任务

任务 1：了解计算机的发展史
任务 2：了解计算机的特点及应用
拓展任务：天堂里没有苹果

任务1　了解计算机的发展史

任务说明

从20世纪40年代开始至今，计算机已经经历了大半个世纪的发展，根据元器件的发展水平可以把计算机的发展分为6个阶段。

任务实施

一、计算机发展的第一阶段：电子管计算机

第一代计算机(1946—1958年)，采用的主要元件是电子管，主要用于科学计算。

第一台电子计算机叫“埃尼阿克”(ENIAC)(如图1-1)，它于1946年2月14日在美国宾夕法尼亚大学宣告诞生。这台计算机研制的初衷是将其用于第二次世界大战中，但直到第二次世界大战结束5个多月后才完成。它占地面积约170 m^2，有30个操作台，约相当于10间普通房间的大小，重约30t，耗电量为150 kW，造价是48万美元。“埃尼阿克”使用约18000个电子管、70000个电阻、10000个电容、1500个继电器和6000个开关，每秒执行5000次加法或400次乘法运算，速度是继电器计算机的1000倍、手工计算的20万倍。

图1-1　埃尼阿克

二、计算机发展的第二阶段：晶体管计算机

第二代计算机(1959—1964年)，采用的主要元件是晶体管，除用于科学计算外，还用于数据处理和实时控制等领域(如图1-2)。

在20世纪50年代之前，计算机都采用电子管元件。电子管元件在运行时产生的热量太多，可靠性较差，运算速度不快，价格昂贵，体积庞大，这些都使计算机发展受到限制。于是，晶体管开始被用来做计算机的元件。晶体管不仅能实现电子管的功能，又具有尺寸小、质量轻、寿命长、效率高、发热少、功耗低等

图1-2　晶体管计算机

优点。使用晶体管后，电子线路的结构大大改观，制造高速电子计算机就更容易实现了。

三、计算机发展的第三阶段：中小规模集成电路计算机

第三代计算机(1965—1970 年)，开始采用中小规模的集成电路元件，应用范围扩大到企业管理和辅助设计等领域。

1965 年，美国数字设备公司(DEC)推出了世界上第一台真正意义的小型计算机 PDP-8(如图 1-3)，标志着小型机时代的到来。由于性能完全可以媲美于大型机，且价格低廉，PDP-8 一上市便赢得了市场的追捧，数以千计的 PDP-8 被销售给了小型企业、大学、中学和报社等，PDP-8 取得了巨大的成功。在以后的 15 年里，DEC 公司共计卖出了 5 万多台 PDP-8。

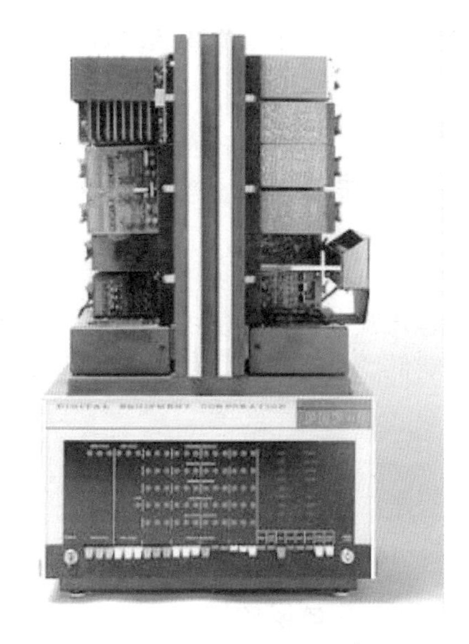

图 1-3　PDP-8

四、计算机发展的第四阶段：大规模集成电路计算机

第四代计算机(1971 年至今)，采用大规模集成电路和超大规模集成电路作为基本电子元件，应用范围主要在办公自动化、数据库管理、图像动画(视频)处理、语言识别等领域。

集成电路如图 1-4 所示。所谓大规模集成电路是指在单片硅片上集成 1000 个以上晶体管的集成电路，其集成度比中、小规模的集成电路提高了 1 个以上数量级。这时计算机发展到了微型化、耗电极少、可靠性很高的阶段。大规模集成电路使军事工业、空间技术、原子能技术得到发展，这些领域的蓬勃发展对计算机提出了更高的要求，有力地促进了计算机工业的空前大发展。随着大规模集成电路技术的迅速发展，计算机除了向巨型机方向发展外，还朝着超小型机和微型机方向飞速前进。

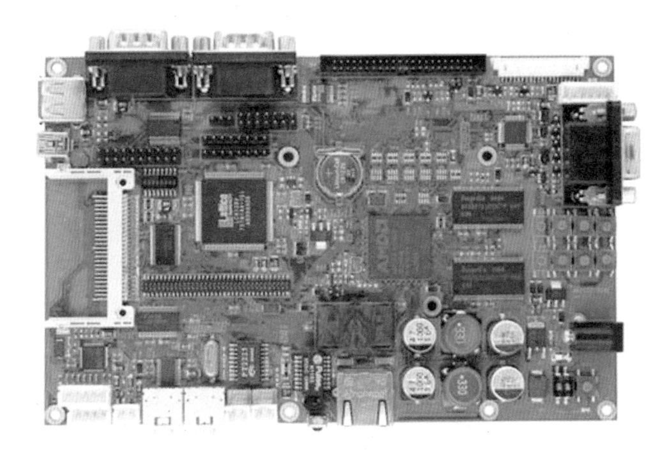

图 1-4　集成电路

五、计算机发展的第五阶段：智能计算机

第五代计算机(正在研究当中)，其系统设计中考虑了编制知识库管理软件和推理机，机器本身能根据存储的知识进行判断和推理。同时，多媒体技术得到广泛应用，使人们

能用语音、图像、视频等更自然的方式与计算机进行信息交互。

1981 年，在日本东京召开了第五代计算机研讨会，随后制订出研制第五代计算机的长期计划。

六、计算机发展的第六阶段：生物计算机

第六代计算机(正在研究当中)，其主要原材料是借助生物工程技术(特别是蛋白质工程技术)生产的蛋白质分子，以它作为生物集成电路——生物芯片。在生物芯片中，信息以波的形式传递。当波沿着蛋白质分子链传播时，会引起蛋白质分子链中单键、双键结构顺序的改变。

与普通计算机不同的是，由于生物芯片的原材料是蛋白质分子，所以，生物计算机芯片既有自我修复的功能，又可直接与生物活体结合。同时，生物芯片具有发热少、功能低、电路间无信号干扰等优点。

任务 2　了解计算机的特点及应用

任务说明

计算机的出现是 20 世纪人类最伟大的创造发明之一，计算机现已成为当今社会各行各业不可缺少的工具。计算机是一种可以进行自动控制、具有记忆功能的现代化电子设备和信息处理工具，它服务于科研、生产、交通、商业、国防、卫生等各个领域，另外，计算机在文化教育、娱乐方面也有很大的推动作用，可以预见，其应用领域还将进一步扩大。

任务实施

一、计算机的特点

计算机作为一种能够自动、高速和精确地进行信息处理的现代化电子设备，其特点主要有以下 5 点。

1. 运行速度快

由于计算机采用了高速的电子器件和线路并利用先进的计算技术，使得计算机可以有很高的运算速度。运算速度是指计算机每秒能执行多少条基本指令，常用单位是 MIPS，即每秒执行百万条指令。

图 1-5 “天河二号”

“天河二号”(如图 1-5)是中国自己研制的超级计算机。在 2015 年 11 月 16 日的全球超级计算机 500 强榜单上，“天河二号”以每秒 33.86 千万亿次运算速度连续第六年度称雄。

2. 计算精确度高

电子计算机的计算精度在理论上不受限制，一般的计算机均能达到 15 位有效数字，通过一定的技术手段，可以实现任何精度要求。

英国数学家 William Shanks 曾经为计算圆周率 π（如图 1-6），整整花了 15 年时间，才算到第 707 位（只有 527 位正确）。现在将这件事交给计算机做，几小时内就可计算到 10 万位。

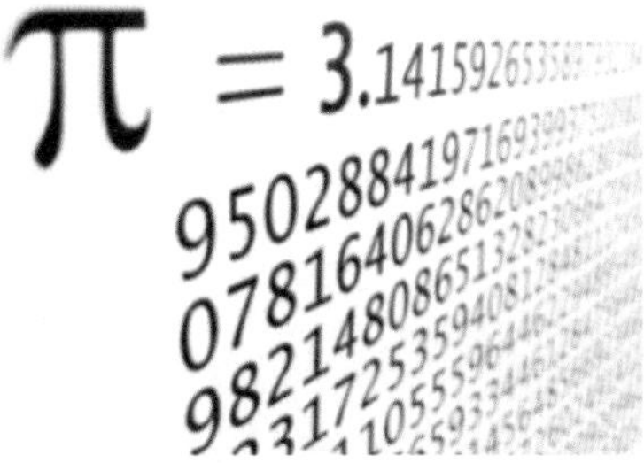

图 1-6　圆周率 π

3. 存储容量大

计算机具有储存记忆能力，能够存储大量的信息。

大型图书馆（如图 1-7）如果使用人工查阅犹如大海捞针，现在普遍采用计算机管理，所有的图书目录及索引都存储在计算机中，而计算机又具备自动查询功能，查找一本图书只需要几秒。

图 1-7　大型图书馆

4. 逻辑判断能力强

由于采用了二进制，计算机能够进行各种基本的逻辑判断，并且根据判断的结果自动决定下一步该做什么。有了这种能力，计算机才能求解各种复杂的计算任务、进行各种过程控制和完成各类数据处理任务。

数学中有个“四色问题”（如图 1-8），说是不论多么复杂的地图，使相邻区域颜色不同，最多只需 4 种颜色就够了。100 多年来，不少数学家一直想去证明它或者推翻它，却一直没有结果，“四色问题”成了数学中著名的难题。1976 年，两位美国数学家使用计算机进行了非常复杂的逻辑推理，终于验证了这个著名的猜想。

图 1-8　四色问题

5. 自动化程度高

计算机从开始工作到输出计算结果的整个过程均是在程序的控制下自动进行的。

随着社会发展的不断进步，人们的消费水平有了很大提高，乘坐飞机的消费者也越来越多，计算机自动化功能(如图 1-9)的引入能很好地提高机场的工作效率。

图 1-9 航空自动化

二、计算机的应用

计算机在其出现的早期主要用于数值计算。今天，计算机的应用已经渗透到科学技术的各个领域和社会生活的各个方面。计算机的主要应用领域概括起来有以下 5 个方面。

1. 科学计算

科学计算又称数值计算，它是计算机最早的应用领域。科学计算是指科学研究和工程技术中所提出的数学问题的计算，这些计算往往公式复杂、难度很大，用一般计算工具难以完成。计算机在科学计算方面的应用举例如下。

(1)气象预报中求解描述大气运动规律的微分方程。

(2)发射导弹中计算导弹弹道曲线方程。

(3)水利土木工程中大量力学问题的计算。

2. 数据处理与管理

所谓数据处理与管理，泛指非科技方面的数据管理和计算处理。其主要特点是，要处理的原始数据量大，而算术运算较简单，并有大量的逻辑运算和判断，结果常要求以表格或图形方式存储或输出。计算机在数据处理与管理方面的应用举例如下。

(1)银行日常账务管理。

(2)股票交易管理。

(3)图书资料的检索。

3. 过程控制

过程控制又称实时控制，它是指计算机实时采集检测到的数据，按最佳方法迅速地对被控制对象进行自动控制或自动调节。计算机在过程控制方面的应用举例如下。

(1)汽车工业方面。

(2)高炉炼铁方面。

4. 人工智能

人工智能是指使用计算机模拟人的某些智能，使计算机能像人一样具有识别文字、图像、语音，以及推理和学习等能力。计算机在人工智能方面的应用举例如下。

(1)工业机器人。

(2)模拟专家智能。

(3)模式识别。

5. 计算机辅助工程

计算机辅助工程的应用领域举例如下。

(1)计算机辅助设计与制造。

(2)计算机集成制造系统。

(3)计算机辅助教育。

拓展任务

天堂里没有苹果

有人说，三个“苹果”改变了世界：第一个诱惑了夏娃，第二个砸醒了牛顿，第三个被乔布斯咬了一口。或许天堂里没有“苹果”，所以上帝把他带走了，要品尝他口中的那一小块“苹果”——史蒂夫·乔布斯于2011年10月5日离开了人世。

如果说2011年的夜空群星闪烁，熠熠生辉，那么，乔布斯这颗星的陨落对人类来说，无疑是一种损失。当我们继续打开苹果电脑办公，当我们继续使用苹果手机上网聊天，当我们继续享受着智能的“苹果”带给我们的便利与快乐，新的一年，让我们怀着深深的敬意，感谢这位伟大的苹果教父！

史蒂夫·乔布斯(1955—2011年)，美国苹果公司创始人、前CEO。1972年高中毕业后，在俄勒冈州波特兰市的里德学院念了一学期的书；1974年在一家公司找到设计电脑游戏的工作。两年后，他和26岁的沃兹尼艾克在自家的车库里成立了苹果电脑公司。1985年，他获得里根总统授予的国家级技术勋章；1997年，他成为《时代》周刊封面人物；2007年，他被《财富》杂志评为年度最伟大商人；2009年，他当选《时代》周刊年度风云人物。2011年8月24日，他辞去苹果公司CEO一职；2011年10月5日他因病逝世，享年56岁。

项目实践

一、选择题

1. 世界上第一台计算机是1946年在美国研制成功的，其英文缩写名为(　　)。

A. EDSAC　　B. ENIAC　　C. EDVAC　　D. UNIVAC-I

2. 当代微型机中所采用的电子元器件是(　　)。

A. 电子管　　B. 晶体管

C. 小规模集成电路　　D. 大规模和超大规模集成电路

3. 第二代电子计算机所采用的电子元件是(　　)。

A. 继电器　　B. 晶体管　　C. 电子管　　D. 集成电路

4. 以下不是计算机的特点的选项是(　　)。

A. 运算速度快　　　　B. 逻辑判断能力强

C. 计算机精度高　　　　D. 外形美观

二、填空题

1. 1965 年问世的小型计算机 PDP-8 属于________计算机。

2. 天气预报属于计算机应用领域中的________。

3. 在 2015 年 11 月 16 日，全球超级计算机 500 强榜单上，________超级计算机以每秒 33.86 千万亿次运算速度连续第六年度称雄。

三、判断题

1. 信息技术就是计算机技术。(　　)

2. 电子计算机的计算机精度在理论上是不受限制的。(　　)

3. 计算机在其出现的早期主要用于办公。(　　)

4. 计算机能够进行各种基本的逻辑判断。(　　)

四、简答题

1. 计算机的发展分为哪六个阶段?

2. 指出计算机发展六个阶段中具有标志性的电脑。

3. 计算机的主要特点有哪些?

4. 计算机主要的应用领域有哪些?

项目 2

了解计算机的组成

项目描述

计算机和网络是信息技术的核心，利用计算机可以高效地处理和加工信息。随着计算机技术的发展，计算机的功能越来越强大，不但能够处理数值信息，而且还能处理各种文字、图形、图像、动画、声音等非数值信息。

项目目标

1. 了解计算机系统的组成。
2. 了解计算机包括哪些基本部件。
3. 了解计算机的基本结构。
4. 了解计算机的工作原理。
5. 了解计算机软件系统的分类。
6. 了解计算机软件系统中系统软件和应用软件的区别。

项目任务

任务 1：了解计算机的工作原理

任务 2：了解计算机的硬件系统

任务 3：了解计算机的软件系统

拓展任务：红包战：二马舞剑，意在社交

任务1 了解计算机的工作原理

任务说明

计算机问世70年来，虽然现在的计算机系统从性能指标、运算速度、工作方式、应用领域和价格等方面与当时的计算机有很大的差别，但基本体系结构没有变，都属于冯·诺依曼计算机。

任务实施

一、冯·诺依曼设计思想

冯·诺依曼设计思想可以简要地概括为以下三点。

(1)计算机应包括运算器、存储器、控制器、输入设备和输出设备五大基本部件。

(2)计算机内部应采用二进制来表示指令和数据。每条指令一般具有一个操作码和一个地址码。其中，操作码表示运算性质，地址码指出操作数在存储器的位置。

(3)将编好的程序和原始数据送入内存储器中，然后启动计算机工作，计算机应在不需操作人员干预的情况下，自动逐条取出指令和执行任务。

冯·诺依曼设计思想最重要之处在于明确地提出了“程序存储”的概念，其全部设计思想实际上是对“程序存储”要领的具体化。

二、计算机的结构与工作原理

一个完整的计算机系统由硬件系统和软件系统组成，如图2-1所示。

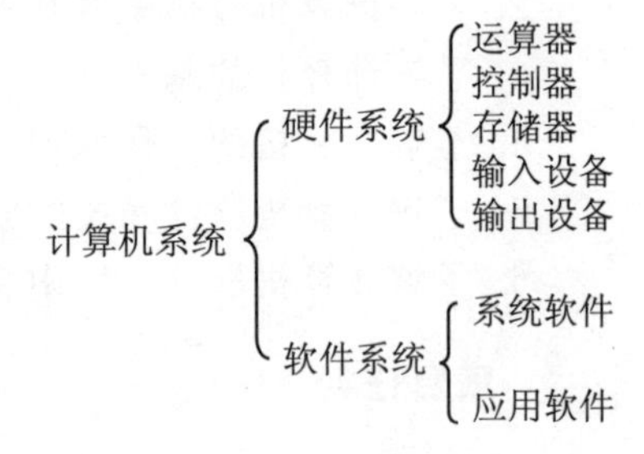

图 2-1 计算机系统的组成

输入设备在控制器控制下输入程序和原始数据，控制器从存储器中依次读出程序的一条条指令，经过译码分析，发出一系列操作信号以指挥运算器、存储器等部件完成所规定的操作功能，最后由控制器命令输出设备以适当方式输出最后结果，如图2-2所示。这一切工作都是由控制器控制，而控制器赖以控制的主要依据则是存放于存储器中的程序。计算机的工作过程，就是执行程序的过程。

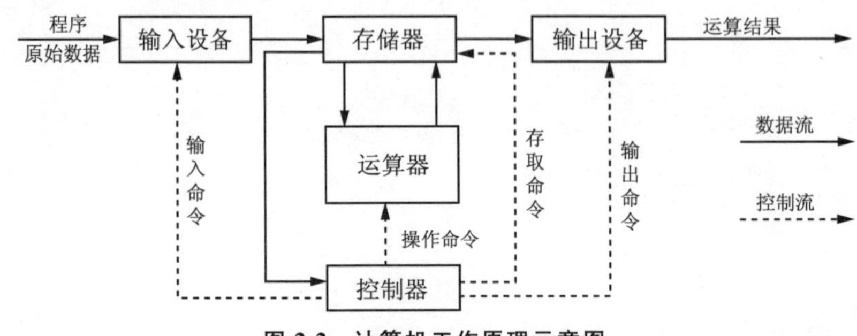

图 2-2 计算机工作原理示意图

任务 2　了解计算机的硬件系统

任务说明

计算机的硬件是指组成计算机的各种物理设备，也就是我们所看得见、摸得着的实际物理设备。它通常有“五大件”：输入设备、输出设备、存储器、运算器和控制器。

任务实施

一、输入设备

输入设备是将数据、程序、文字符号、图像、声音等信息输送到计算机中的设备。常用的输入设备有键盘、鼠标、触摸屏、数字转换器等。

1. 键盘

键盘是最常用也是最主要的输入设备，通过键盘，可以将英文字母、数字、标点符号等输入到计算机中，从而向计算机发出命令、输入数据等。键盘按工作原理可分为以下几类。

(1)机械键盘：采用类似金属接触式开关，工作原理是使触点导通或断开，具有工艺简单、噪声大、易维护的特点。

DECK 键盘(如图 2-3)的设计师是 Tom Giles，一个有 30 年设计经验的人，他曾经设计过全世界最好的键盘。由于 DECK 键盘是机械键盘，而且可以发出绚丽的光芒，其售价最便宜也在千元以上，所以比较适合外设发烧友和 MOD 玩家。

图 2-3　DECK 82 KEY 机械键盘

(2)塑料薄膜式键盘：键盘内部共分 4 层，实现了无机械磨损，其特点是低价格、低噪声和低成本。

现在大部分单位和家庭使用的都是塑料薄膜式键盘(如图 2-4)。

图 2-4　塑料薄膜式键盘

(3)导电橡胶式键盘：触点的结构是通过导电橡胶相连。键盘内部有一层凸起带电的导电橡胶，每个按键都对应一个凸起，按下时把下面的触点接通。这种类型的键盘是市场由机械键盘向塑料薄膜式键盘过渡的产品。

BTC5100 键盘(如图 2-5)的内部有一片薄膜，同时具有正极和负极电路，当然正、负极电路间是断开的。断开处的正上方也就是按键的位置，并且都放有一个橡胶帽。橡胶帽的正下端有石墨，按下按键石墨将接通电路，从而完成按键操作。

图 2-5　BTC5100 导电橡胶式键盘

(4)无接点静电电容键盘：利用类似电容式开关的原理，通过按键时改变电极间的距离引起电容容量改变，从而驱动编码器，其特点是无磨损且密封性较好。

传说中的键盘之王 Realforce101(如图 2-6)，曾经是市面上在售的最贵的键盘。

图 2-6　Realforce101

2. 鼠标

鼠标是一种手持式屏幕坐标定位设备，它是适应菜单操作的软件和图形处理环境而出现的一种输入设备，特别是在现今流行的 Windows 图形操作系统环境下应用鼠标方便快捷。常用的鼠标有机械式和光电式两种。

(1)机械式鼠标的底座上装有一个可以滚动的金属球，当鼠标在桌面上移动时，金属球与桌面摩擦，发生转动。金属球与四个方向的电位器接触，可测量出上下左右四个方向的位移量，用以控制屏幕上光标的移动。光标和鼠标的移动方向是一致的，而且移动的距离成比例。

提到 Mad Catz，人们就会想起它那变形金刚风格的鼠标，而且可以说一直被模仿从未被超越。如图 2-7 所示为 Mad Catz 全新的 RAT 系列家族的成员——Pro X。这款鼠标不仅秉承了 Mad Catz 以往的精神，更是将变形这一特点发挥到了极致。

图 2-7　Mad Catz RAT Pro X

(2)光电式鼠标的底部装有两个平行放置的小光源，当鼠标在反射板上移动时，光源发出的光经反射板反射后，由鼠标接收，并转换为电移动信号送入计算机，使屏幕的光标随之移动。

最早在 iPhone 中采用的 Multi-Touch 技术现在被应用到了鼠标上，这就是 Magic Mouse(如图 2-8)。它是世界上第一款 Multi-Touch 光电鼠标，可以点击鼠标的任何位置，向任意方向滚动，以及在它的光滑无缝的表面上轻扫来浏览图片。它使用蓝牙无线连接，用户不必担心线缆或适配器把工作间搞得一团糟，内置的软件可以随意设置 Magic Mouse。

图 2-8　Magic Mouse

3. 其他输入设备

以上对常用的键盘和鼠标作了介绍，下面简要说明另外几种输入设备的功能和基本工作原理。

光学标记阅读机是一种用光电原理读取纸上标记的输入设备，常用的有条码读入器和计算机自动评卷记分的输入设备等。

图形(图像)扫描仪是利用光电扫描将图形(图像)转换成像素数据输入到计算机中的输入设备。目前一些部门已开始把图像输入用于图像资料库的建设中。如人事档案中的照片输入，公安系统案件资料管理，数字化图书馆的建设，工程设计和管理部门的工程图管理系统，都使用了各种类型的图形(图像)扫描仪。

二、输出设备

输出设备是人与计算机交互的一种部件，用于数据的输出。它把各种计算结果数据或信息以数字、字符、图像、声音等形式表示出来。常见的有显示器、打印机、绘图仪、影像输出系统、语音输出系统、磁记录设备等。

1. 显示器

显示器是计算机必备的输出设备，常用的有阴极射线管显示器、液晶显示器和等离子显示器。

(1)阴极射线管显示器(CRT)是实现最早、应用最为广泛的一种显示器，具有技术成熟、图像色彩丰富、还原性好、全彩色、高清晰度、较低成本和丰富的几何失真调整能力等优点，主要应用于电视、计算机显示器、工业监视器、投影仪等终端显示设备。

随着液晶显示器技术的逐步成熟，阴极射线管显示器(如图 2-9)逐渐消失在了人们的视野当中。

图 2-9　阴极射线管显示器

(2)液晶显示器(LCD)是一种采用液晶为材料的显示器。液晶是介于固态和液态间的有机化合物，将其加热会变成透明液态，冷却后会变成结晶的混浊固态。在电场作用下，液晶分子会发生排列上的变化，从而影响通过其的光线变化，这种光线的变化通过偏光片的作用可以表现为明暗的变化。就这样，人们通过对电场的控制最终控制了光线的明暗变化，从而达到显示图像的目的。

曲面液晶显示器(如图 2-10)相比普通显示器能够多出 1.5%的视野范围，并且屏幕上每一个像素点到人眼的距离是相等的，这样既增加了图像的完整性，

图 2-10　曲面液晶显示器

又保证了用户能全方面欣赏到出色的画面效果。

(3)等离子显示器又称为电脑显示器，是一种平面显示器，光线由两块玻璃之间的离子，射向磷质而发出。与液晶显示器不同，等离子显示器放出的气体并无水银成分，而是使用惰性气体氖及氙混合而成，这种气体是无害气体。

等离子显示器自面世以来，发展迅速，具有很大的市场发展潜力，引起了全球各大厂商的特别关注。SONY、NEC、FUJITSU、PANASONIC 等厂商纷纷开发了自己的等离子显示器产品。但是，等离子显示器价格还很高，现阶段主要用于如飞机场、火车站、展示会场、企业研讨、学术会议、远程会议等场所的信息显示以及自动监视系统等(如图 2-11)。

图 2-11　等离子显示器用于信息显示

2. 打印机

打印机是计算机最基本的输出设备之一，它将计算机的处理结果打印在纸上。打印机按印字方式可分为击打式和非击打式两类。

图 2-12　飞鸽活字式打印机

(1)击打式打印机是利用机械动作，将字体通过色带打印在纸上，根据印出字体的方式又可分为活字式打印机和点阵式打印机。

活字式打印机(如图 2-12)是把每一个字刻在打字机构上，可以是球形、菊花瓣形、鼓轮形等各种形状。

点阵式打印机是利用打印钢针按字符的点阵打印出字符。每一个字符可由 m(行)×n(列)的点阵组成。一般字符由 7×8 点阵组成，汉字由 24×24 点阵组成。点阵式打印机常用打印头的针数来命名，如 9 针打印机、24 针打印机(如图 2-13)等。

图 2-13　24 针点阵式打印机

(2)非击打式打印机是用各种物理或化学的方法印刷字符的，如静电感应，电灼、热敏效应，激光扫描和喷墨等。其中激光打印机(如图 2-14)和喷墨式打印机(如图 2-15)是目前最流行的两种打印机，它们都是以点阵的形式组成字符和各种图形。激光打印机接收来自 CPU 的信息，然后进行激光扫描，将要输出的信息在磁鼓上形成静电潜像，并转换成磁信号，使碳粉吸附到纸上，加热定影后输出。

喷墨式打印机是将墨水通过精制的喷头喷到纸面上形成字符和图形的。

图 2-14　激光打印机

图 2-15　喷墨式打印机

三、存储器

计算机将从输入设备接收到的信息以二进制的数据形式存到存储器中。存储器有内存储器和外存储器两种。

1. 内存储器

微型计算机的内存储器是由半导体器件构成的。从使用功能上分，有随机存储器(Random Access Memory，RAM)和只读存储器(Read Only Memory，ROM)。

图 2-16　随机存储器

随机存储器(如图 2-16)可以读出，也可以写入。读出时并不损坏原来存储的内容，只有写入时才修改原来所存储的内容。断电后，存储内容立即消失，即具有易失性。它可分为动态(Dynamic RAM)和静态(Static RAM)两大类。DRAM 的特点是集成度高，主要用于大容量内存储器；SRAM 的特点是存取速度快，主要用于高速缓冲存储器。

图 2-17　只读存储器

只读存储器(如图 2-17)的特点是只能读出原有的内容，不能由用户再写入新内容。原来存储的内容是采用掩膜技术由厂家一次性写入的，并永久保存下来。它一般用来存放专用的固定的程序和数据，存储内容不会因断电而丢失。

2. 外存储器

外存储器的种类很多，通常是磁性介质或光盘，像硬盘、软盘、磁带、CD 等。它能长期保存信息，并且不依赖于电来保存信息，但是由机械部件带动，速度与 CPU 相比就显得慢很多。

四、运算器

运算器又称算术逻辑单元，它是完成计算机各种算术运算和逻辑运算的装置，能进行加、减、乘、除等数学运算，也能作比较、判断、查找、逻辑运算等。

五、控制器

控制器是计算机的指挥中心，负责决定执行程序的顺序，给出执行指令时机器各部件需要的操作控制命令。它由程序计数器、指令寄存器、指令译码器、时序产生器和操作控制器组成，它是发布命令的“决策机构”，即完成协调和指挥整个计算机系统的操作。

任务3　了解计算机的软件系统

任务说明

计算机软件是指计算机系统中的程序及其文档，程序是计算任务的处理对象和处理规则的描述，文档是为了便于了解程序所需的阐明性资料。程序必须装入机器内部才能工作，文档一般是给人看的，不一定装入机器。计算机软件总体分为系统软件和应用软件两大类。

任务实施

一、系统软件

系统软件负责管理计算机系统中各种独立的硬件，使得它们可以协调工作。系统软件使得计算机使用者和其他软件可以将计算机当作一个整体，而不需要顾及底层每个硬件是如何工作的。

1. 系统软件的特点

(1)与硬件有很强的交互性。

(2)能对资源共享进行调度管理。

(3)能解决并发操作处理中存在的协调问题。

(4)其中的数据结构复杂，外部接口多样化，便于用户反复使用。

2. 系统软件的分类

(1)操作系统。操作系统管理计算机的硬件设备，使应用软件能方便、高效地使用这些设备。

在计算机软件中最重要且最基本的就是操作系统(OS)。它是最底层的软件，它控制所有计算机运行的程序并管理整个计算机的资源，是计算机裸机与应用程序及用户之间的桥梁。没有它，用户也就无法使用某种软件或程序。

操作系统是计算机系统的控制和管理中心，从资源角度来看，它具有处理机、存储器管理、设备管理、文件管理4项功能。

常用的操作系统有DOS操作系统、Windows操作系统(如图2-18)、UNIX操作系统和Linux、Netware等操作系统。

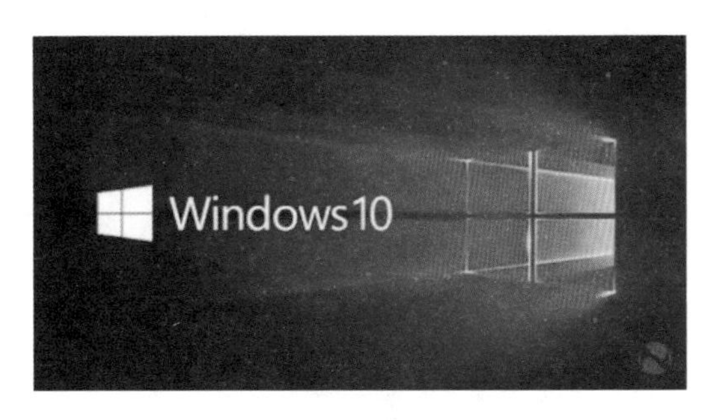

图2-18　Windows 10操作系统

(2)编译软件。CPU执行每一条指令都只完成一项十分简单的操作，一个系统软件或应用软件，要由成千上万甚至上亿条指令组合而成。直接用基本指令来编写软件，是一件极其繁重而艰难的工作。

为了提高效率，人们规定一套新的指令，称为高级语言，其中每一条指令完成一项操作，这种操作相对于软件总的功能而言是简单而基本的，而相对于CPU的一秒操作而言又是复杂的。用这种高级语言来编写程序(称为源程序)就像用预制板代替砖块来造房子，效率要高得多。但CPU并不能直接执行这些新的指令，需要编写一个软件，专门用来将源程序中的每条指令翻译成一系列CPU能接受的基本指令(也称机器语言)，使源程序转化成能在计算机上运行的程序。完成这种翻译的软件称为高级语言编译软件，通常把它们归入系统软件。目前常用的高级语言有VB、C(如图2-19)、JAVA等，它们各有特点，分别适用于编写某一类型的程序，它们都有各自的编译软件。

图2-19　C语言

(3)数据库管理系统。数据库管理系统(如图2-20)有组织地、动态地存储大量数据，使人们能方便、高效地使用这些数据。数据库管理系统是一种操纵和管理数据库的大型软件，用于建立、使用和维护数据库。常见的数据库管理系统有FoxPro、Access、Oracle、Sybase、DB2和Informix等。

图2-20　数据库

二、应用软件

应用软件是为满足用户不同领域、不同问题的应用需求而提供的软件。它可以拓宽计算机系统的应用领域，放大硬件的功能。

常见的应用软件有办公软件，如Office(如图2-21)、WPS(如图2-22)；图像处理软件，如Photoshop(如图2-23)、会声会影(如图2-24)；媒体播放器；通信工具，如QQ(如图2-25)、微信(如图2-26)；以及输入法、阅读器、下载软件、翻译软件等。

图2-21 Office　图2-22 WPS　图2-23 Photoshop

图2-24 会声会影　图2-25 QQ　图2-26 微信

拓展任务

红包战：二马舞剑，意在社交

在《场景革命》一书中，逻辑思维联合创始人吴声认为，移动互联时代下“场景”不是一个简单的名词，它是重构人与商业的连接。“我们的连接通过场景来表达。选择何种场景，决定了支持什么样的连接方式；构建什么样的社群，最终成就什么样的亚文化。”吴声如此写道。

毫无疑问，春节是所有场景中最特殊的一个，在这个中国最重要的节日里，每个人用红包取代了其他的社交方式。微信是中国最懂得搭建场景的IM(即时通信)，这一点让长期依靠山寨、抄袭国外概念的社交产品望尘莫及。2014年通过微信红包这一创新性举措，微信瞬间收获了一批可观的绑卡用户，大受震惊的马云将之称为“珍珠港偷袭”。微信公布的数据显示，2016年除夕当天微信红包收发总量达到80.8亿个，峰值高达每秒40.9万个，全球共有4.2亿人参与其中。

但微信不在乎到底有多少用户通过微信收发红包，重要的是未来在各类支付场景中，有多少用户将微信支付作为取代现金支付和刷卡消费的首选方案。微信红包无疑增强了用户的黏性，但这始终只是社交行为，真正能够为微信带来盈利的是向企业收取手续费——在每一笔交易中，微信需要收取费率0.6%的提成。

换而言之，微信红包的一片繁荣只是为腾讯的支付业务赢得一张船票。“千万不要以为微信红包出来了，就认为微信支付成功了，这是不可能的。"微信支付总经理吴毅认为，微信的角色是更好地完成 2C 业务，并把 2B 的接口做灵活，“至于怎么连接市场空间，可以交给更了解行业的第三方来做”。

这恰恰是马云最不愿意看到的。纵然阿里拥有全球最丰富的商家资源，在 2B 上有着得天独厚的优势，不过在 2C 上却一直受制于腾讯。即使已经拥有微博、陌陌等社交入口，但它们在用户黏性上始终难以与微信媲美。

在“偷袭珍珠港”两年后，马云祭出的反击是让用户量最大的支付宝作为红包的载体，从金融圈反向渗透至社交圈。因为收集福卡的交换机制，支付宝瞬间导入了大量用户的社交关系。支付宝的数据显示，猴年除夕夜，总参与量达到 3245 亿次，并且有 11 亿对好友成为支付宝好友。

“对于支付宝这样不是很缺用户的 APP，花多少钱买一组关系，是值得呢?”TMT 观察者魏武挥并不认为阿里搞社交只是刷存在感，而是确有必要——口碑传播是当下最好的产品营销方法，通过建立关系形成社交链是前置动作，“腾讯金融缺绑卡，蚂蚁金服缺关系，缺啥补啥”。

项目实践

一、选择题

1. 完整的计算机系统由(　　)组成。

A. 运算器、控制器、存储器、输入设备和输出设备

B. 主机和外部设备

C. 硬件系统和软件系统

D. 主机箱、显示器、键盘、鼠标、打印机

2. 下列设备中，属于输出设备的是(　　)。

A. 显示器　　B. 键盘　　C. 鼠标　　D. 手写板

3. RAM 代表的是(　　)。

A. 只读存储器　　B. 高速缓存器　　C. 随机存储器　　D. 软盘存储器

4. 任何程序都必须加载到(　　)中才能被 CPU 执行。

A. 磁盘　　B. 硬盘　　C. 内存　　D. 外存

二、填空题

1. 计算机软件系统包括________和________。

2. 冯·诺依曼计算机的体系结构主要由________、________、________、________和________五部分组成。

三、判断题

1. 计算机软件包含系统软件和应用软件。(　　)

2. 计算机只要硬件不出问题就能正常使用。(　　)

3. 计算机的速度完全由 CPU 决定。(　　)

4. 内存储器的存取速度比外存储器要快。(　　)

四、简答题

1. 计算机由哪些系统组成？

2. 计算机的工作原理是什么？

3. 计算机硬件系统有哪些？

4. 计算机常见的应用软件有哪些？

扫一扫

第 2 编

Windows 7操作系统

项目 3

掌握 Windows 7 操作系统的基本操作

项目描述

Windows 7 是微软公司为个人计算机开发的可视化窗口的多任务操作系统。该系统采用完全图形化的用户界面，用户可以同时运行多个应用程序、完成多任务。操作界面更炫，设计更人性化，可适应用户的不同需求，是目前运用比较广泛的一种操作系统。

项目目标

1. 认识 Windows 7 基本特点和工作环境。
2. 正确启动和关闭计算机系统。
3. 熟练掌握对“开始”菜单、窗口、任务栏、对话框等的基本操作。
4. 掌握对桌面图标、桌面背景、主题以及屏幕保护程序等的个性化设置。
5. 熟练掌握键盘指法和进行文字输入。
6. 掌握控制面板的常用操作。
7. 熟悉常用的磁盘处理与维护工具。
8. 掌握常用的工具软件。

项目任务

任务 1：认识桌面、“开始”菜单、窗口和对话框
任务 2：进行外观和个性化设置
任务 3：学习键盘指法与文字输入
任务 4：使用控制面板
任务 5：维护系统与常用工具软件
拓展任务：如何用 Windows 7 系统控制面板功能？

任务1 认识桌面、“开始”菜单、窗口和对话框

任务说明

桌面是用户登录 Windows 7 后，看到的第一个界面，它是用户和计算机进行交流的窗口，Windows 7 的所有操作都从这里开始。桌面主要包括桌面图标、“开始”按钮、任务栏和小工具等。

任务实施

一、启动 Windows 7 系统

打开显示器等外部设备的电源，启动主机，计算机进入自检过程和引导过程，然后进入 Windows 7 操作系统，在显示器上会出现如图 3-1 所示主界面，称为桌面。

图 3-1 Windows 7 桌面

二、认识桌面

1. 桌面的组成

桌面是指占据整个屏幕的区域。它像一个实际的办公桌一样，可以把常用的应用程序以图标的形式摆放在桌面上。Windows 7 系统桌面主要包括桌面背景、桌面图标、“开始”按钮、任务栏和小工具等，如图 3-1 所示。用户双击桌面上的图标，Windows 7 系统可以快速打开相应的文件、文件夹或者应用程序。

2. 任务栏

(1)任务栏的组成。任务栏一般位于桌面的底部，呈现为水平长条，主要由“快速启

动"区、"任务按钮"区、通知区域、"显示桌面"按钮 4 个部分组成，如图 3-2 所示。

图 3-2　任务栏的组成

(2)设置任务栏。

①改变任务栏的位置与大小。根据个人喜好，可以将任务栏拖动到桌面的任一边缘。将鼠标指针指向任务栏的上边界，当鼠标指针形状变为双向箭头时，向上拖动将使任务栏变宽，向下拖动将使任务栏变窄。

②锁定任务栏。用鼠标右击任务栏的空白处，在快捷菜单选择"设置"命令，打开"任务栏和'开始'菜单属性"对话框，选择"锁定任务栏"复选框。

③隐藏任务栏。单击"任务栏和'开始'菜单属性"对话框的"任务栏"标签，显示"任务栏"选项卡，选择"自动隐藏任务栏"复选框，如图 3-3 所示。单击"确定"按钮，完成隐藏任务栏设置。

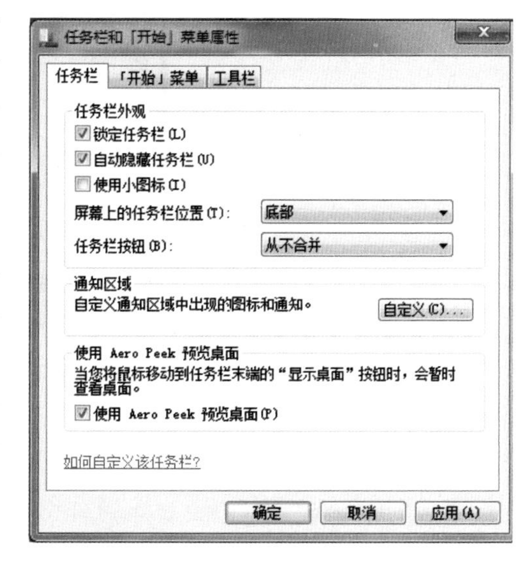

图 3-3　锁定或隐藏任务栏

3. 退出 Windows 系统

单击"开始"按钮，打开"开始"菜单，单击"关机"按钮，即可退出 Windows 系统；用户也可以根据不同的需要选择不同的退出方法，如图 3-4 所示。

图 3-4　退出 Windows 系统

三、认识"开始"菜单

1. "开始"菜单的组成

单击桌面左下角的"开始"按钮，即可弹出如图 3-5 所示的"开始"菜单。"开始"菜单是操作计算机程序、文件夹和系统设置的主通道，它主要由常用程序列表、所有程序列表、用户头像、启动菜单列表、搜索文本框、关闭和锁定电脑按钮组等组成。

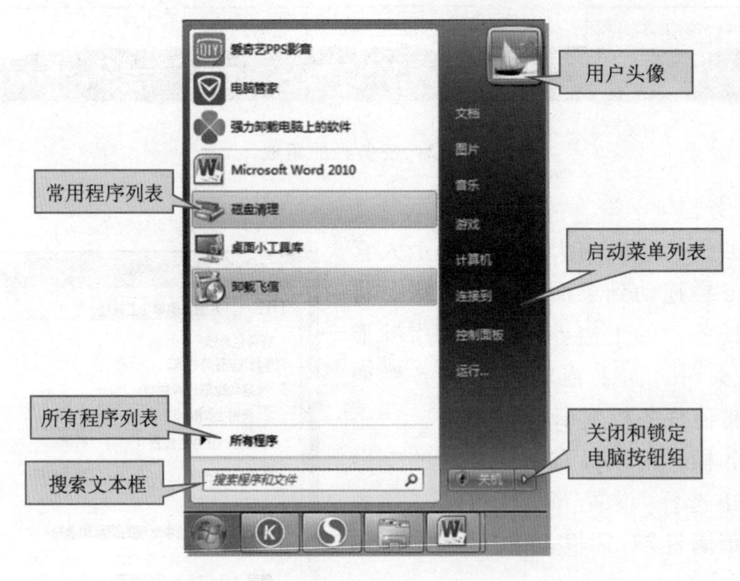

图 3-5　“开始”菜单

2. 设置“开始”菜单

(1)在“任务栏和‘开始’菜单属性”对话框，单击“‘开始’菜单”选项卡。选择“存储并显示最近在‘开始’菜单中打开的程序”与“存储并显示最近在‘开始’菜单和任务栏中打开的项目”复选框，如图 3-6 所示，可使常用程序项显示在“开始”菜单中。

(2)单击“自定义”按钮，可进入“自定义‘开始’菜单”对话框，可以设置“开始”菜单显示的项目数、项目及外观等。

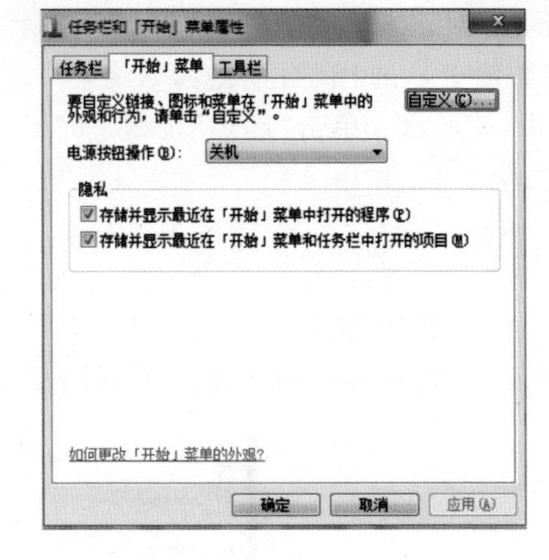

图 3-6　设置“开始”菜单

四、认识窗口

1. 窗口的组成

窗口是 Windows 7 系统的基本对象，是桌面上用于查看应用程序或文件等信息的一个矩形区域。窗口是 Windows 界面的主要部分，是 Windows 最基本的用户界面，所有应用程序都是以“窗口”形式运行的。

窗口主要由标题栏、控制按钮区、地址栏、搜索栏、菜单栏、工具栏、导航窗格、工作区、细节窗格、状态栏等组成，如图 3-7 所示。

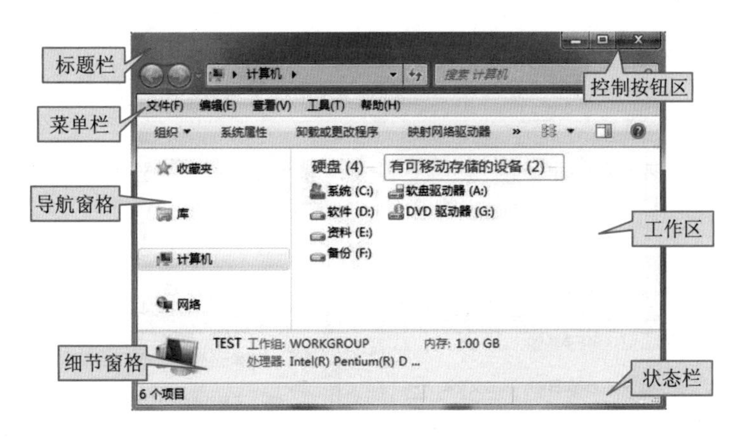

图 3-7　窗口

2. 窗口的基本操作

(1)调整窗口大小。分别单击标题栏右侧的最大化按钮或最小化按钮，观察窗口显示效果。将鼠标指针指向窗口边框或窗口角，待鼠标指针变成⟷、↕、↘、↗形状时，按住左键拖动鼠标，可调整窗口的大小。当窗口最大化后，最大化按钮变成还原按钮，单击还原按钮可还原窗口，单击关闭按钮可关闭窗口。单击窗口标题栏左侧的“控制菜单”按钮，选择其中的“最小化”或“最大化”命令项，可以完成相应的最小化或最大化窗口的操作。

(2)移动窗口。将鼠标指针指向标题栏，然后按住鼠标左键将窗口拖动到合适位置释放，即可完成移动窗口的操作。当拖动到桌面顶部边缘时，窗口自动变为全屏最大化。

(3)浏览窗口信息。当窗口内不能显示完所有信息时，会出现垂直滚动条或水平滚动条，此时拖动滚动条或单击滚动按钮可以浏览所有信息。

(4)排列窗口。双击桌面图标“回收站”“计算机”或其他应用程序，打开至少 3 个窗口。鼠标右击任务栏的空白区域，在弹出的快捷菜单中分别单击“层叠窗口”“堆叠显示窗口”或“并排显示窗口”命令，观察多个窗口的排列关系。

(5)窗口切换。分别用以下方法在打开的“计算机”“回收站”及应用程序窗口之间实现切换。

①单击要进行操作的窗口的任意部分，该窗口即成为当前窗口。

②单击任务栏中窗口对应的应用程序任务按钮，实现窗口切换。

③按键盘组合键 Alt＋Tab 或者 Alt＋Esc，选择要操作的窗口实现切换。

④按住键盘上的 Win 键不放，按 Tab 键可在打开的窗口之间切换，释放 Win 键后，选中的窗口为当前活动窗口。

五、认识对话框

1. 对话框的组成

对话框是 Windows 系统的一种特殊窗口，是系统与用户“对话”的窗口，一般包括按钮和各种选项，通过它们可以完成特定命令和任务。例如，打开一个文档，在文档空白处单击鼠标右键，在弹出的快捷菜单中选择“段落”命令，即可打开“段落”对话框，如图 3-8所示。

在对话框中，主要包括命令按钮、选项卡、单选按钮、复选框的操作，不能进行最小化和最大化操作。

图 3-8 对话框的组成

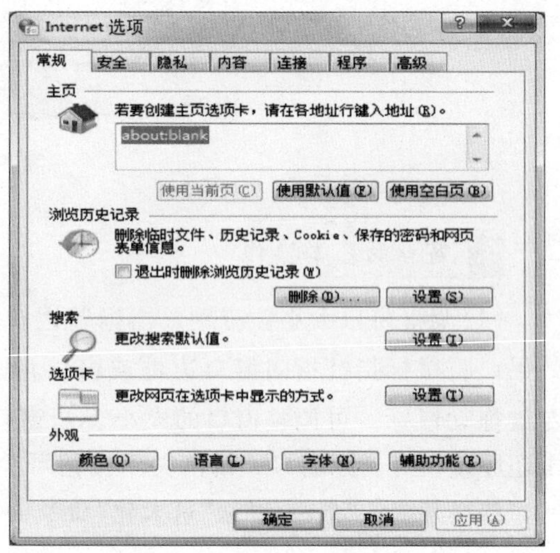

图 3-9 “Internet 选项”对话框

2. 对话框的设置

双击桌面上的 IE 浏览器图标，打开浏览器窗口。单击“工具”→“Internet 选项”命令，出现如图 3-9 所示的对话框。

(1)对话框的移动：将鼠标指向标题栏并拖动鼠标到目标位置，再释放鼠标。

(2)对话框的关闭：单击 x 按钮，“确定”按钮或“取消”按钮。

(3)帮助信息：单击 ? 按钮，将打开 Windows 帮助中心。

任务 2 进行外观和个性化设置

任务说明

桌面的外观和主题元素是用户个性化工作环境的最明显体现，用户可以根据自己的喜好和需求来改变桌面图标、桌面背景、系统声音、屏幕保护程序等设置，让 Windows 7 系统更加适合用户自己的个人习惯。

任务实施

一、设置“桌面图标”

在桌面空白处单击鼠标右键，在弹出的快捷菜单中选择“个性化”命令。在打开的窗口导航菜单里选择“更改桌面图标”，打开“桌面图标设置”对话框。在“桌面图标”选项组中，选中“计算机”“回收站”等复选框，如图 3-10 所示。单击“确定”按钮返回到“个性化”窗口中，关闭窗口，这时用户就可在桌面上看到系统默认的图标。

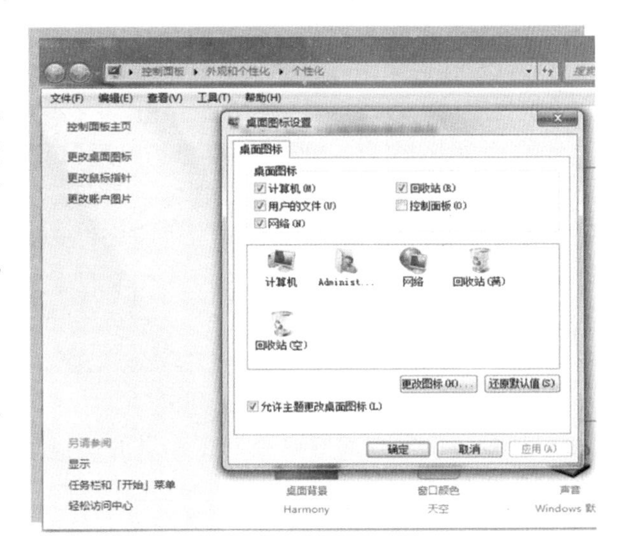

图 3-10　设置桌面图标

二、设置桌面背景

在“个性化”设置窗口中，单击“桌面背景”选项，进入“选择桌面背景”窗口。在“图片位置”下拉列表中选择存放图片的位置，然后在不同分组中选择所需的背景图片，如图 3-11 所示。单击“保存修改”按钮，即可更改桌面背景。

三、设置桌面主题

在桌面空白处单击鼠标右键，在弹出的快捷菜单中选择“个性化”命令，打开“个性化”设置的“更改计算机上的视觉效果和声音”窗口，如图 3-12所示。在窗口中，系统分组显示了不同风格的主题供用户选择。

图 3-11　设置桌面背景

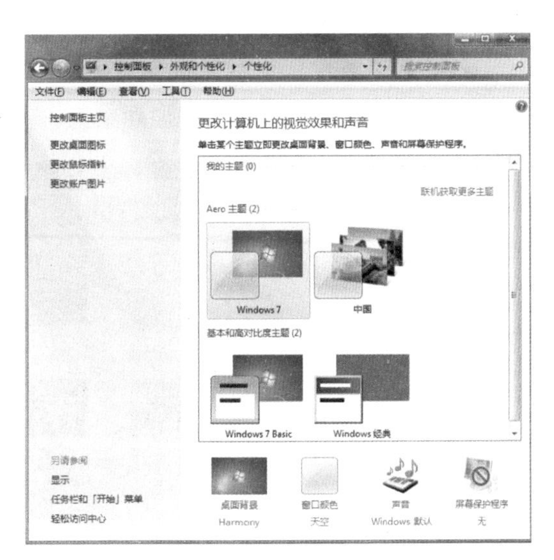

图 3-12　桌面主题设置

四、设置屏幕保护程序

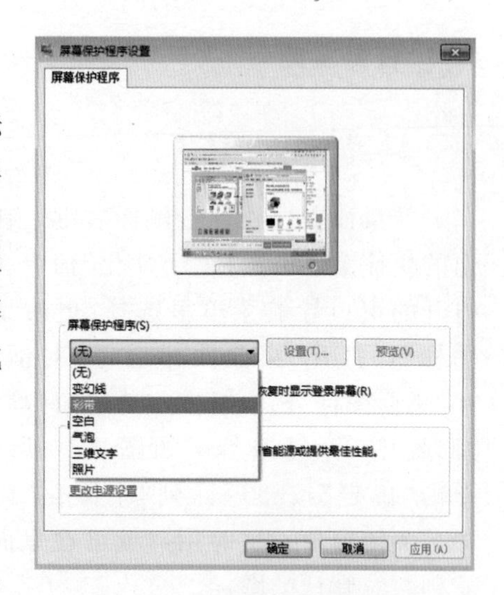

图 3-13　设置屏幕保护程序

屏幕保护程序是指在一定时间内，没有使用鼠标或键盘进行任何操作时在屏幕上显示的画面。设置屏幕保护程序可以对显示器起到保护作用。

在“个性化”窗口，单击“屏幕保护程序”选项，弹出“屏幕保护程序设置”对话框。选择一种所需的屏幕保护程序，如图 3-13 所示，单击“确定”按钮完成设置。

五、调整屏幕分辨率

调整屏幕分辨率的操作步骤如下。

(1)右键单击桌面空白处，在弹出的快捷菜单中选择“屏幕分辨率”命令。

(2)在“分辨率”下拉列表中，选择推荐的分辨率。

(3)单击“确定”按钮，完成屏幕分辨率的调整，如图 3-14 所示。

图 3-14　调整屏幕分辨率

六、设置桌面小工具

右键单击桌面空白处，在弹出的快捷菜单中选择“小工具”命令，打开小工具的管理界面，如图 3-15 所示。

在小工具的管理界面中，双击需要的小工具图标，或将小工具图标直接拖曳到桌面，或鼠标右击小工具图标，在弹出的快捷菜单中选择“添加”命令，都可以将其添加到桌面。

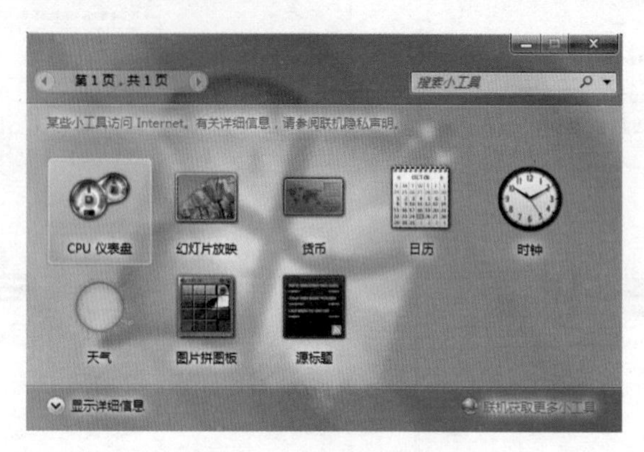

图 3-15　小工具管理界面

任务 3　学习键盘指法与文字输入

任务说明

在操作计算机时，键盘是除鼠标外使用最多的工具，各种文字、符号都需要通过键盘输入到计算机中。此外，键盘还可以代替鼠标快速地执行一些命令。通过学习键盘的相关知识，会使用户更好、更快地熟练操作键盘。

任务实施

一、认识键盘

键盘是用户与计算机进行信息交流的主要接口，是计算机系统中最基本和最重要的输入设备。通常键盘分区由功能键区、主键盘区、编辑控制键区、状态指示灯区和数字键区组成，如图 3-16 所示。

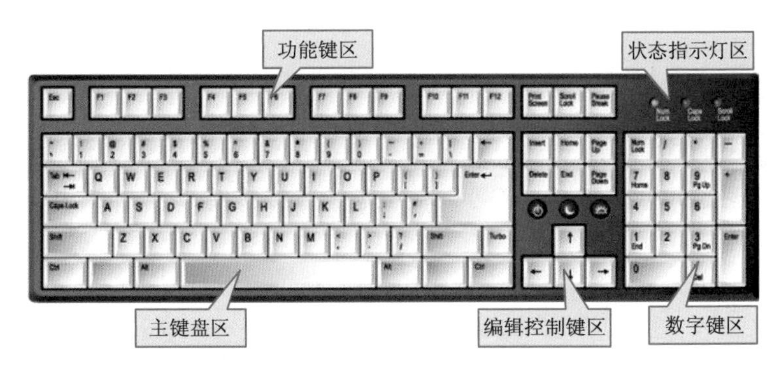

图 3-16　键盘的组成

二、键盘指法

掌握正确的击键方法和打字姿势，可加快文字输入速度，从而提高效率并减轻长时间使用计算机带来的疲劳感。

1. 基准键位

键盘中的 A、S、D、F、J、K、L 和；8 个键指定为基准键位。在使用键盘时，先将左手小指、无名指、中指和食指分别虚放在 A、S、D、F 键上，右手食指、中指、无名指、小指分别虚放在 J、K、L 和；键上，两个大拇指则虚放在空格键上，如图 3-17 所示。

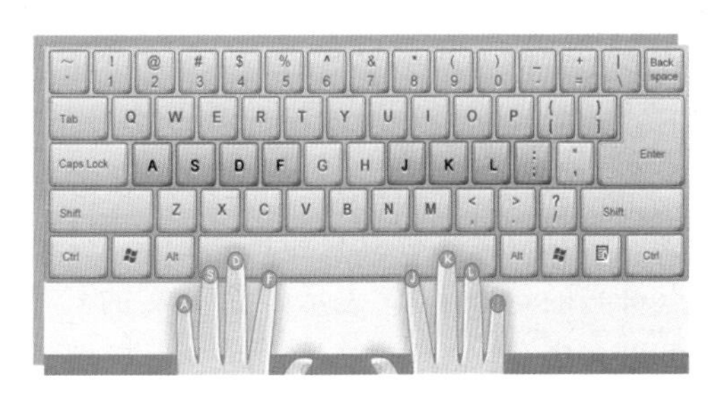

图 3-17　键盘的基准键位

2. 指法分工

键盘可划分为左右两部分，左手操作左部，右手操作右部，且每个键皆有固定的手指负责，如图 3-18 所示。具体分工如下：左手小指负责 1、Q、A、Z 4 个键和其左侧的各键；左手无名指负责 2、W、S、X 共 4 个键；左手中指负责 3、E、D、C 共 4 个键；左手食指负责 4、5、R、T、F、G、V、B 共 8 个键；右手食指负责 6、7、Y、U、H、J、N、M 共 8 个键；右手中指负责 8、I、K 和，共 4 个键；右手无名指负责 9、O、L 和. 共 4 个键；右手小指负责 0、P、；和/4 个键和其右侧的各键。

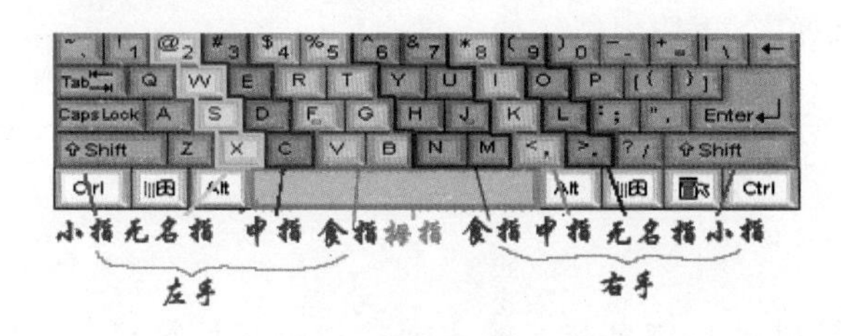

图 3-18　键位指法分工

三、输入法

1. 切换输入法

单击任务栏中的"输入法"图标，在弹出的菜单中选择所需要的输入法，即可在英文与各种中文输入法之间进行切换。还可以在键盘上直接按 Ctrl＋Shift 组合键，进行各种输入法的切换。

当切换到一种中文输入法(如搜狗输入法)后，还可以进行以下的输入方式切换。

(1)中/英文输入切换。单击"中/英文输入切换"按钮，可以在中/英文输入之间进行切换。当显示"英"字时，表示英文输入状态；当显示"中"字时，表示中文输入状态，如图 3-19 所示。还可以在键盘上直接按 Ctrl＋空格组合键，进行中/英文输入的切换。

图 3-19　选择输入法

(2)全角/半角字符切换。所谓半角字符，是指输入的英文字符占一个字节(即半个汉字位置)，半角状态呈现月牙形；全角字符是指输入的英文字符占两个字节(即一个汉字位置)，全角状态(中文方式)呈现满月形。两种状态下输入的数字、英文字母、标点符号是不同的。单击"全角/半角字符切换"按钮，可以在全角/半角之间进行切换。还可以在键盘上直接按 Shift＋空格组合键完成切换。

(3)中/英文标点符号的切换。中/英文标点符号的显示形式是不同的。例如，中文标点符号的句号用"。"表示，而英文的句号用"."表示。单击"中/英文标点符号切换"按钮，可以在中/英文标点符号之间进行切换。

2. 添加和删除输入法

在语言栏上单击鼠标右键，弹出输入法设置的快捷菜单，选择“设置”命令，弹出“文本服务和输入语言”对话框，如图 3-20 所示。

(1)单击“添加”按钮，在弹出的“添加输入语言”对话框中找到所要添加的输入法，如“搜狗拼音输入法”，并选中其复选框，然后单击“确定”按钮，即可将其添加到输入法列表中。

(2)如要删除输入法，在输入法列表中选定要删除的输入法，再单击“删除”按钮即可。

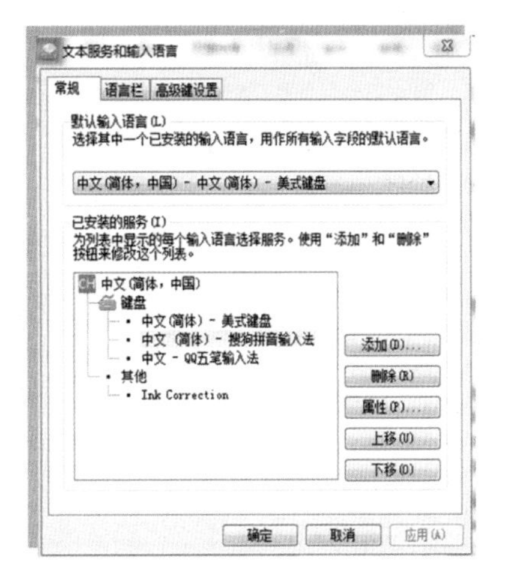

图 3-20　“文本服务和输入语言”对话框

3. “搜狗输入法”的使用

(1)单个汉字的输入。单个汉字一般使用全拼输入，依照全拼输入法则，输入一个汉字的拼音编码后，词语选择框将显示 9 个带序号的汉字，输入所需汉字的序号或用鼠标单击词语选择框中所需的汉字，该汉字即被输入。

(2)词组的输入。搜狗输入法带有大量的词组，使用词组输入将大大提高输入速度。使用全拼、简拼和混拼都可以输入词组。

打开“记事本”窗口，使用搜狗输入法在文本上输入“北京师范大学出版集团”“国家教育资源服务平台”，输入过程如图 3-21 所示。

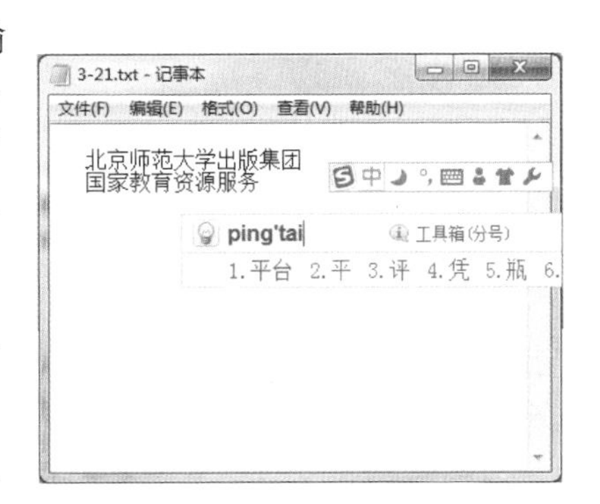

图 3-21　使用“搜狗输入法”输入文字

任务 4　使用控制面板

任务说明

控制面板是用来对系统进行设置的一个工具集。用户可以根据自己的爱好更改显示器、键盘、鼠标、桌面等硬件的设置，可以安装新的硬件和软件，以便更有效地使用系统。

任务实施

一、打开“控制面板”窗口

在“开始”菜单中，单击“控制面板”命令，打开“控制面板”窗口，如图 3-22 所示。

二、设置鼠标属性

(1)在“控制面板”窗口中，单击“硬件和声音”组链接，在“设备和打印机”组下单击

“鼠标”链接，弹出如图 3-23 所示的对话框。

图 3-22 “控制面板”窗口

图 3-23 设置鼠标属性

(2)在对话框中根据自己的需要设置相应的选项，如对鼠标键、指针、指针选项、滑轮及硬件选项卡进行相应的设置。

(3)单击“确定”按钮可以保存设置并关闭对话框。

三、设置日期和时间

如果计算机当前的日期和时间不正确，可通过手动调整和自动更新准确的时间。单击“控制面板”窗口中的“时钟、语言和区域”组链接，然后单击“日期和时间”链接，打开“日期和时间”对话框，如图 3-24 所示。设置新的日期和时间后，单击“确定”按钮关闭对话框。

四、用户账户管理

1. 打开“管理账户”窗口

单击“开始”按钮→“控制面板”命令，出现“控制面板”窗口。单击“用户账户和家庭安全”链接下面的“添加或删除用户账户”命令，打开如图 3-25 所示的“管理账户”窗口。

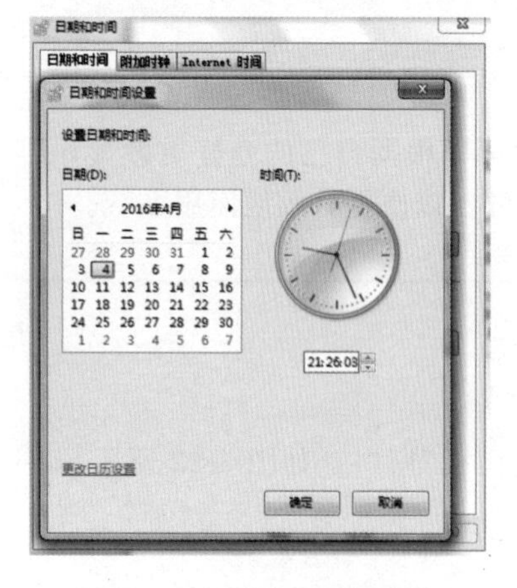

图 3-24 设置日期和时间

图 3-25 “管理账户”窗口

2. 创建账户

单击“管理账户”窗口中的“创建一个新账户”命令，打开“创建新账户”窗口。

键入新账户名，选择“标准用户”或“管理员”账户类型，然后单击“创建账户”按钮。

3. 更改账户

在“管理账户”窗口中，单击要更改的账户，弹出“更改账户”窗口。

在“更改账户”窗口中，可以对选择的账户进行更改账户名称、创建密码、更改图片、设置家长控制等操作。

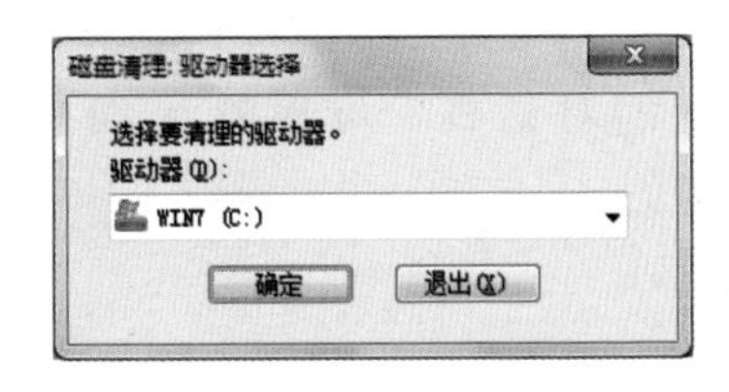

图 3-26　“磁盘清理：驱动器选择”对话框

五、磁盘清理

(1)单击“开始”→“所有程序”→“附件”→“系统工具”→“磁盘清理”命令，弹出如图 3-26 所示的“磁盘清理：驱动器选择”对话框。

(2)在其中选择要清理的驱动器，单击“确定”按钮，弹出如图 3-27 所示的对话框。

(3)勾选要删除的文件，单击“确定”按钮。在弹出的对话框中单击“删除文件”按钮，立即开始清理磁盘操作。

六、磁盘碎片整理

(1)单击“开始”→“所有程序”→“附件”→“系统工具”→“磁盘碎片整理程序”命令，弹出如图 3-28 所示的“磁盘碎片整理程序”对话框。

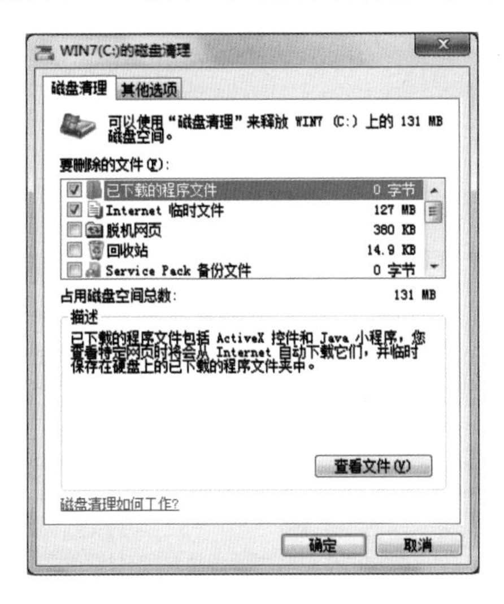

图 3-27　“磁盘清理”对话框

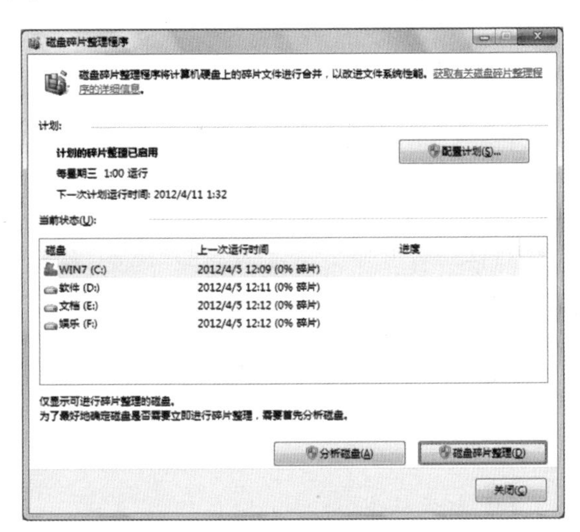

图 3-28　“磁盘碎片整理程序”对话框

(2)选择某个盘符，单击“分析磁盘”按钮，对磁盘进行分析后会显示相应的碎片比例。根据比例，可确定是否进行磁盘碎片整理。单击“磁盘碎片整理”按钮，可对选定的磁盘进行磁盘碎片整理。

(3)也可以对磁盘碎片整理设定计划操作。单击“配置计划”按钮，弹出如图 3-29 所示的对话框，可设置计划操作及对应磁盘。

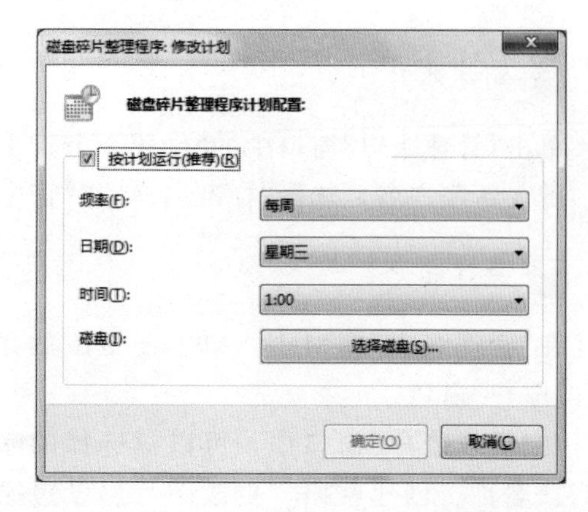

图 3-29 “磁盘碎片整理程序：修改计划”对话框

任务5 维护系统与常用工具软件

任务说明

在计算机使用过程中，常会对系统进行维护来保障系统的正常运行和系统、数据的安全。工具软件是计算机经常运用的一种软件，它能更好地帮助用户使用计算机。

任务实施

一、添加或卸载程序

1. 添加新程序

将光盘插入光驱，然后按照屏幕上的说明操作。如果系统提示输入管理员密码或进行确认，则键入该密码或提供确认。如果程序无法安装，可检查程序附带的信息，该信息可能会提供手动安装该程序的说明。如果无法访问该信息，还可以浏览整张光盘，然后打开程序的安装文件，文件名通常为 Setup. exe 或 Install. exe。如果程序是为 Windows 的某个早期版本编写的，运行“程序兼容性疑难解答”，按提示操作。

2. 卸载程序

单击“开始”→“控制面板”命令，出现“控制面板”窗口。单击“程序”链接，出现如图 3-30

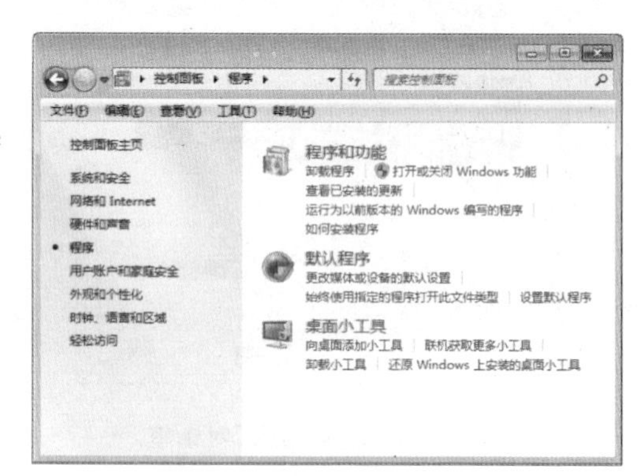

图 3-30 “程序”管理窗口

所示的窗口。单击“程序和功能”链接下的“卸载程序”链接，将出现系统中已安装的所有应用程序名称。在窗口的列表中选定要删除的程序，单击“卸载”按钮，即可将已经安装的程序从 Windows 7 中进行卸载。

如果安装的应用程序有自带的卸载程序，也可通过“开始”菜单，找到该应用程序所在的文件夹，然后单击其中的“卸载程序”进行卸载。

二、打开或关闭 Windows 功能

Windows 附带的某些程序和功能（如 Internet 信息服务）必须打开才能使用。某些其他功能默认情况下是打开的，但可以在不使用它们时将其关闭。在 Windows 的早期版本中，若要关闭某个功能，必须从计算机上将其完全卸载。在 Windows 7 版本中，这些功能仍存储在硬盘上，以便可以在需要时重新打开它们。关闭某个功能不会将其卸载，并且不会减少 Windows 功能使用的硬盘空间量。若要打开或关闭 Windows 功能，可按照下列步骤操作。

图 3-31　“Windows 功能”窗口

（1）单击“开始”→“控制面板”→“程序”→“打开或关闭 Windows 功能”，打开“Windows 功能”窗口，如图 3-31 所示。如果系统提示输入管理员密码或进行确认，则键入该密码或提供确认。

（2）若要打开某个 Windows 功能，则选中该功能旁边的复选框；若要关闭某个 Windows 功能，则清除该复选框，最后单击“确定”按钮。

三、压缩/解压缩软件 WinRAR 的使用

1. WinRAR 压缩文件

打开“WinRAR”程序，可得到如图 3-32 所示的主界面。在地址栏右边单击下拉按钮，可用来确定要压缩的文件或文件夹所在的位置，并可在下面列出的文件中单选或多选文件或文件夹。单击“添加”按钮，将打开“压缩文件名和参数”对话框，输入压缩文件名，单击“确定”按钮完成压缩。

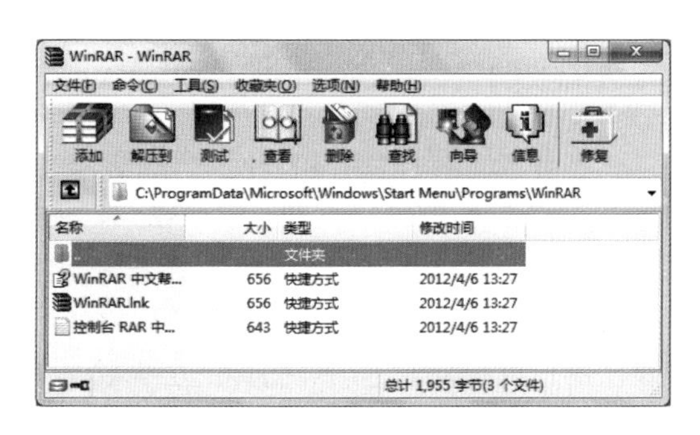

图 3-32　WinRAR 主界面

也可以右击要压缩的文件或文件夹，在弹出的快捷菜单中选择“添加到压缩文件(A)…”

或“添加到…. RAR”命令进行压缩。建立的压缩文件与源文件或文件夹位于相同的文件夹中。

2. WinRAR 解压缩文件

直接双击要解压缩的文件，此压缩文件将自动添加在 WinRAR 窗口中，可直接打开其中的文件或文件夹。单击工具栏中的“解压到”按钮，在“解压路径和选项”对话框中输入或选择要解压到的目录，单击“确定”按钮，文件就被解压缩到这个目录中。

也可以右击要解压的压缩文件，在弹出的快捷菜单中选择“解压文件(A)…”或“解压到当前文件夹(X)”或“解压到…\(E)”命令进行解压。

四、画图软件

单击“开始”→“所有程序”→“附件”→“画图”命令，弹出如图 3-33 所示的“画图”窗口。可以在“画图”窗口内绘制线条、绘制其他形状、添加文本、选择并编辑对象、调整整个图片或图片中某部分的大小、移动和复制对象、处理颜色、查看图片、保存和使用图片。

图 3-33 “画图”窗口

五、截图工具

单击“开始”→“所有程序”→“附件”→“截图工具”命令，弹出如图 3-34 所示的窗口。单击“新建”按钮右侧的下拉按钮▼，在下拉列表中可选择“窗口截图”“任意格式截图”或“全屏幕截图”。在截图工具窗口中单击“选项”按钮，可打开“截图工具选项”对话框，用户可在对话框中设置相关参数，单击“确定”按钮关闭对话框。

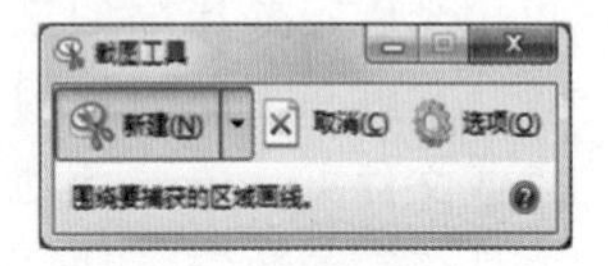

图 3-34 截图工具

六、写字板

单击“开始”→“所有程序”→“附件”→“写字板”命令，弹出如图 3-35 所示的“写字板”窗口。

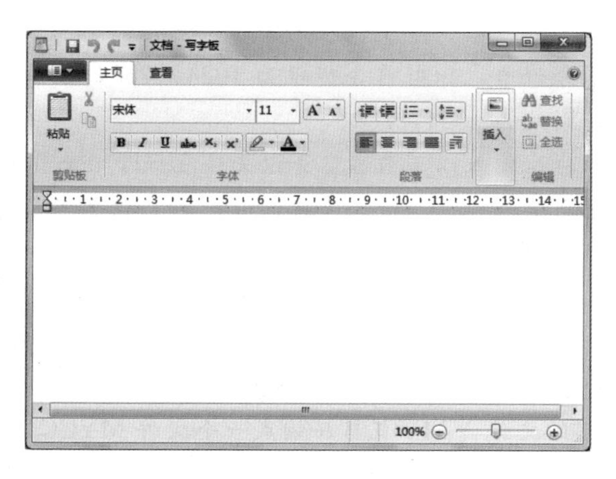

图 3-35　“写字板”窗口

在写字板中可以查看或编辑带有复杂格式和图形的文本内容。可以进行如下编辑操作：创建、打开和保存文档，编排文档格式(包括字体和段落格式)，插入日期和图片，编辑图片，查看文档，设置页面，查找或替换，设置打印选项。

拓展任务

如何用 Windows 7 系统控制面板功能?

一、巧妙利用查看方式

对于习惯 Windows XP 系统的用户，刚开始接触 Windows 7 系统控制面板，用起来自然有些不习惯，不过，可以采用改变查看方式，找回以往较熟悉的页面。

单击控制面板右上角的“查看方式”下拉按钮，弹出“查看方式”下拉列表，从中可选择“大图标”“小图标”的方式查看。控制面板中，以大小图标查看时，可以显示所有控制面板项，这就让用户“找回”了熟悉的页面，从中很轻松找到需要使用的功能。

二、通过地址栏导航快速查找

在 Windows 7 控制面板页面，可以通过地址栏导航，快速切换到相应的分类选项或者需要打开的程序。例如，切换至“程序”分类选项时，单击地址栏中右侧向右的箭头，即可显示该类别下所有程序列表，从中单击相应的选项即可。

三、通过搜索快速查找程序

在 Windows 7 系统中，控制面板页面还提供了搜索功能，方便用户快速查看需要的功能选项。操作时，在控制面板右上角的搜索框中输入关键词(如用户)，即可显示相应的搜索结果。在搜索结果页面，按照类别分类显示，在每个类别下还显示与关键词相关的功能，方便用户从中选择相应的功能操作。

项目实践

1. 改变当前的屏幕分辨率，如当前分辨率为1024×768，则改为800×600。如果当前分辨率为800×600，则改为1024×768。

2. 打开“写字板”程序，输入以下内容，并以文件Text1.doc保存在D盘根目录下。

(1)输入123456ABCDEF(１２３４５６ＡＢＣＤＥＦ)。注意半角与全角的区别。

(2)输入标点符号：〖〗、【】、「」、『』。数学序号：Ⅰ、Ⅱ、Ⅲ、Ⅳ、Ⅴ、①、②、③、④、⑤、≈、≌、∽、√。特殊符号：☆、★、※、→、←。

3. 将Windows的长时间样式设为hh：mm：ss，上午设置为AM，下午设置为PM。短日期格式设置为yyyy/m/d形式。货币符号设置为＄。

4. 将D盘根目录下的文件夹MYCCB压缩成一个文件MYCCB.RAR，并将其压缩文件直接以MYCCB为文件夹名解压到桌面上。

项目 4

管理文件

项目描述

我们在电脑上使用的数据都是以文件的形式存储的，电脑的存储器就好像日常生活中的文件柜一样将相关的文件整理保存在文件夹中，资源管理器可以使用户更加方便、快捷地管理文件和文件夹。

项目目标

1. 理解文件及文件夹的含义和作用，掌握文件及文件夹的基本操作。
2. 能够使用资源管理器对文件及文件夹进行管理。
3. 能够更改文件的查看方式。
4. 能够为压缩文件设置解压密码。
5. 掌握隐藏文件夹的方法。

项目任务

任务 1：使用资源管理器
任务 2：学习文件和文件夹的基本操作
任务 3：管理文件和文件夹
任务 4：加密文件和文件夹
拓展任务：文件及文件夹命名规则

任务1 使用资源管理器

任务说明

“资源管理器”是 Windows 操作系统提供的资源管理工具，用户可以通过资源管理器查看计算机上的所有资源，能够清晰、直观地对计算机上所有的文件和文件夹进行管理。使用资源管理器可更方便地实现浏览、创建、移动和复制文件或文件夹等操作，用户不必打开多个窗口，而只在一个窗口中就可浏览所有的磁盘和文件夹。

任务实施

一、启动资源管理器

单击“开始”→“所有程序”→“附件”→“Windows 资源管理器”命令，启动“资源管理器”，如图 4-1 所示。

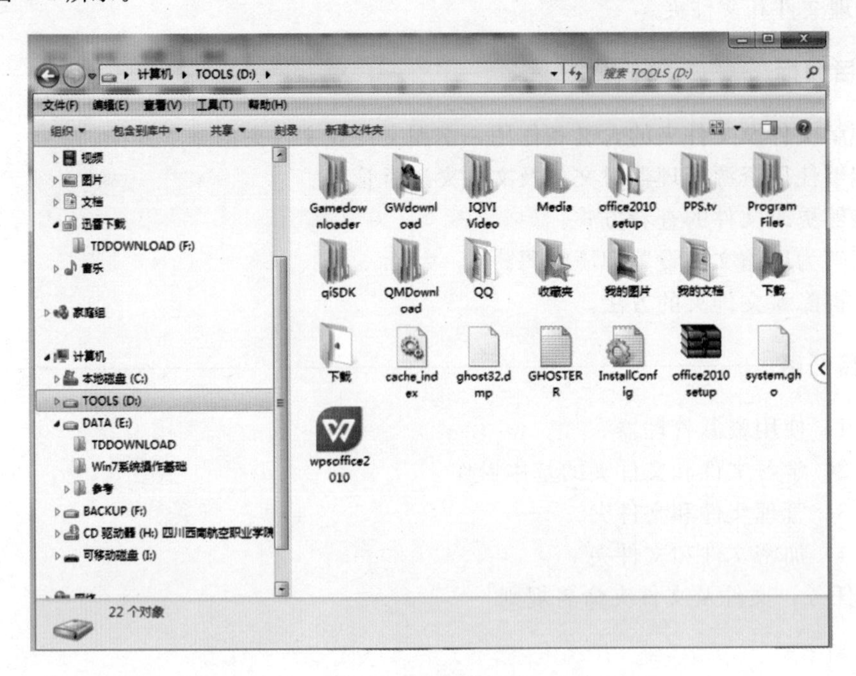

图 4-1 资源管理器

二、认识“资源管理器”窗口

Windows 资源管理器可分为左、右两个窗格：左侧的是列表区，右侧是目录栏，用来显示当前文件夹下的子文件夹或文件目录列表。“资源管理器”窗口的组成如图 4-2 所示。

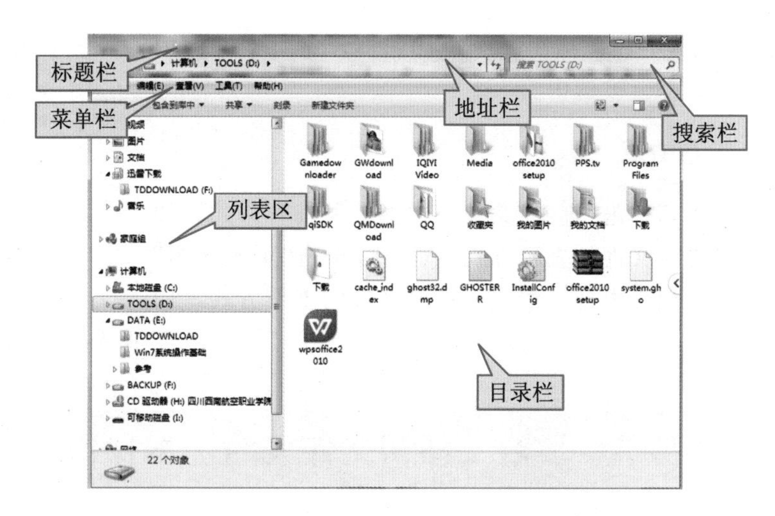

图 4-2　“资源管理器”窗口的组成

三、选择文件或文件夹

(1)要选择单个文件或文件夹，可直接单击该文件或文件夹。

(2)要选择窗口中的所有文件或文件夹，可单击窗口工具栏中的“组织”按钮，在展开的列表中选择“全选”项，或直接按 Ctrl+A 组合键。

(3)要同时选择多个文件或文件夹，可在按住 Ctrl 键的同时，依次单击要选中的文件或文件夹，选择完毕释放 Ctrl 键即可。例如，同时选中一个文件和一个文件夹，如图 4-3 所示。

图 4-3　同时选中一个文件和一个文件夹

(4)单击选中第一个文件或文件夹后，按住 Shift 键单击其他文件或文件夹，则两个文件或文件夹之间的全部文件或文件夹均被选中。

(5)按住鼠标左键不放，拖出一个矩形选框，这时在选框内的所有文件或文件夹都会被选中。

四、更改文件查看方式

在资源管理器中，单击“查看”菜单，选择一种查看方式，如“超大图标”，即可更改文件的查看方式。也可以单击“更改视图”下拉按钮，在弹出的列表中拖动滑块来更改文件的查看方式，如图 4-4 所示。

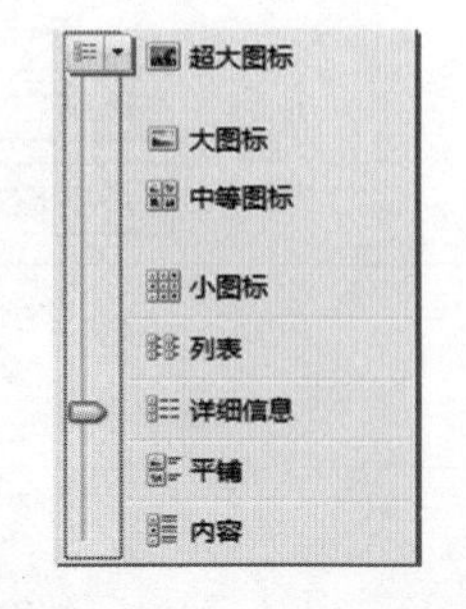

图 4-4　更改文件查看方式

任务 2　学习文件和文件夹的基本操作

任务说明

在 Windows 7 系统中，用户要想把电脑中的资源管理得井然有序，首先要掌握文件和文件夹的基本操作方法。文件和文件夹的基本操作主要包括文件和文件夹的新建、选定、重命名、移动、复制、删除等。

任务实施

一、创建文件及文件夹

通常情况下，用户可利用文档编辑程序、图像处理程序等应用程序创建文件。此外，也可以直接在 Windows 7 中创建某种类型的空白文件，或者创建文件夹来分类管理文件。在要创建文件或文件夹的磁盘窗口单击“新建文件夹”按钮，输入文件夹名称，即可创建文件夹。进入文件夹后利用右键菜单中的选项可新建文件。

还可以选择“文件”菜单→“新建”命令，新建文件夹或各种文件，如图 4-5 所示。

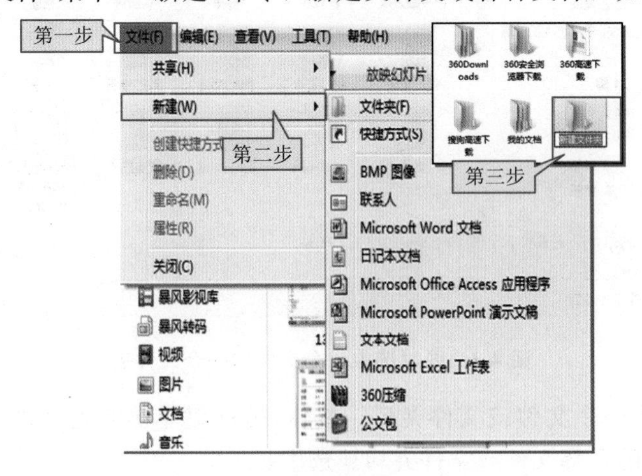

图 4-5　创建文件夹

二、重命名文件或文件夹

重命名文件或文件夹的操作步骤如下。

(1)选择要重命名的文件或文件夹。

(2)选择“文件”→“重命名”命令，或右键单击，在弹出的快捷菜单中选择“重命名”命令，文件或文件夹的名称高亮显示且处于编辑状态。

(3)在名称框中输入新的名称，按 Enter 键确认，如图 4-6 所示。

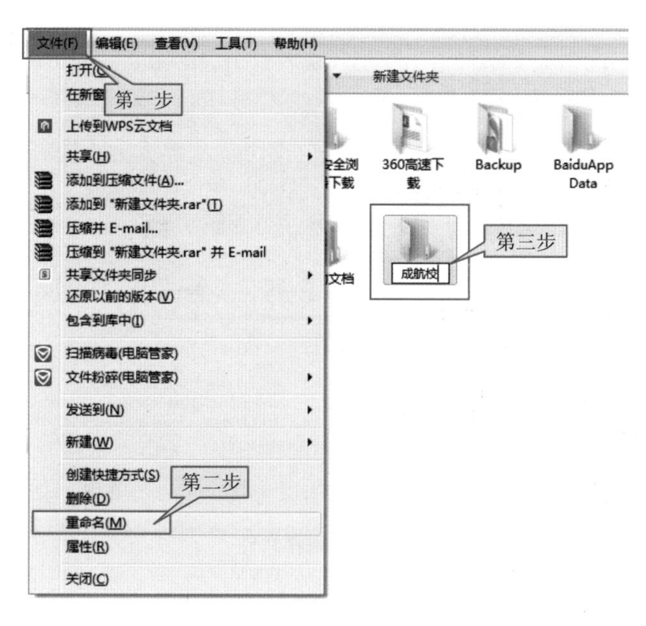

图 4-6　重命名文件夹

重命名文件或文件夹时，要注意在同一个文件夹中不能有两个名称相同的文件或文件夹，还要注意不要修改文件的扩展名。如果文件已经被打开或正在使用，则不能被重命名；不要对系统中自带的文件或文件夹，以及其他程序安装时所创建的文件或文件夹重命名，以免引起系统或其他程序的运行错误。

三、文件或文件夹的复制、移动

文件或文件夹的复制、移动操作方法如下。

(1)选择要进行移动或复制的文件或文件夹。

(2)选择“编辑”→“剪切”或“复制”命令(如图 4-7)，或单击右键，在弹出的快捷菜单中选择“剪切”或“复制”命令。

(3)选定目标位置。

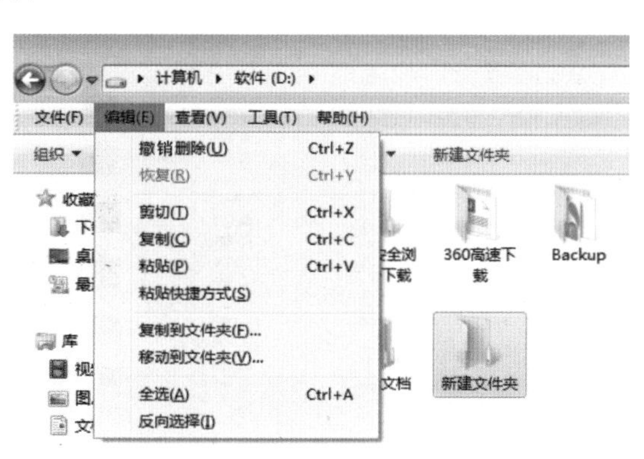

图 4-7　复制或移动文件夹

(4)选择“编辑”→“粘贴”命令，或在空白区域右键单击，在弹出的快捷菜单中选择“粘贴”命令即可。

四、删除文件或文件夹

在使用电脑的过程中，应及时删除电脑中已经没有用的文件和文件夹，以节省磁盘空间。选中需要删除的文件或文件夹，按 Delete 键，或在工具栏的“组织”列表中选择“删除”项，在打开的提示对话框中单击“是”按钮即可，如图 4-8 所示。

图 4-8　删除文件

五、回收站的使用

回收站是系统默认存放删除文件的场所。在删除文件或文件夹的时候，文件或文件夹都自动移动到回收站里(如图 4-9)，而不是从磁盘里彻底删除，这样可以防止文件的误删除，随时可以从回收站里还原文件和文件夹。

图 4-9　回收站

任务 3　管理文件和文件夹

任务说明

随着电脑中文件和文件夹的增加，用户经常会遇到找不到某些文件的情况，这时可以利用 Windows 7 资源管理器窗口中的搜索功能来查找电脑中的文件或文件夹。

任务实施

一、查找文件和文件夹

打开资源管理器窗口，此时可在窗口的右上角看到“搜索计算机”编辑框(如图 4-10)，在其中输入要查找的文件或文件夹名称，表示在所有磁盘中搜索名称中包含所输入文本的文件或文件夹，此时系统自动开始搜索，等待一段时间即可显示搜索的结果。对于搜到的文件或文件夹，用户可对其进行复制、移动、查看和打开等操作。

图 4-10　搜索文件及文件夹

二、创建快捷方式

在桌面上右键单击空白位置，在弹出的快捷菜单中选择“新建”→“快捷方式”命令(如图 4-11)，弹出“创建快捷方式”对话框。单击“浏览”按钮，找到要建立快捷方式的文件，单击“确定”按钮，返回“创建快捷方式”对话框。单击“下一步”按钮，在“键入该快捷方式的名称”文本框中输入名称，单击“完成”按钮。

图 4-11　创建快捷方式

三、设置文件或文件夹的属性

设置文件或文件夹属性的操作方法如下。

(1)选中要设置属性的文件或文件夹。

(2)选择“文件夹”→“属性”命令，或在右键快捷菜单中选择“属性”命令，打开文件夹属性对话框，如图 4-12 所示。

(3)选择需要的文件或文件夹属性，单击“确定”按钮完成。

四、共享文件和文件夹

现在家庭或办公生活环境里经常使用多台电脑，而多台电脑里的文件和文件夹可以通过局域网让多个用户共同享用。用户只需在文件或文件夹属性对话框的“共享”选项卡中(如图 4-13)，将文件或文件夹设置为共享属性，其他用户就可以查看、复制或者修改该文件或文件夹。

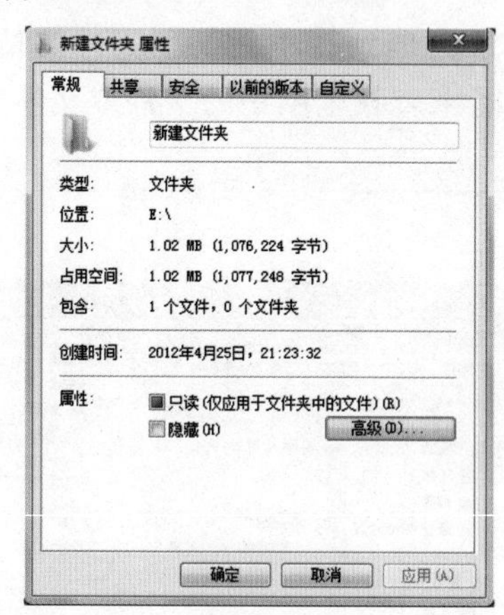

图 4-12　文件夹属性

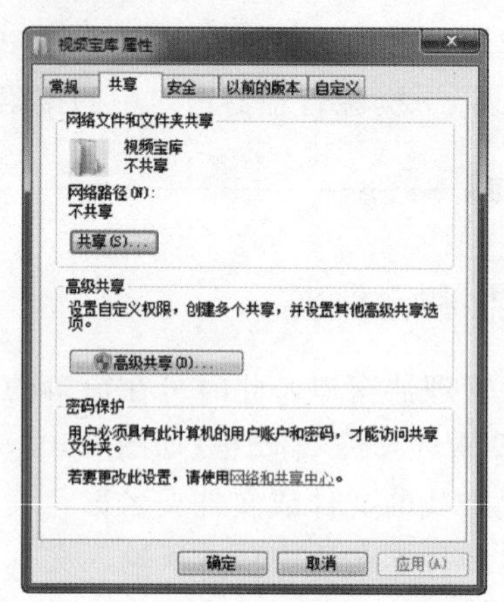

图 4-13　共享文件和文件夹

任务 4　加密文件和文件夹

任务说明

加密文件和文件夹即是将文件和文件夹加以保护，使得其他用户无法访问该文件或文件夹，保证文件和文件夹的安全性和保密性。当一个用户对文件或文件夹进行加密后，其他任何未授权的用户，甚至是管理员，都无法对其进行访问。

任务实施

一、压缩文件设置解压密码

(1)右键单击文件夹，选择“添加到压缩文件”命令，如图 4-14 所示。

(2)进入“压缩文件”对话框后，选择“密码”选项卡，输入解压密码，然后单击“确定”按钮，如图 4-15 所示。

(3)把原文件夹删除。然后在解压这个文件夹的时候，就要输入密码才能进行了，如图 4-16 所示。

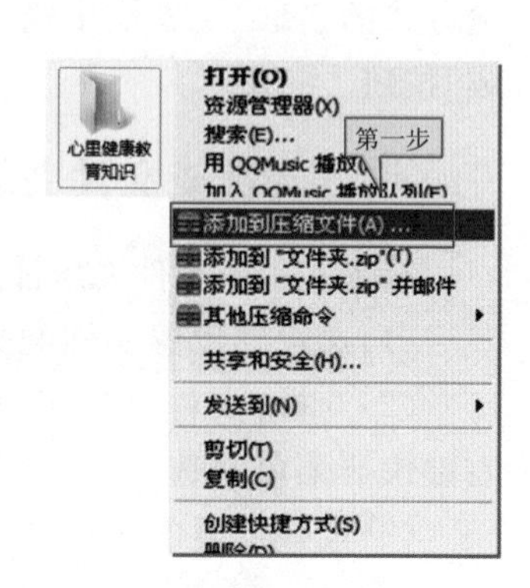

图 4-14　添加到压缩文件

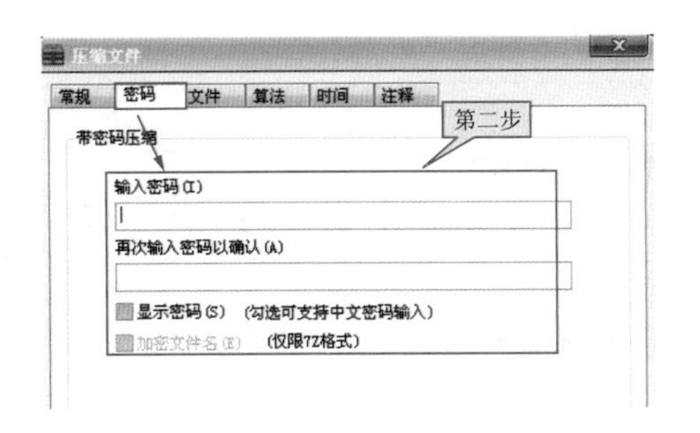

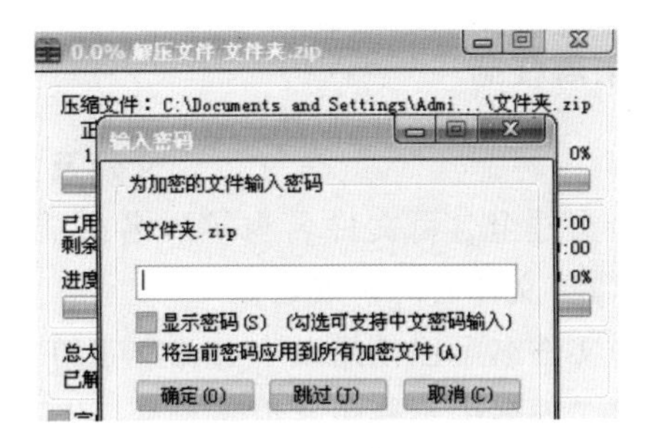

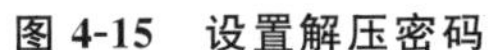
图 4-15　设置解压密码　　　　图 4-16　输入解压密码

二、直接隐藏文件夹

选择一个文件夹，右键单击，在快捷菜单中选择“属性”命令，打开文件夹属性对话框，如图 4-17 所示。选中“隐藏”复选框，单击“确定”按钮，在弹出的提示对话框中也单击“确定”按钮，就会看不到这个文件夹了。

如果想要重新打开这个文件夹，可以选择“工具”→“文件夹选项”命令，如图 4-18 所示。

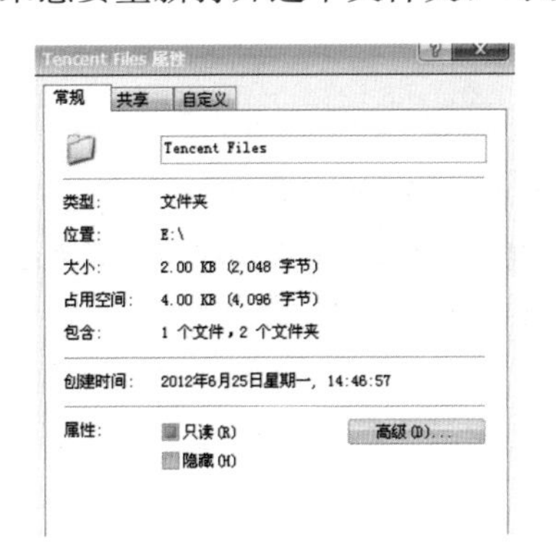

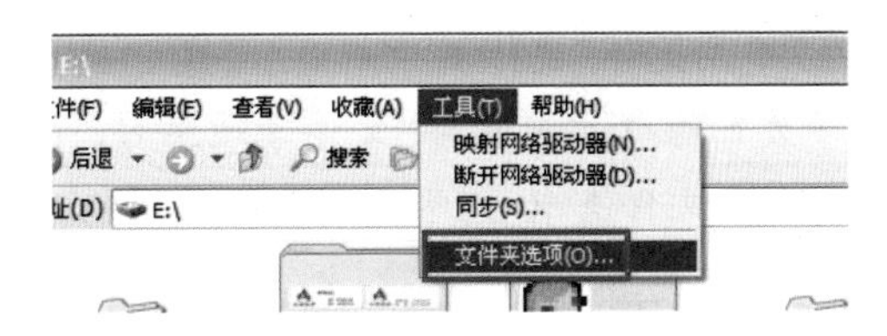

图 4-17　设置隐藏文件　　　　图 4-18　设置文件夹选项

在打开的“文件夹选项”对话框中，选择“查看”选项卡，把滚动条向下拉动，选择“显示所有文件和文件夹”选项，如图 4-19 所示。

单击“确定”按钮，关闭“文件夹选项”对话框，然后在隐藏文件的地址就能看到被隐藏的文件了。这个文件比其他文件的颜色要浅一些，如图 4-20 所示。

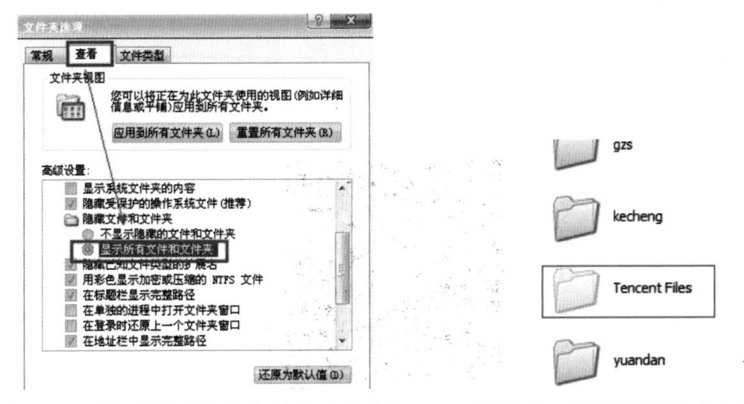

图 4-19　选择“显示所有文件和文件夹”　　　　图 4-20　设置被隐藏的文件夹

拓展任务

文件及文件夹命名规则

(1)文件全名由文件名与扩展名组成，文件名与扩展名中间用符号“.”分隔。文件名的格式为：文件名．扩展名。

(2)文件名可以使用汉字、西文字符、数字和部分符号。

(3)文件名中不能包含以下符号：\　/　“　?　*　＜　＞　:　|。

(4)文件名字符可以使用大小写，但不能利用大小写进行文件的区别。如“ABC. TXT”与“Abc. txt”被认为是同名文件。

(5)文件名可以使用的最多字符数量为256个西文字符或128个汉字。

(6)同一文件夹内不能有同名的文件或文件夹。

(7)文件夹与文件的命名规则相同，但文件夹不使用扩展名。

(8)通配符的使用：Windows操作系统规定了两个通配符，即星号“*”和问号“?”。其中，*表示任意0个或多个字符；?表示任意一个字符。

项目实践

1. 在D盘根目录下新建名为“Windows 7文件基本操作”的文件夹。

2. 在“Windows 7文件基本操作”文件夹下，新建“个人文件”“管理文件”两个子文件夹，然后在“个人文件”文件夹中新建“成绩”“试卷”两个子文件夹。

3. 将下发的课堂练习文件“文件管理练习.rar”解压到“D:\文件管理练习”。

4. 将解压后文件夹中的“学生成长计划.doc”文件更名为“2017计算机应用专业学生成长计划.doc”。

5. 将解压后文件夹中的“学生成绩.xlsx”文件移动到第2题的“成绩”文件夹中。

6. 将文件夹“文件管理练习”复制到第2题的“试卷”文件夹中。

7. 搜索文件“calc.exe”，将其复制到“试卷”文件夹中。

8. 在“Windows 7文件基本操作”文件夹内新建一个Word文档，并命名为“个人简历.doc”。

9. 将“文件管理练习”文件夹中的“任务驱动教学法.docx”文件直接删除，不进回收站。

10. 将“Windows 7文件基本操作”文件夹压缩为“×××文件基本操作.rar”，将此压缩文件上传至群空间。

扫一扫

第 3 编

Office办公软件

项目 5

处理文字

项目描述

Word 2010 的文字处理功能是非常强大的，可以输入文本、编辑文本，在发现文本中有错误的地方时，还可以通过查找来修改文本内容，通过对文本格式的设置，可以使文档更加美观。在此项目中，我们将学习 Word 2010 的文本输入、设置与编辑方法。

项目目标

1. 掌握 Word 2010 打开、新建、保存的操作方法。
2. 掌握 Word 2010 界面各部分的组成。
3. 学会在 Word 2010 中输入文本的方法。
4. 掌握设置字符格式、段落格式和对齐方式的方法。
5. 掌握为文档设置项目符号的方法。

项目任务

任务 1：对照外部资料录入文档
任务 2：设置文字格式与段落格式
任务 3：添加项目符号和编号
拓展任务：限制修改文件

任务 1　对照外部资料录入文档

任务说明

Word 是一款功能相当强大的软件，利用 Word 可以制作各种文档。本任务将学习 Word 的一些基础知识、基本操作，以及在文档中录入文本信息。

任务实施

一、熟悉 Word 2010 工作界面和相关概念

单击“开始”→“所有程序”→“Microsoft Office”→“Microsoft Word 2010”命令，即可启动 Word 2010。启动 Word 2010 后，呈现在用户面前的便是它的工作界面，如图 5-1 所示，下面介绍其主要组成元素的作用。

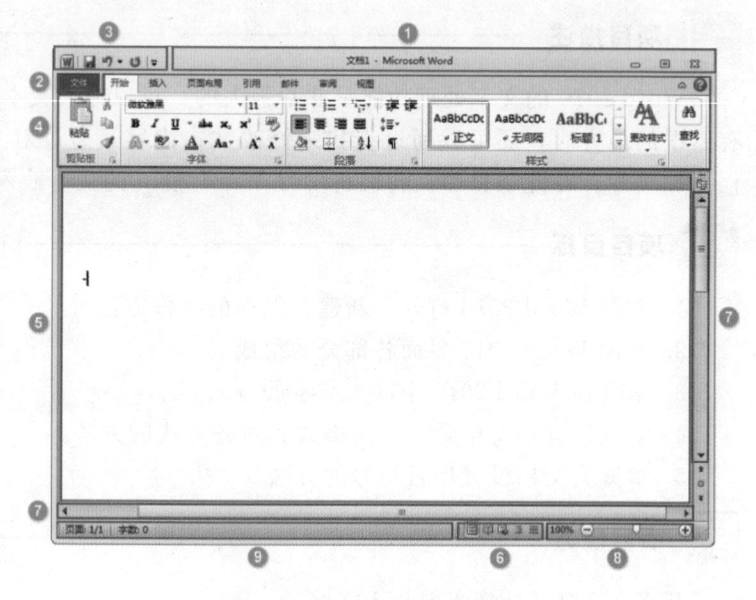

图 5-1　Word 2010 工作界面

(1)标题栏：显示正在编辑的文档的文件名以及所使用的软件名。

(2)“文件”菜单：基本命令(如“新建”“打开”“关闭”“另存为”和“打印”)位于此处。

(3)快速访问工具栏：常用命令位于此处，如“保存”和“撤销”。用户也可以添加个人常用命令。

(4)功能区：工作时需要用到的命令位于此处。它与其他软件中的“菜单”或“工具栏”相同。

(5)“编辑”窗口：显示正在编辑的文档。

(6)“显示”按钮：可用于更改正在编辑的文档的显示模式，以符合用户的要求。

(7)滚动条：拖动水平或垂直滚动条，可以查看整个工作界面。

(8)缩放滑块：可用于更改正在编辑的文档的显示比例。

(9)状态栏：显示正在编辑的文档的相关信息。

二、新建、保存、打开与关闭 Word 文档

1. 新建空白文档

打开 Word 2010，在“文件”菜单下选择“新建”选项，在右侧单击“空白文档”按钮，再单击“创建”按钮，就可以成功创建一个空白文档，如图 5-2 所示。

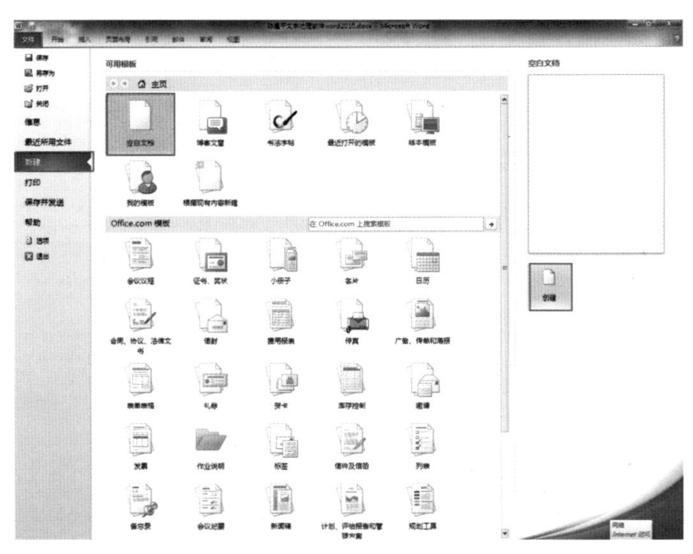

图 5-2　创建空白文档

2. 使用模板新建 Word 文档

打开 Word 2010，在“文件”菜单下选择“新建”选项，在“可用模板”列表中选择合适的模板，并单击“创建”按钮即可，如图 5-3 所示。同时用户也可以在“Office. com 模板”区域选择合适的模板，并单击“下载”按钮。

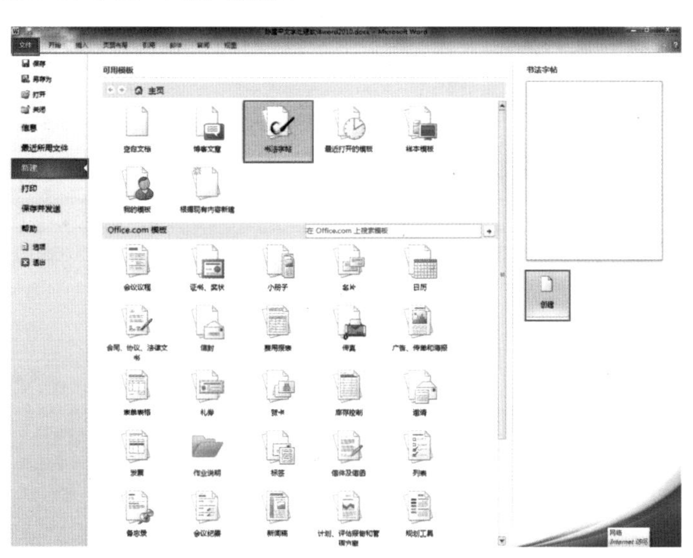

图 5-3　使用模板创建 Word 文档

3. 保存文档

保存文档大致有以下两种方法。

方法一：

(1)在“文件”菜单下单击“保存”按钮，如图 5-4 所示。

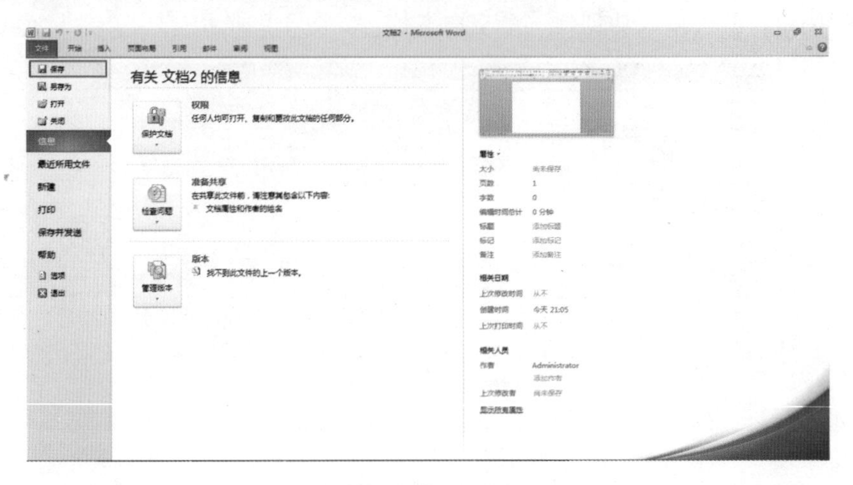

图 5-4　保存文档

(2)在弹出的“另存为”对话框中选择保存的路径、修改文件名后，单击“保存”按钮即可，如图 5-5 所示。

图 5-5　选择保存路径和文件名

方法二：

直接按快捷键 Ctrl+S，就可以弹出图 5-5，之后按照方法一中的步骤操作即可。

4. 打开文档

(1)在“文件”菜单下单击“打开”按钮，如图 5-6 所示。

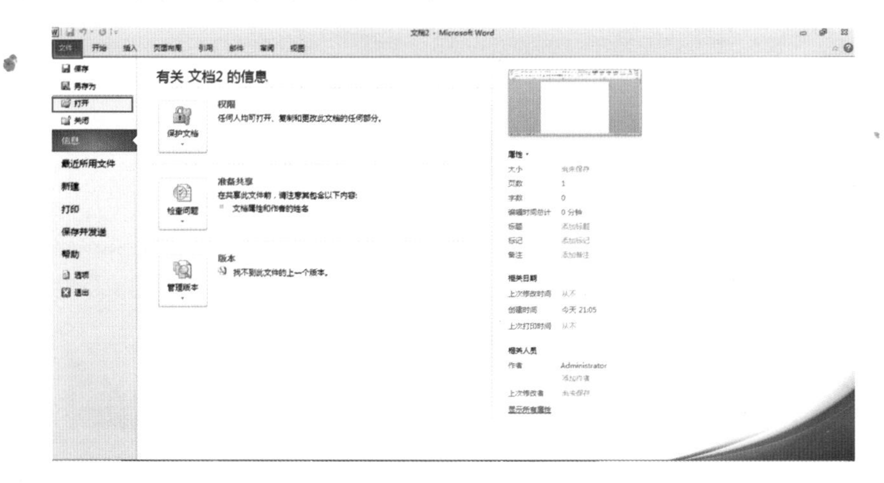

图 5-6　选择“文件”→“打开”

(2)在弹出的“打开”对话框中选择打开的路径、选择文件后，单击“打开”按钮即可，如图 5-7 所示。

图 5-7　打开文档

5. 关闭文档

在“文件”菜单下单击“关闭”按钮，即可关闭当前文档，如图 5-8 所示。

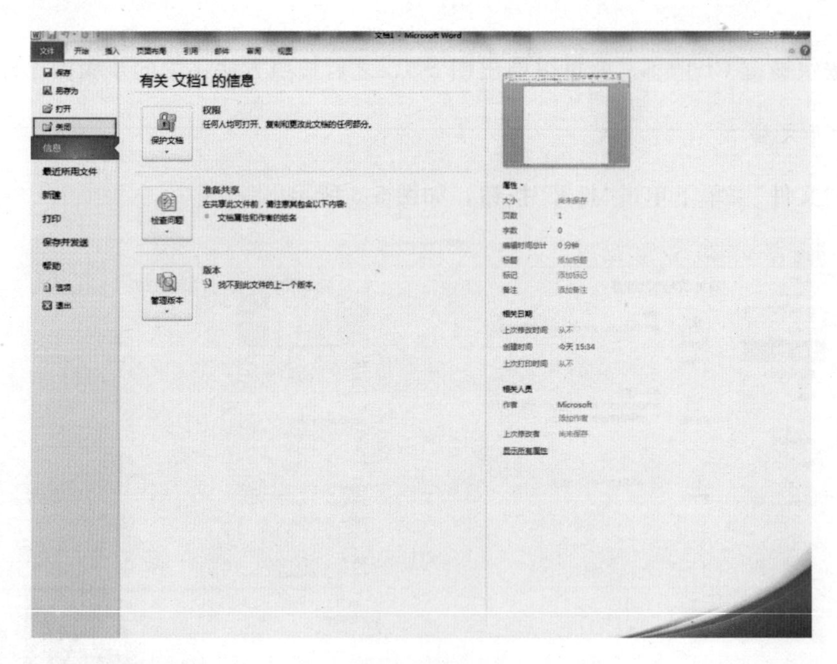

图 5-8　关闭文档

三、插入时间及日期

(1)打开 Word 2010 文档，将光标移动到合适的位置，选择“插入”菜单，如图 5-9 所示。

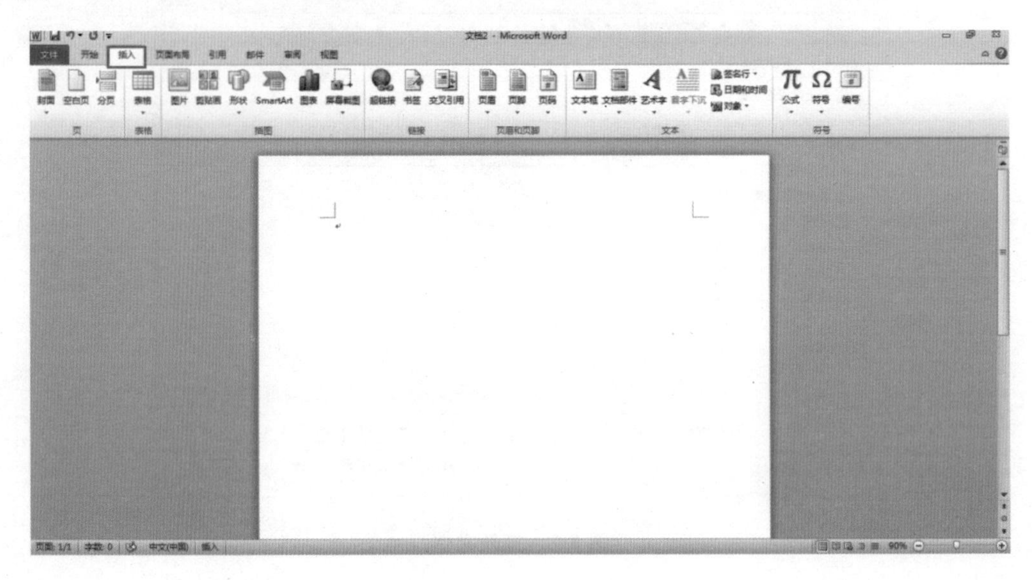

图 5-9　选择“插入”菜单

(2)在“文本”区单击“日期和时间”按钮，如图 5-10 所示。

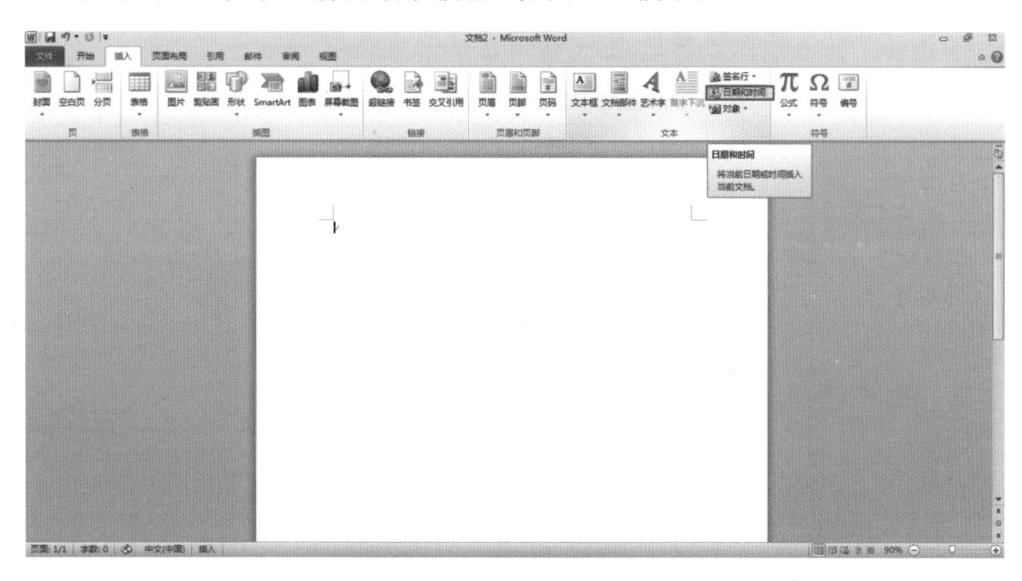

图 5-10　选择“日期和时间”

(3)在“日期和时间”对话框的“可用格式”列表中选择合适的日期或时间格式，如图 5-11 所示。

(4)选中“自动更新”复选框，实现每次打开 Word 文档自动更新日期和时间，单击“确定”按钮即可，如图 5-12 所示。

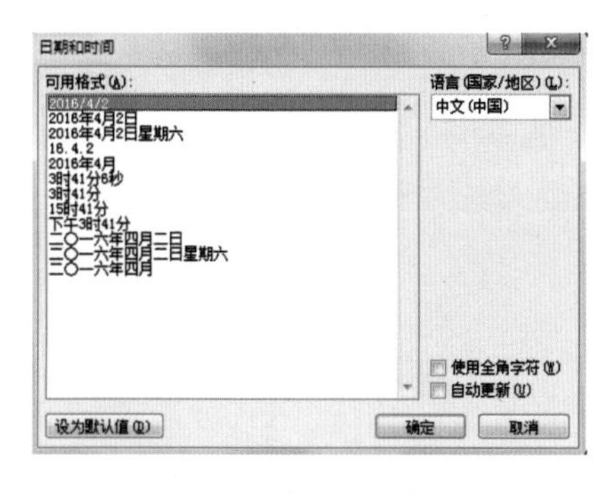

图 5-11　“日期和时间”对话框

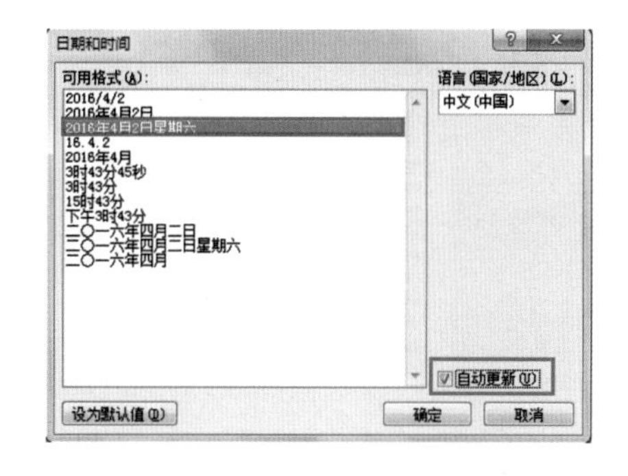

图 5-12　选中“自动更新”复选框

四、快速访问工具栏的使用

快速访问工具栏是一个可自定义的工具栏，它包含一组独立于当前显示的功能区中的命令。用户可以从两个可能的位置之一移动快速访问工具栏，并且可以向快速访问工具栏中添加代表命令的按钮。

默认的快速访问工具栏中有“保存”“撤销”“恢复”3 个按钮，如果用户要添加更多的常用按钮，可以按照下面的方法进行操作。

(1)打开 Word 2010 文档页面，单击“快速访问工具栏”下拉按钮，如图 5-13 所示。

图 5-13　单击“快速访问工具栏”下拉按钮

(2)在下拉菜单中选中需要在快速访问工具栏显示的命令，如图 5-14 所示。选择后即可在快速访问工具栏中显示出来。

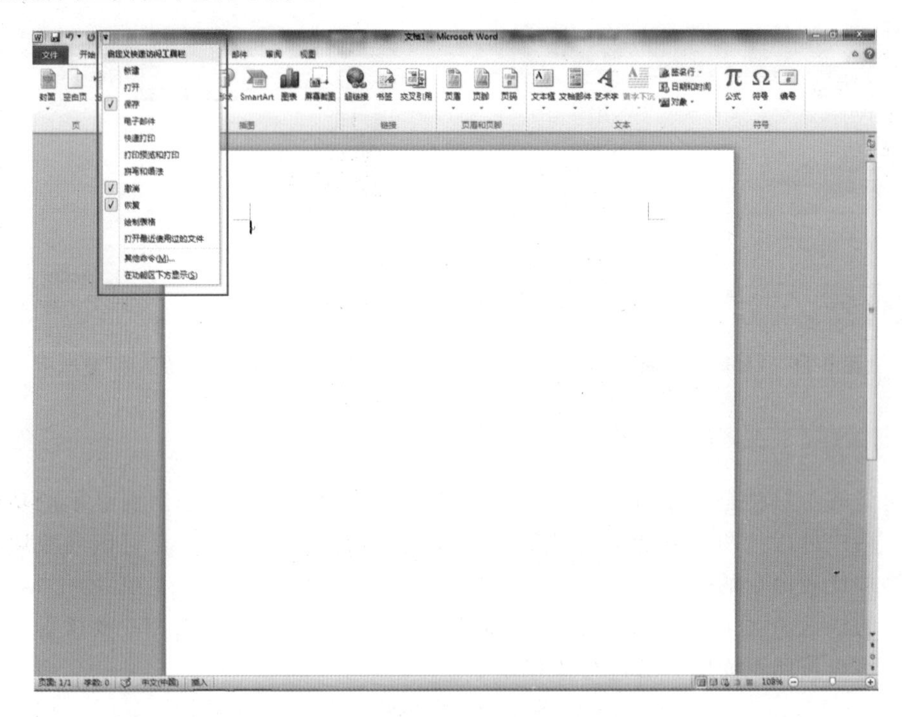

图 5-14　“快速访问工具栏”下拉菜单

五、撤销和恢复功能

撤销功能是指将当前操作的步骤清除掉，Word 2010 可以为用户保存 1000 步的操作，恢复功能是指恢复撤销的操作。

六、制作完整 word 文档

在了解了 Word 2010 的基本知识和文本输入与编辑方法后，接下来我们通过案例来学习在 Word 2010 中创建新文档并在文档中输入文本的方法。

步骤一：创建新文档

(1)双击桌面上的 Microsoft Word 2010 快捷方式图标，或者单击"开始"→"所有程序"→"Microsoft Office"→"Microsoft Word 2010"命令，打开 Word 2010，如图 5-15 所示。

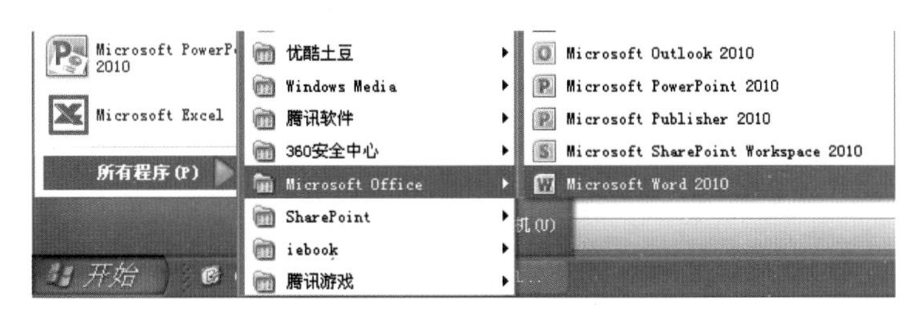

图 5-15 打开 Word 2010

(2)单击"文件"菜单，在"文件"菜单中单击"新建"命令，在右侧界面中单击"空白文档"选项，如图 5-16 所示。

(3)在界面右下角单击"创建"按钮，如图 5-17 所示。

图 5-16 选择创建空白文档

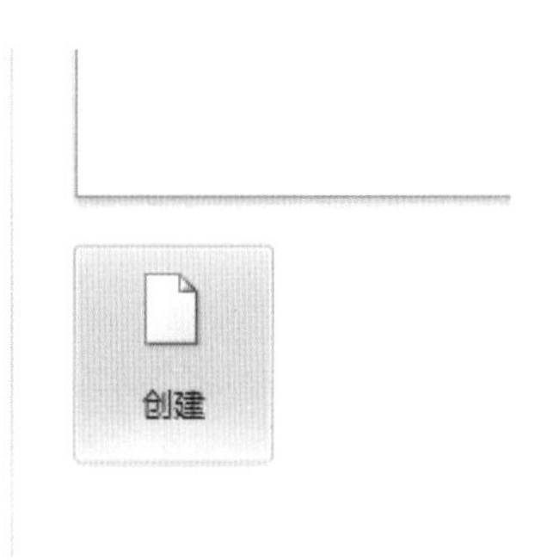

图 5-17 确认创建

(4)经过以上操作后，即可创建一个空白的 Word 文档，默认文件名为"文档 1"，如图 5-18 所示。

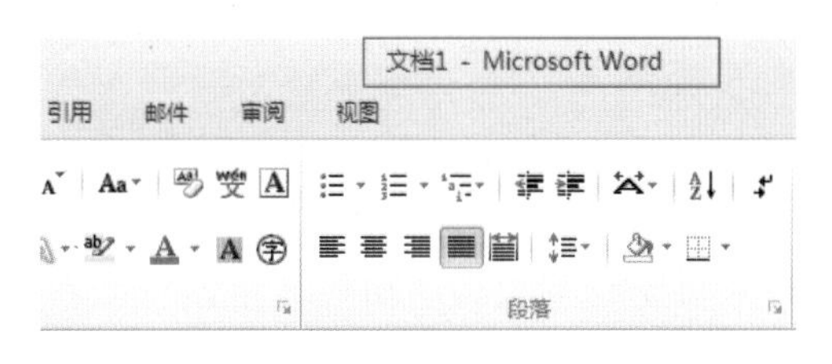

图 5-18 新建的文档 1

步骤二：对文档进行存储

为了避免用户编辑的文档因为操作失误或电脑出错而导致丢失的情况，用户可以将文档进行保存。保存文档有两种方式，如果是第一次存储新编辑的文档，可以对其设置保存路径、文件名等。初次保存文档后，如果用户对其进行了修改，同时需要重新更改文档名称，此时可以选择另存文档。除此之外，用户还可以将文档保存为旧版本格式。

(1)对出票守则进行保存时，首先单击快速访问工具栏中的“保存”按钮，如图 5-19 所示。

(2)弹出“另存为”对话框，设置好文档的保存路径，如图 5-20 所示。

图 5-19　单击“保存”按钮

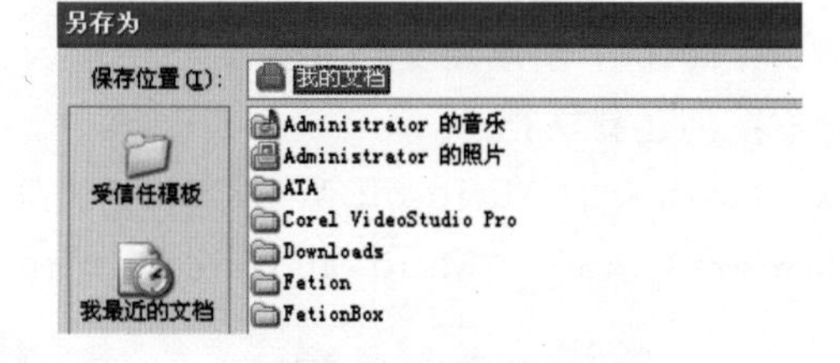

图 5-20　设置保存路径

(3)在“文件名”文本框中输入保存名称“民航员工出票守则”，如图 5-21 所示，然后单击“保存”按钮。

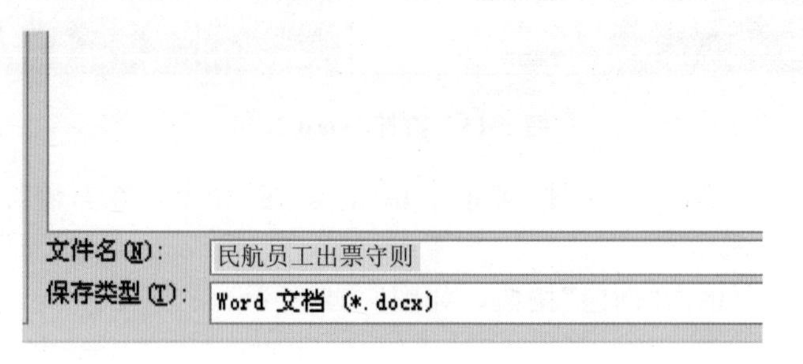

图 5-21　设置保存的名称

(4)返回文档后，可以看到文档的名称已经变成了“民航员工出票守则”，如图 5-22 所示。如果下次要打开该文档查看或编辑，可以在设置的保存路径中打开。

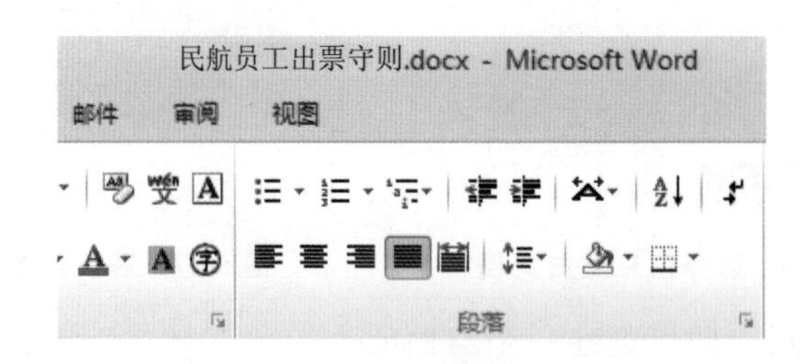

图 5-22　显示保存后的文档名

步骤三：输入文本

在空白的文档中输入文本，首先将鼠标指针移动到文档的编辑区域中，当指针变成“I”形状时，将其移动到要输入文本的位置并单击左键，将光标定位到该位置，如图 5-23 所示。然后切换到所需要的中文输入法，输入标题的文字“民航员工出票守则”，如图 5-24

所示。标题输入完后，需要到下一行继续输入正文，可按 Enter 键，光标跳到下一行，输入“民航员工出票守则”的正文。当输入的内容超过一行时，光标会自动跳到下一行，直到输入全部内容，如图 5-25 所示。

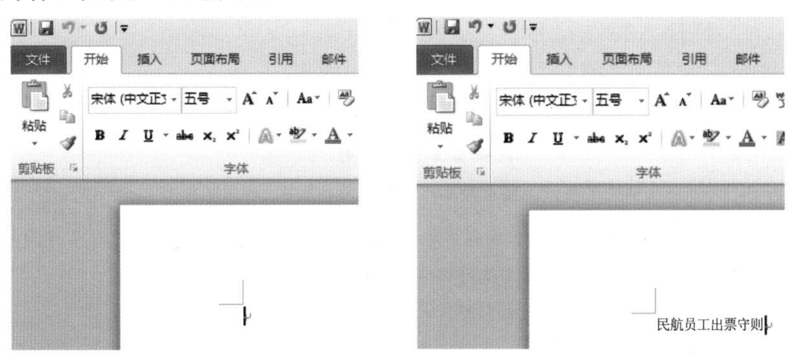

图 5-23　定位光标　　　　图 5-24　输入标题

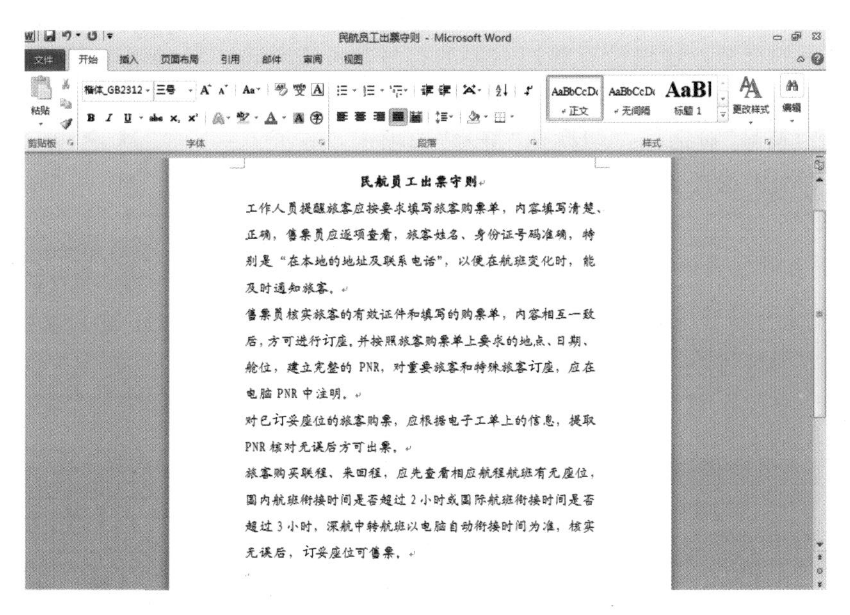

图 5-25　完成“民航员工出票守则”文字的录入

内容为：

民航员工出票守则

工作人员提醒旅客应按要求填写旅客购票单，内容填写清楚、正确，售票员应逐项查看，旅客姓名、身份证号码准确，特别是“在本地的地址及联系电话”，以便在航班变化时，能及时通知旅客。

售票员核实旅客的有效证件和填写的购票单，内容相互一致后，方可进行订座。并按照旅客购票单上要求的地点、日期、舱位，建立完整的 PNR，对重要旅客和特殊旅客订座，应在电脑 PNR 中注明。

对已订好座位的旅客购票，应根据电子工单上的信息，提取 PNR 核对无误后方可出票。

旅客购买联程、来回程，应先查看相应航程航班有无座位，国内航班衔接时间是否超过 2 小时或国际航班衔接时间是否超过 3 小时，深航中转航班以电脑自动衔接时间为准，核实无误后，订妥座位可售票。

步骤四：为文档插入特殊符号

(1)首先将光标定位在“填写”后的位置上，如图 5-26 所示。

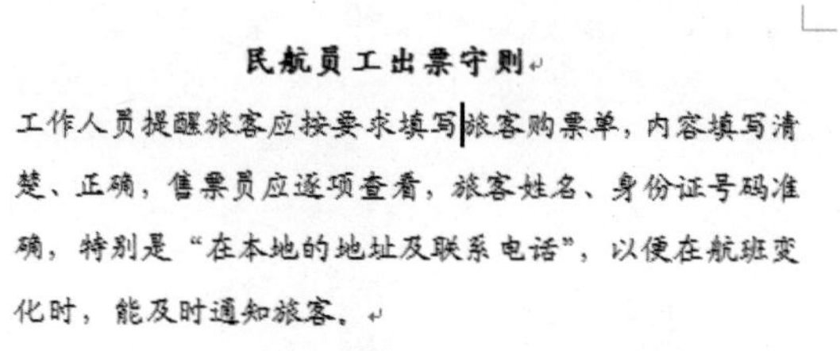

民航员工出票守则

工作人员提醒旅客应按要求填写旅客购票单，内容填写清楚、正确，售票员应逐项查看，旅客姓名、身份证号码准确，特别是“在本地的地址及联系电话”，以便在航班变化时，能及时通知旅客。

图 5-26　将光标定位到要插入的符号处

(2)在“插入”选项卡下单击“符号”按钮，在展开的库中显示出了常用的符号，这里没有我们需要的符号，可以单击“其他符号”选项，如图 5-27 所示。

(3)弹出“符号”对话框，切换到“符号”选项卡，首先从“字体”下拉列表中选择要插入的符号类型为“普通文本”，如图 5-28 所示。

(4)在下方的列表框中显示出了所有的“普通文本类型符号”，拖动垂直滚动条查看这些符号，最后选中“【”，双击即可插入到文档中，如图 5-29 所示。

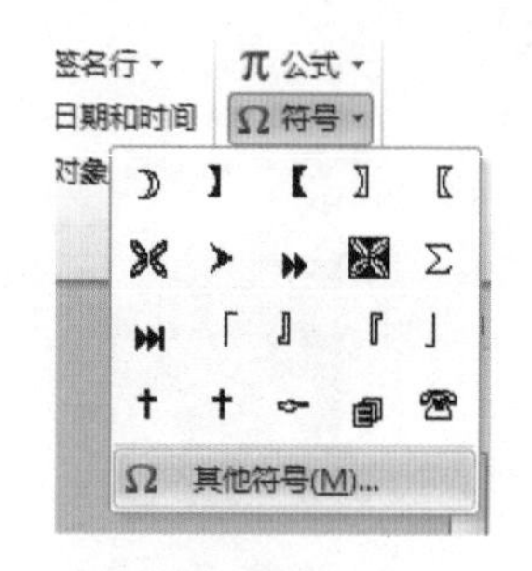

图 5-27　单击“其他符号”选项

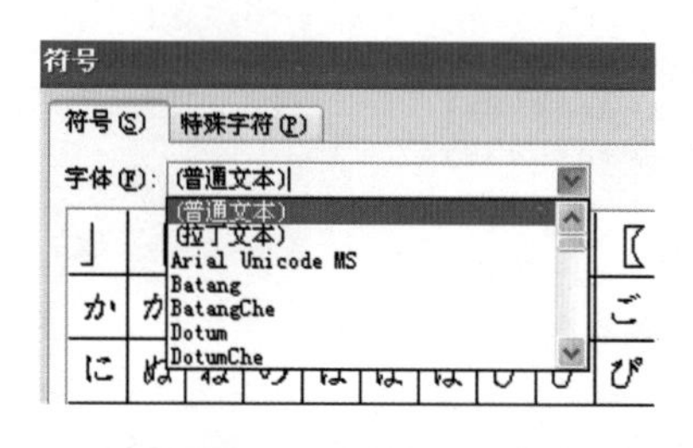

图 5-28　选择字体类型

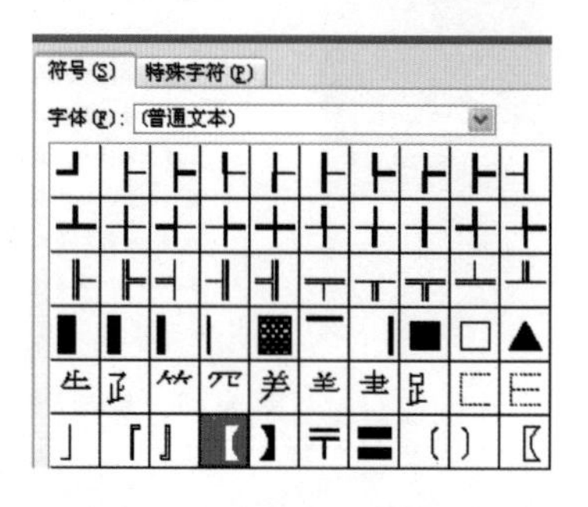

图 5-29　选择要插入的符号

(5)返回到文档中，此时在光标的位置自动插入了选择的符号“【”，然后将光标定位到“购票单”后面，插入符号“】”，效果如图 5-30 所示。

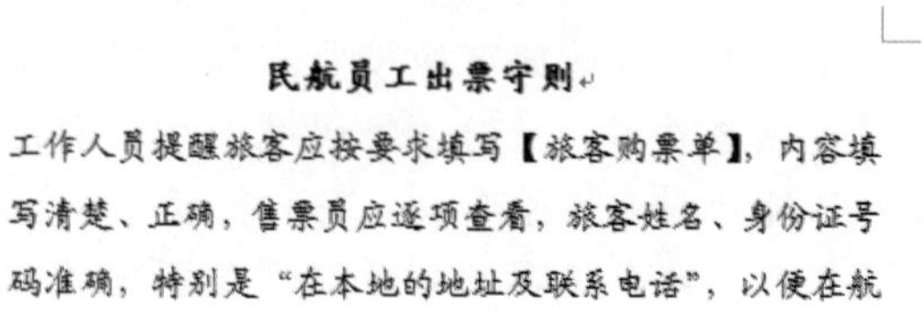

民航员工出票守则

工作人员提醒旅客应按要求填写【旅客购票单】，内容填写清楚、正确，售票员应逐项查看，旅客姓名、身份证号码准确，特别是“在本地的地址及联系电话”，以便在航

图 5-30　插入到文档中的特殊符号

步骤五：插入日期

(1)首先将光标定位到文档中需要插入日期的位置，然后在“插入”选项卡下单击“日期和时间”按钮，弹出“日期和时间”对话框，从“语言”下拉列表中选择语言类型，选择“中文(中国)”类型，如图5-31所示。

(2)在“可用格式”列表框中选择要插入的日期格式，选择“2015年11月4日”格式，如图5-32所示。

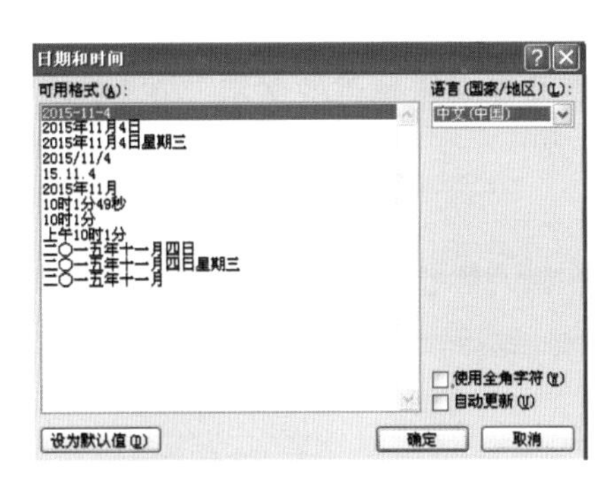

图5-31　选择语言类型

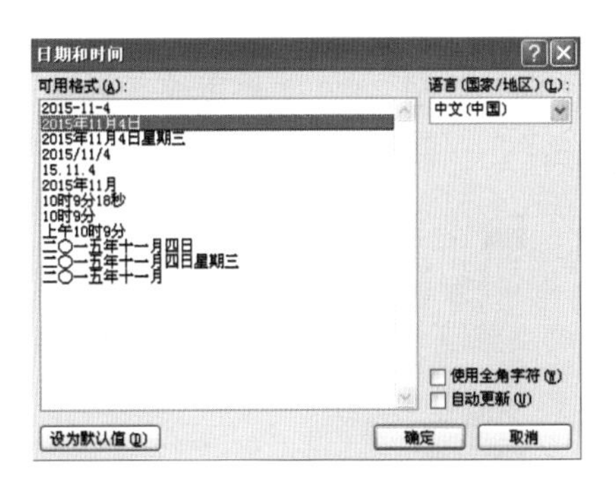

图5-32　选择日期和时间格式

(3)单击“确定”按钮返回到文档中，此时光标处插入了选择的日期格式，如图5-33所示。输入完所有信息后，最后再一次单击“保存”按钮，对文档进行保存。

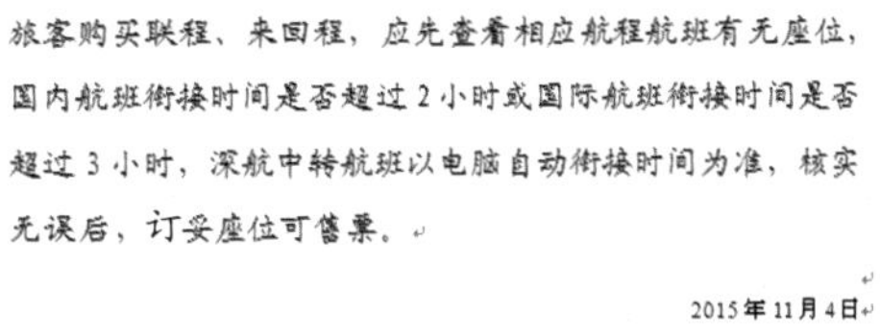

旅客购买联程、来回程，应先查看相应航程航班有无座位，国内航班衔接时间是否超过2小时或国际航班衔接时间是否超过3小时，深航中转航班以电脑自动衔接时间为准，核实无误后，订妥座位可售票。

2015年11月4日

图5-33　插入的日期效果

任务2　设置文字格式与段落格式

任务说明

完成“民航员工出票守则”文档的设置，具体要求如下。

(1)设置字体：标题字体为华文新魏；正文字体为华文楷体。

(2)设置字号：第一行标题为一号；正文为四号。

(3)设置字形：第一行标题加粗。

(4)设置对齐方式：第一行标题居中；最后一行日期右对齐。

(5)设置段落缩进：左右各缩进2个字符。

(6)设置行(段落)间距：第一行标题为段前、段后各1行；正文行距为固定值20磅；最后一行为段后1行。

任务实施

一、设置字体颜色

在使用 Word 2010 编辑文档的过程中，经常需要为字体设置各种各样的颜色，以使文档更富表现力。设置字体颜色常用以下两种方法。

方法一：

(1)打开 Word 2010 文档页面，首先选中需要设置字体颜色的文字。在“字体”区单击“字体颜色”下三角按钮，如图 5-34 所示。

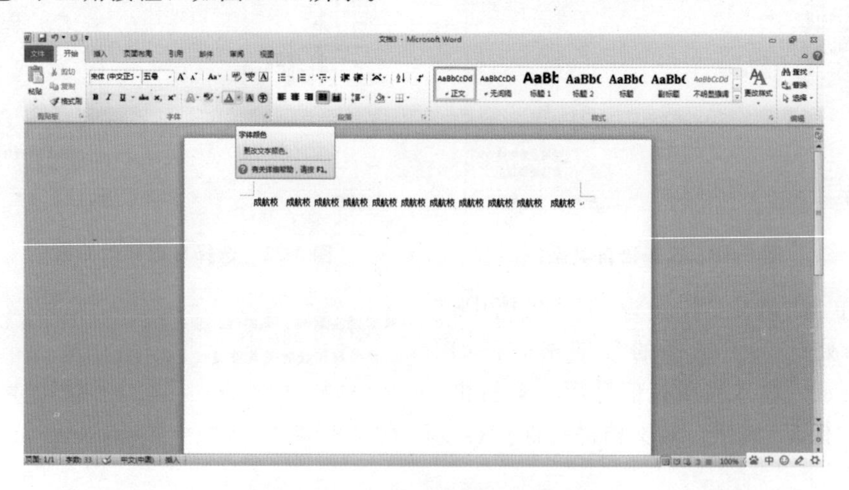

图 5-34　单击“字体颜色”下三角按钮

(2)在字体颜色列表中选择“主题颜色”或“标准色”中符合要求的颜色即可，如图 5-35 所示。

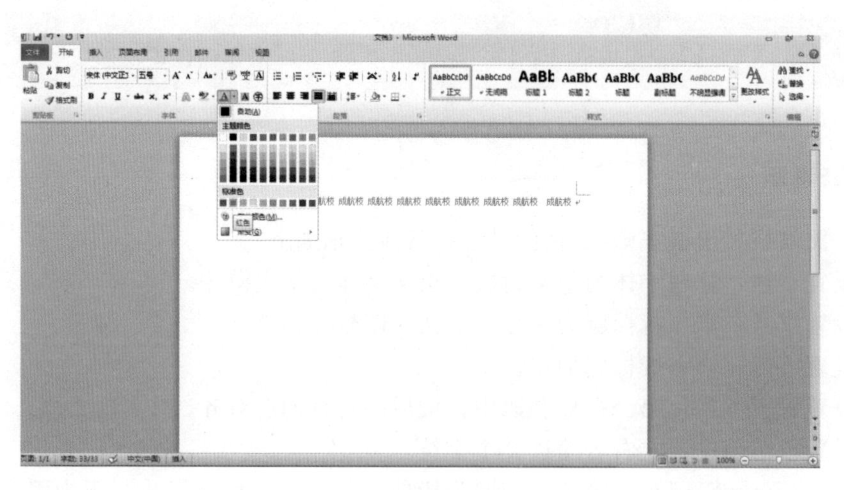

图 5-35　选择“主题颜色”或“标准色”

(3)为了设置更加丰富的字体颜色，还可以选择“其他颜色”选项，如图5-36所示。

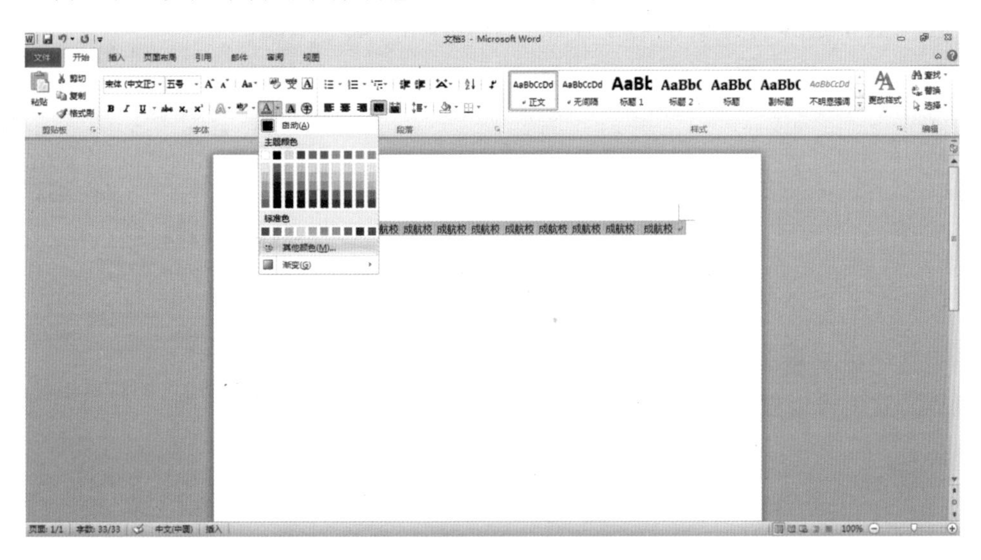

图5-36 选择“其他颜色”选项

(4)在弹出的“颜色”对话框中会显示更多的颜色，可以选择一种颜色，并单击“确定”按钮为选中的文字设置颜色，如图5-37所示。

图5-37 选择更多颜色

方法二：

(1)打开Word 2010文档页面，首先选中需要设置字体颜色的文字。然后在“字体”区单击“显示‘字体’对话框”按钮，如图5-38所示。

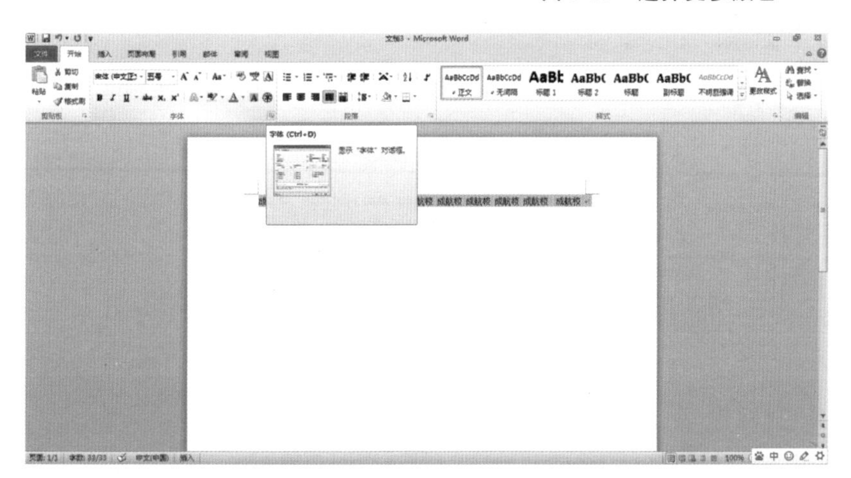

图5-38 单击“显示‘字体’对话框”按钮

(2)在弹出的“字体”对话框中单击“字体颜色”下三角按钮，在列表中选择符合要求的字体颜色，并单击“确定”按钮，如图 5-39 所示。

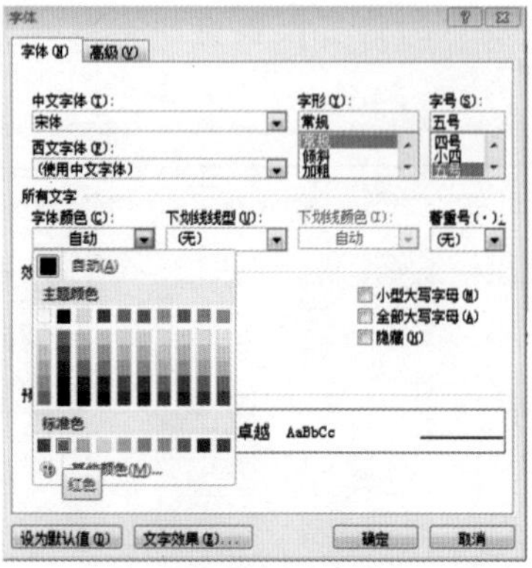

图 5-39 “字体”对话框

二、更改文字字体和字号

首先选中想要更改的文字，单击“字体”区的“字号”下拉列表，这时可以进行字号的选择，如图 5-40 所示。

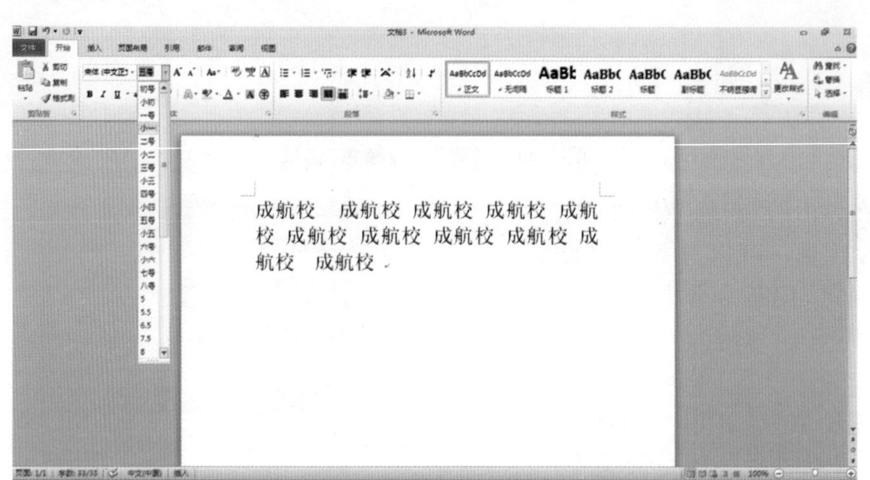

图 5-40 更改字号

在“字体”区的“字体”下拉列表中，可以选择想要的字体，如图 5-41 所示。

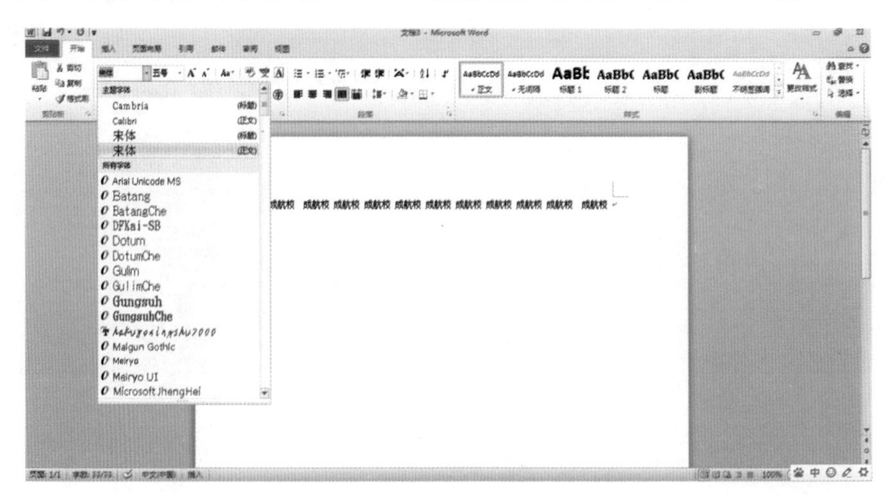

图 5-41 选择字体

三、设置段落对齐方式

在使用 Word 2010 编辑文档的过程中，经常需要为一个或多个段落设置该段文字在页面中的对齐方式。

设置段落对齐方式常用以下两种方法。

方法一：

打开 Word 2010 文档页面，选中一个或多个段落。在“段落”区可以选择“左对齐”“居中对齐”“右对齐”“两端对齐”和“分散对齐”选项之一，以设置段落对齐方式，如图 5-42 所示。

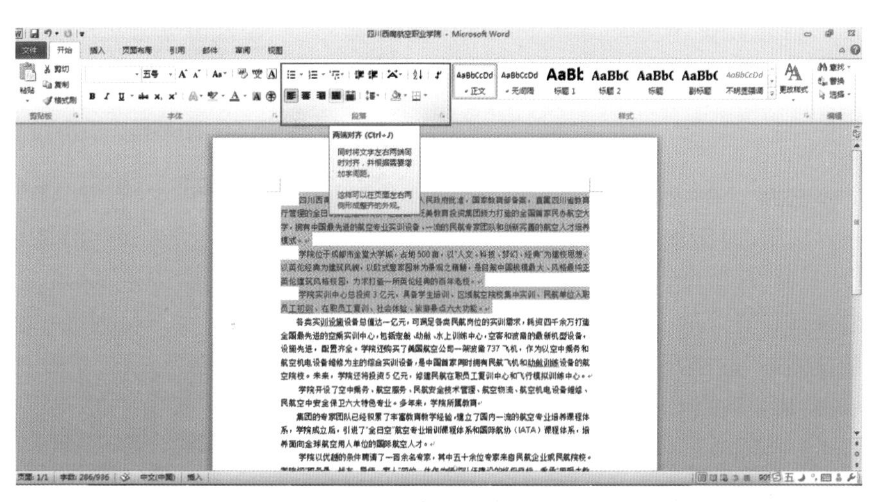

图 5-42 设置段落对齐方式

方法二：

(1)打开 Word 2010 文档页面，选中一个或多个段落。在“段落”区单击“显示‘段落’对话框”按钮，如图 5-43 所示。

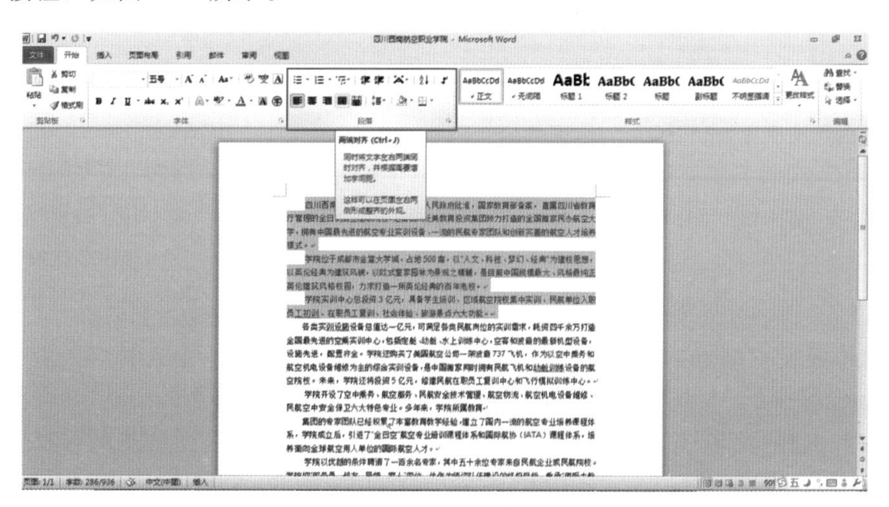

图 5-43 单击“显示‘段落’对话框”按钮

(2)在弹出的“段落”对话框中单击“对齐方式”下三角按钮，在下拉列表中选择符合实际需求的段落对齐方式，并单击“确定”按钮使设置生效，如图 5-44 所示。

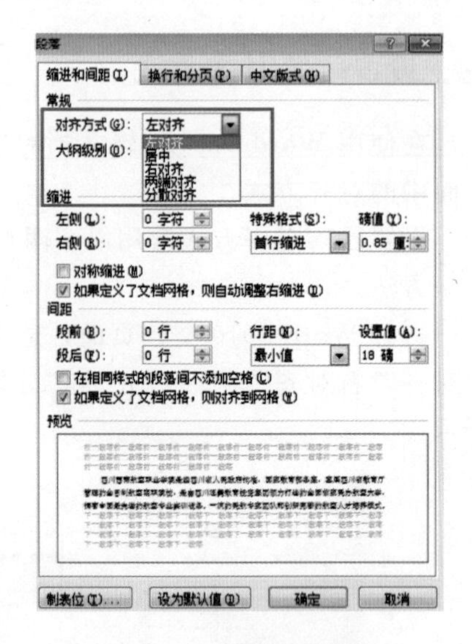

图 5-44 “段落”对话框

四、设置段落缩进

在 Word 2010 中，可以设置整个段落向左或者向右缩进一定的字符，这一技巧在排版时经常会使用到。例如，可以在缩进的位置，通过插入文本框，来放置其他的内容。在 Word 2010 中，可以通过以下 3 种方法设置段落缩进。

方法一：

(1)打开 Word 2010 文档窗口，选中需要设置段落缩进的文本段落。在“开始”功能区的“段落”分组中单击“显示‘段落’对话框”按钮，如图 5-45所示。

(2)在打开的“段落”对话框中切换到“缩进和间距”选项卡，在“缩进”区域调整“左侧”或“右侧”编辑框设置缩进值。然后单击“特殊格式”下三角按钮，在下拉列表中选中“首行缩进”或“悬挂缩进”选项，并设置缩进值(通常情况下设置缩进值为 2)，如图 5-46 所示。设置完毕单击“确定”按钮。

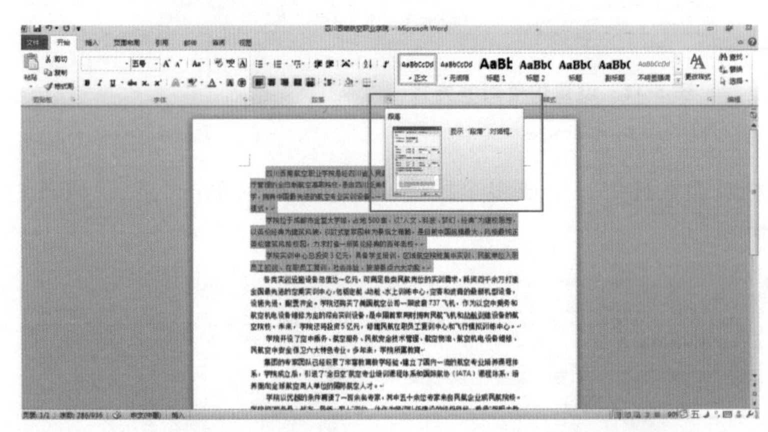
图 5-45 单击“显示‘段落’对话框”按钮

图 5-46 设置“首行缩进”或“悬挂缩进”

方法二：

(1)选中要设置缩进的段落，右键单击，在弹出的快捷菜单中选择“段落”命令，如图 5-47所示。

(2)在弹出的“段落”对话框的“缩进和间距”选项卡中，设置段落缩进就可以了。

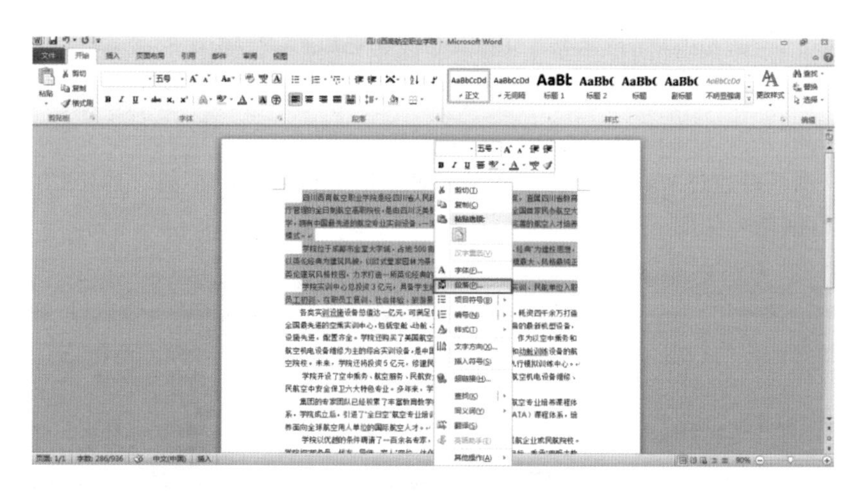

图 5-47　选择“段落”命令

方法三：

在水平标尺上，有 4 个段落缩进滑块：首行缩进、悬挂缩进、左缩进和右缩进。按住鼠标左键拖动它们即可完成相应的缩进；如果要精确缩进，可在拖动的同时按住 Alt 键，此时标尺上会出现刻度。

五、调整行间距

在使用 Word 文档保存文字时，有时候某个段落太长，影响了美观，这时可以通过调整行间距来将此段落的距离调得短一点。

(1)打开 Word 文档，选中要调整行间距的文字，鼠标右键单击，在弹出的快捷菜单中单击“段落”命令，如图 5-48 所示。

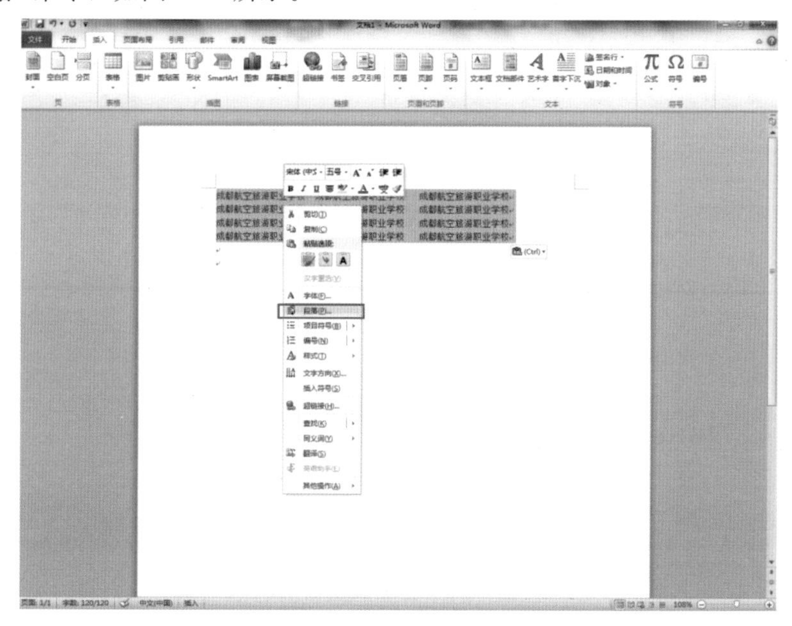

图 5-48　选择“段落”命令

(2)在弹出的“段落”对话框中单击“缩进和间距”选项卡，如图 5-49 所示。

(3)在“间距”选项组下，单击“段前”和“段后”的三角按钮来调整行间距，如图 5-50 所示。

(4)用户也可以通过“行距”中的 1.5 倍行距、2 倍行距、最小值、固定值、多倍行距数值来调整行间距，如图 5-51 所示。

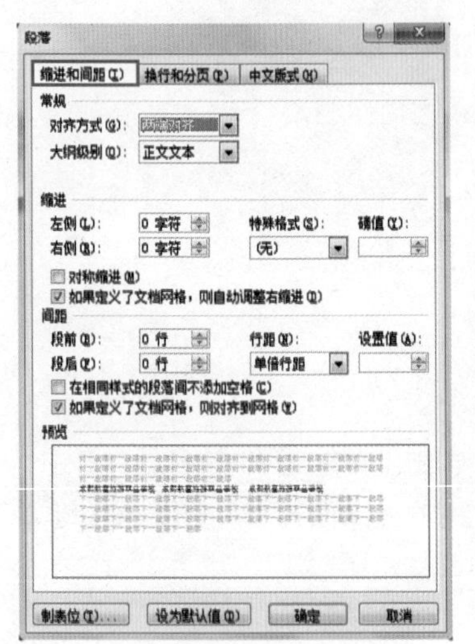

图 5-49 “段落”对话框

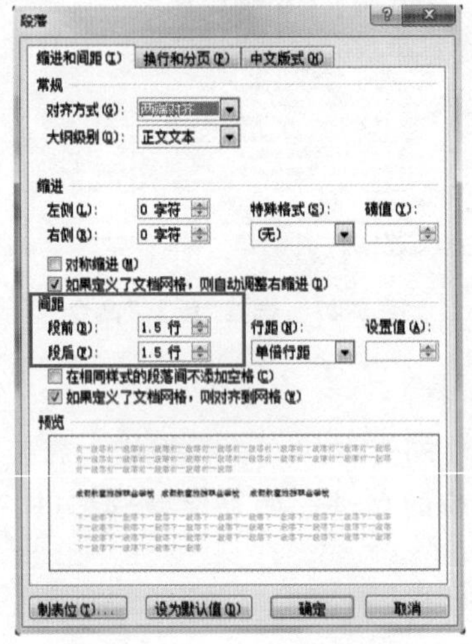

图 5-50 调整“间距”选项

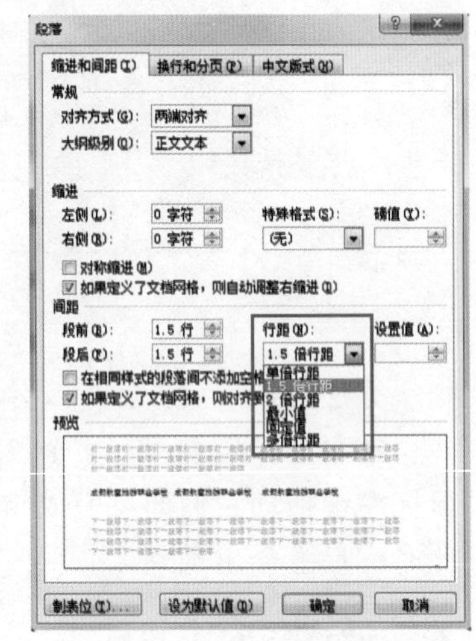

图 5-51 选择“行距”选项

调整过后的效果，如图 5-52 所示。

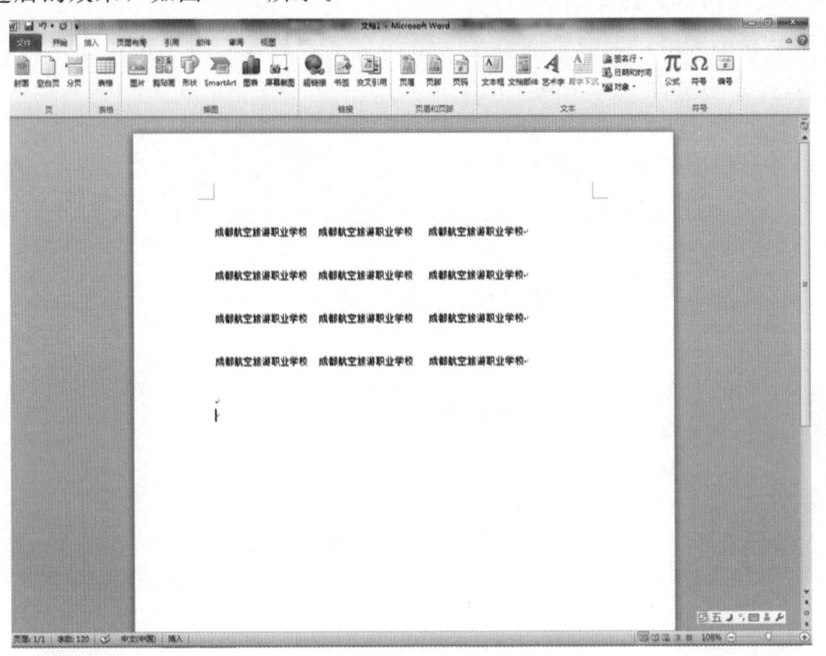

图 5-52 行距调整效果

六、设置段落间距

用户在使用 Word 2010 编辑文档的过程中，常需要设置段落与段落之间的距离。设置段落间距常用以下 3 种方法。

方法一：

(1)打开 Word 2010 文档页面，选中需要设置段落间距的段落，当然也可以选中全部文档。在“段落”区单击“行和段落间距”按钮，如图 5-53 所示。

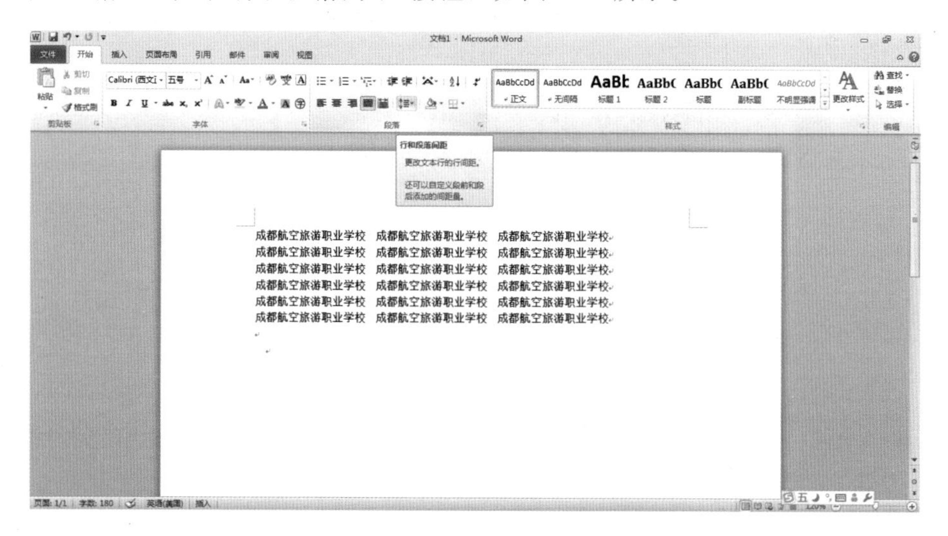

图 5-53 单击“行和段落间距”按钮

(2)在下拉列表中选择“增加段前间距”或“增加段后间距”命令之一，可以使段落间距变大或变小，如图5-54所示。

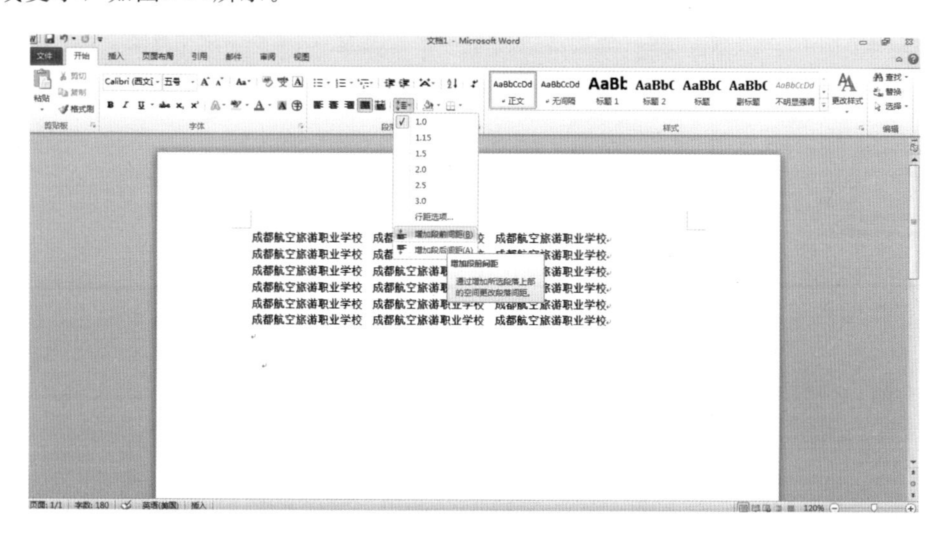

图 5-54 选择增加段前或段后间距

方法二：

(1)打开 Word 2010 文档页面，选中特定段落或全部文档。在“段落”区单击“显示‘段落’对话框”按钮，如图 5-55 所示。

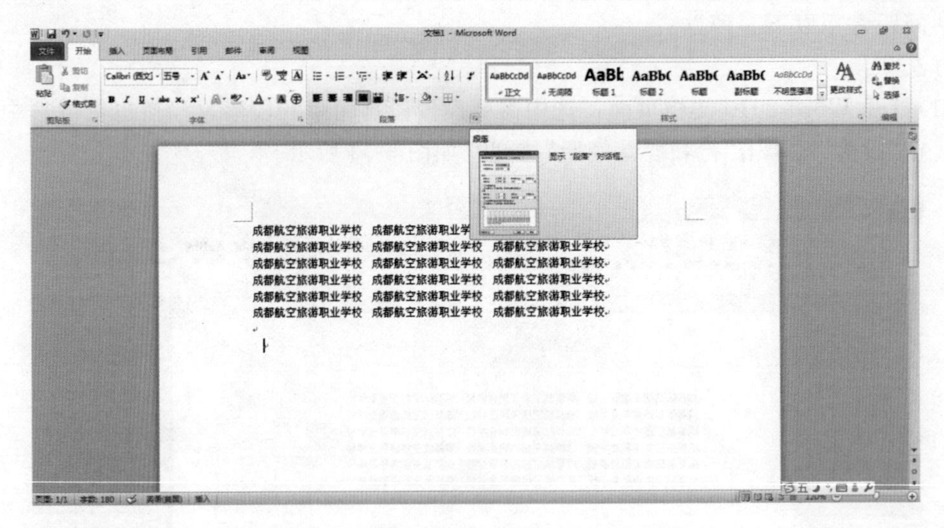

图 5-55　单击“显示‘段落’对话框”按钮

(2)在弹出的“段落”对话框的“缩进和间距”选项卡中，设置“段前”和“段后”编辑框的数值，并单击“确定”按钮，从而可以设置段落间距，如图 5-56 所示。

方法三：

(1)打开 Word 2010 文档页面，单击“页面布局”选项卡，如图 5-57 所示。

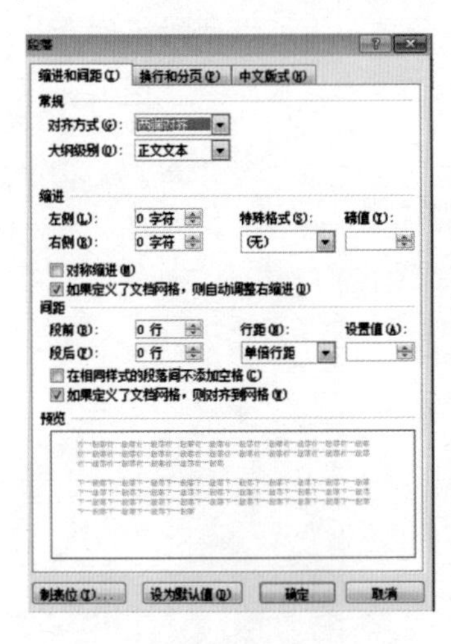

图 5-56　“段落”对话框

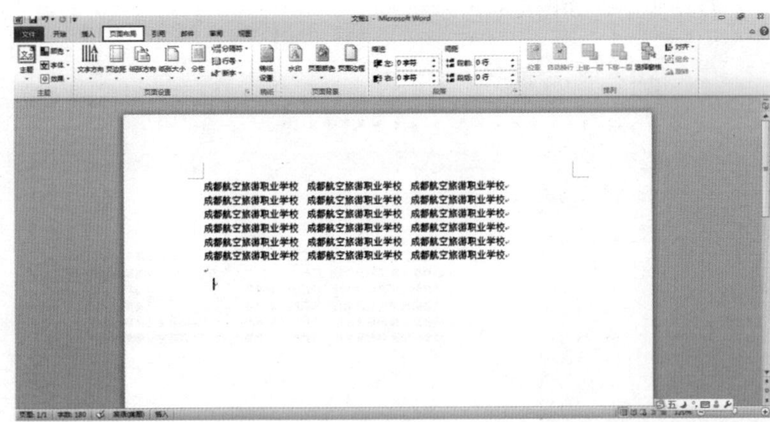

图 5-57　选择“页面布局”选项卡

(2)在“段落”区设置“段前”和“段后”编辑框的数值，以实现段落间距的调整，如图 5-58 所示。

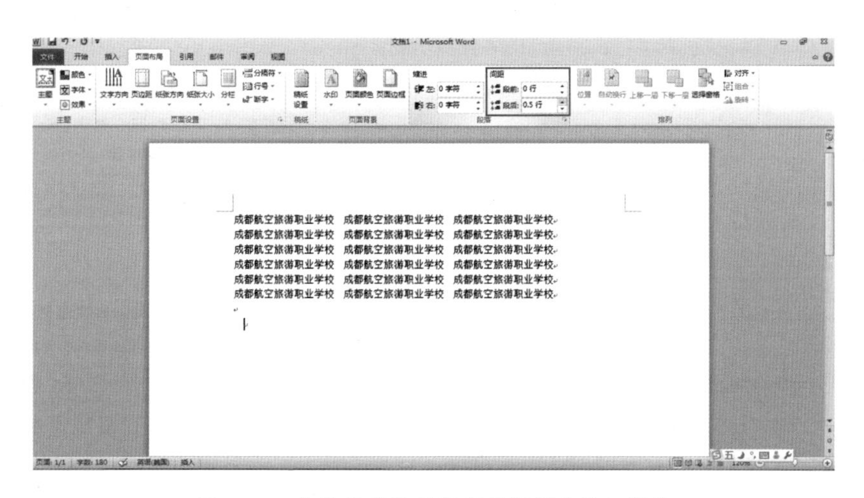

图 5-58　在段前或段后间距编辑框中输入数值

七、设置“民航员工出票守则”的文字格式与段落格式

在了解了设置字体颜色、字体及字号、文本的对齐方式和段落缩进、行间距的方法后，接下来通过一个案例，来学习利用这些知识对文本进行美化操作。

步骤一：设置字体、字形及字号

(1)打开“民航员工出票守则.docx”文档，首先选择要设置的标题文本“民航员工出票守则”，在“开始”选项卡下单击“字体”右侧的下三角按钮，在展开的下拉列表中单击“华文新魏”选项，如图 5-59所示。选择正文“工作人员提醒旅客……订妥座位可售票”，在“开始”选项卡下单击“字体”右侧的下三角按钮，在展开的下拉列表中单击“华文楷体”选项。

图 5-59　选择华文新魏字体

(2)选择标题文本“民航员工出票守则”，在“字体”组中单击“字号”右侧的下三角按钮，在展开的下拉列表中单击“一号”选项，如图 5-60 所示。选择正文“工作人员提醒旅客……订妥座位可售票”，在“字体”组中单击“字号”右侧的下三角按钮，在展开的下拉列表中单击“四号”选项。

图 5-60　选择一号字

(3)选择标题文本“民航员工出票守则”，在“字体”组中单击加粗按钮“B”，此时选择的标题文本就应用了加粗的格式。

步骤二：设置对齐方式

(1)选择要设置的标题文本“民航员工出票守则”，在“开始”选项卡下的“段落”组中单击“居中”按钮，如图 5-61 所示。

图 5-61　选择居中对齐

(2)此时所选择的文档标题就应用了居中对齐方式，效果如图 5-62 所示。再选择最后一行日期，在“段落”组中单击“右对齐”按钮，此时所选择的文档就应用了右对齐方式。

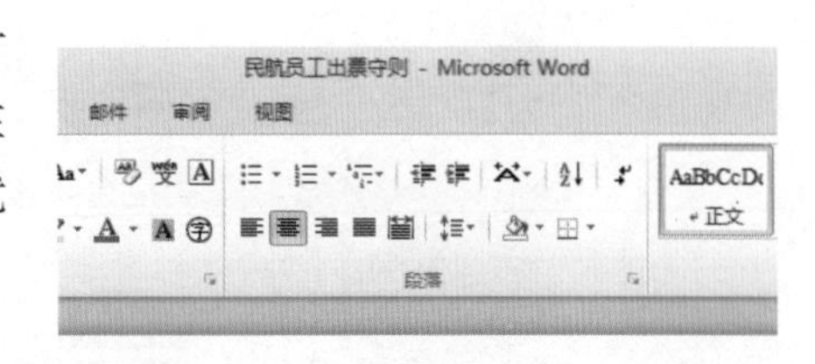

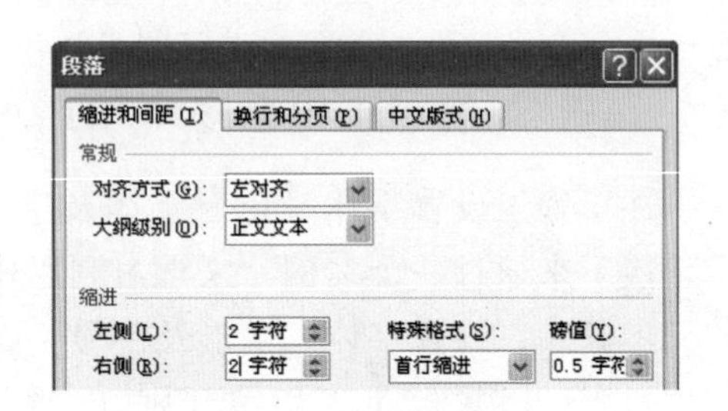

图 5-62 标题居中对齐效果

步骤三：设置段落缩进

(1)选择正文“工作人员提醒旅客……订妥座位可售票”，单击“显示‘段落’对话框”按钮，如图 5-63 所示。

(2)弹出“段落”对话框，切换至“缩进和间距”选项卡，选择“缩进”选项组，在“左侧”和“右侧”编辑框中输入“2”字符，如图 5-64 所示。

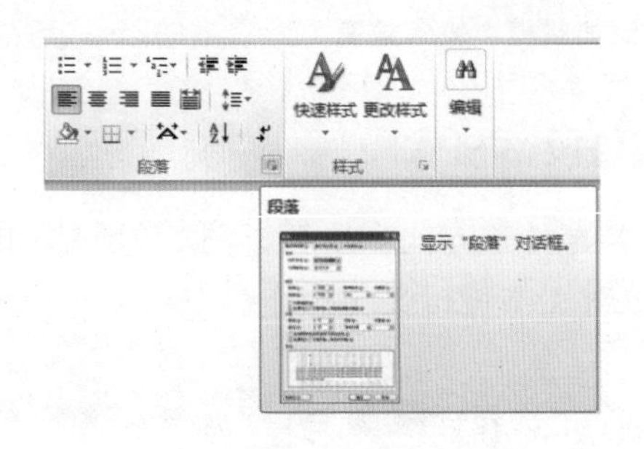

图 5-63 单击“显示‘段落’对话框”按钮

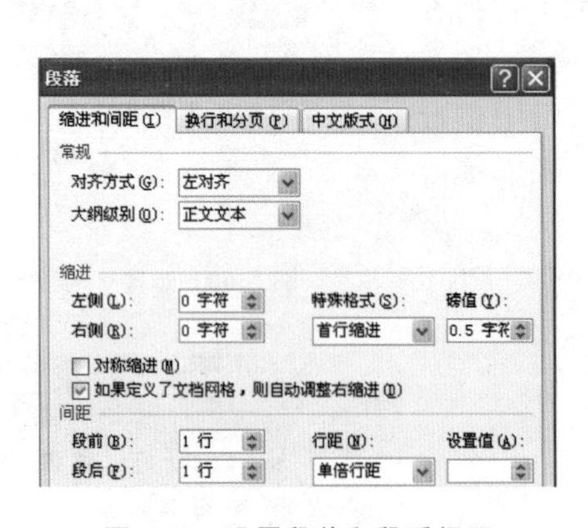

图 5-64 设置段落缩进

步骤四：设置行(段落)间距

(1)选择第一行标题“民航员工出票守则”，单击“显示‘段落’对话框”按钮，弹出“段落”对话框，在“间距”选项组中设置“段前”和“段后”各为“1 行”，如图 5-65 所示。

(2)选择正文“工作人员提醒旅客……订妥座位可售票”，在“间距”选项组中单击“行距”下三角按钮，在弹出的下拉列表中选择“固定值”，设置值为“20 磅”，如图 5-66 所示。

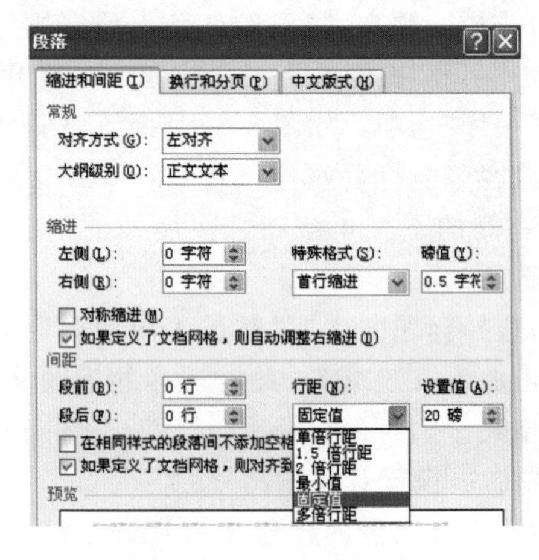

图 5-65 设置段前和段后间距

图 5-66 设置行距固定值

(3)选择最后一行日期，在“间距”选项组中设置“段后”为“1 行”。

任务3　添加项目符号和编号

任务说明

项目符号和编号是放在文本前的点或其他符号，起到强调作用。合理使用项目符号和编号，可以使文档的层次结构更清晰、更有条理。

任务实施

一、使用项目符号

在 Word 2010 中内置了几种常用的项目符号，可以快速地套用该符号的样式。

用户也可以自定义项目符号，操作步骤如下。

(1)在“开始”选项卡的“段落”分组中，单击“项目符号”下拉按钮，选择“定义新项目符号”选项，如图 5-67 所示。

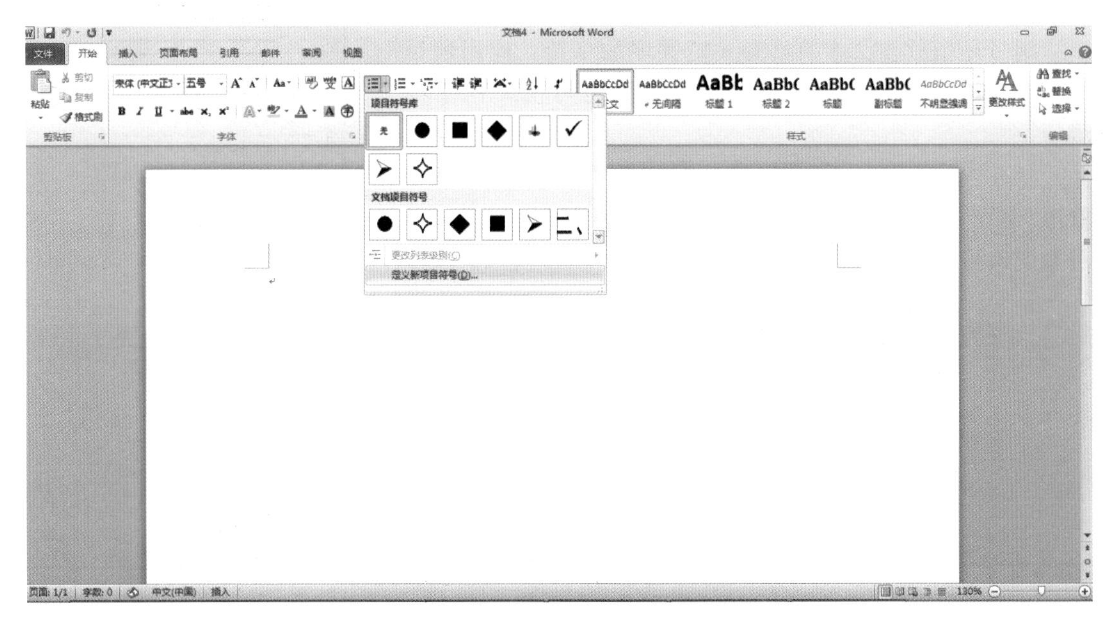

图 5-67　选择“定义新项目符号”选项

(2)弹出“定义新项目符号”对话框，在该对话框中，单击“符号”按钮，如图 5-68 所示。

(3)在弹出的“符号”对话框中，选择要作为项目符号的符号，并单击“确定”按钮，如图 5-69 所示。

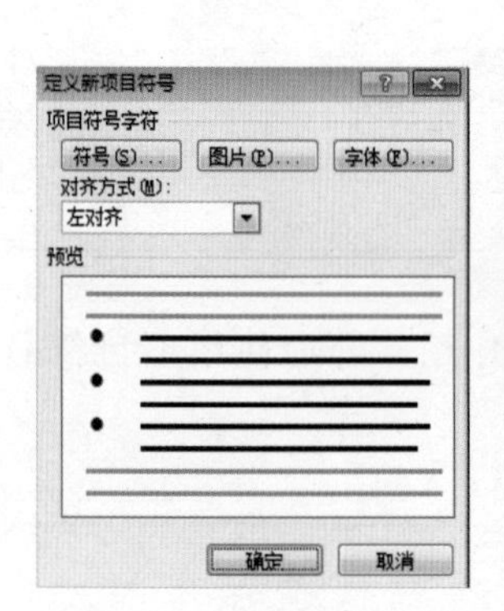

图 5-68 “定义新项目符号”对话框

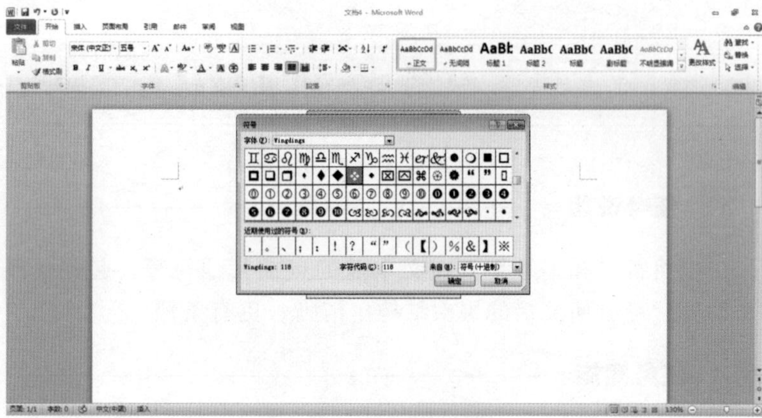

图 5-69 选择项目符号

(4)返回“定义新项目符号”对话框，单击“确定”按钮完成自定义项目符号的操作，如图 5-70 所示。

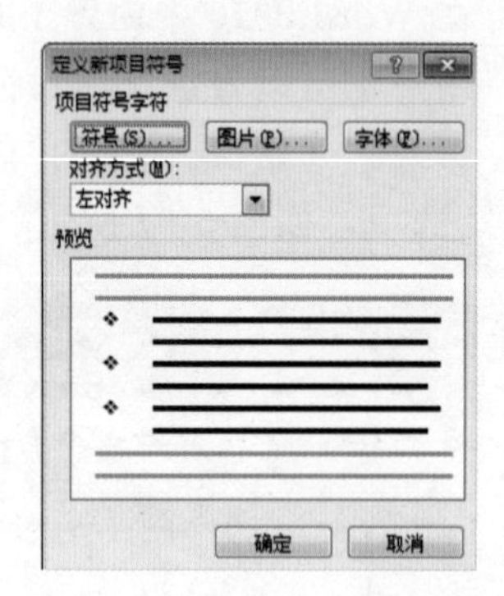

图 5-70 自定义的项目符号

二、使用编号

编号是指放在文本前具有一定顺序的字符，应用项目编号可以快速为文本内容设置编号，同时可使文档结构清晰。

打开 Word 2010，在“开始”选项卡的“段落”分组中，单击“编号”下拉按钮，在弹出的编号库中选择一个用户所需要的编号，就可以应用到文档中，如图 5-71 所示。

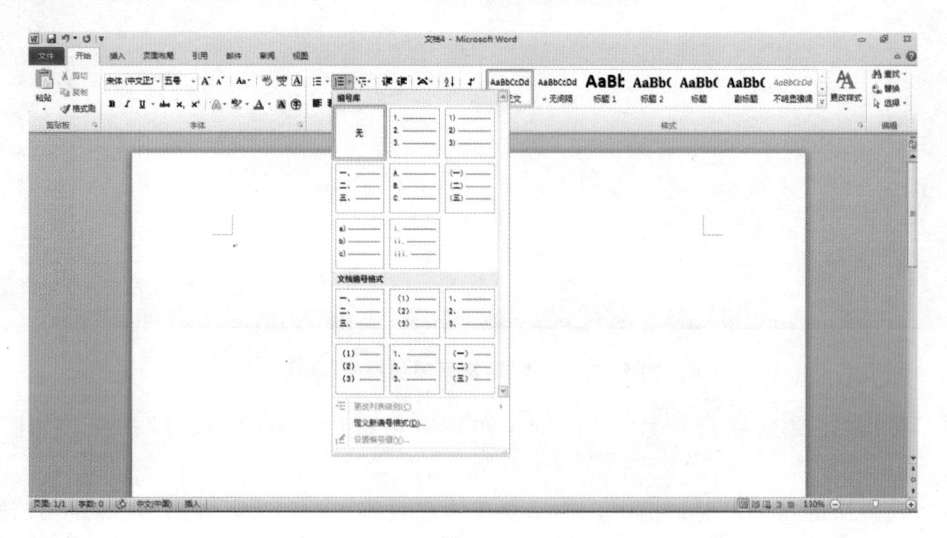

图 5-71 选择文档编号

三、在“民航员工出票守则”中应用项目符号

(1)打开“民航员工出票守则.docx”文档，选择正文“工作人员提醒旅客……订妥座位可售票”，在“段落”组中单击“项目符号”右侧的下三角按钮，在展开的下拉列表中选择需要的项目符号，如图5-72所示。

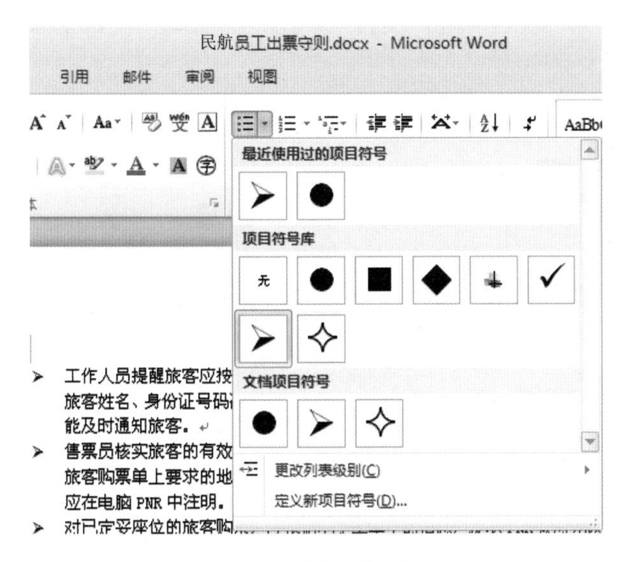

图5-72　选择项目符号

(2)此时所选择的段落就应用了项目符号，效果如图5-73所示。

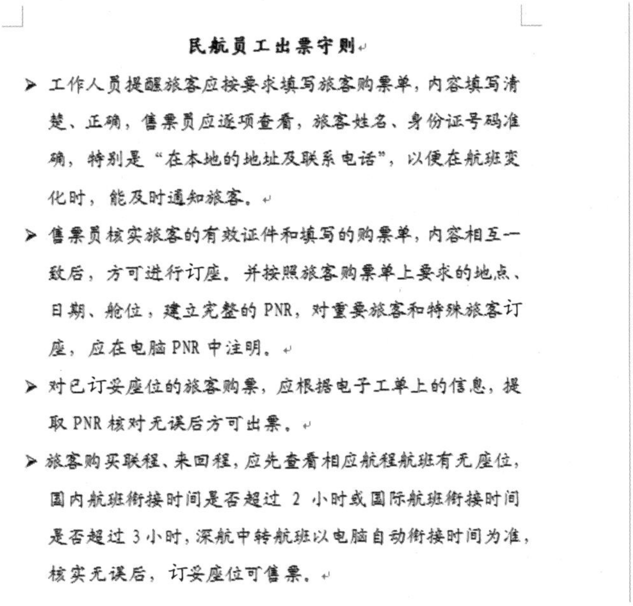

民航员工出票守则

➢ 工作人员提醒旅客应按要求填写旅客购票单，内容填写清楚、正确，售票员应逐项查看，旅客姓名、身份证号码准确，特别是“在本地的地址及联系电话”，以便在航班变化时，能及时通知旅客。

➢ 售票员核实旅客的有效证件和填写的购票单，内容相互一致后，方可进行订座。并按照旅客购票单上要求的地点、日期、舱位，建立完整的PNR，对重要旅客和特殊旅客订座，应在电脑PNR中注明。

➢ 对已订妥座位的旅客购票，应根据电子工单上的信息，提取PNR核对无误后方可出票。

➢ 旅客购买联程、来回程，应先查看相应航程航班有无座位，国内航班衔接时间是否超过2小时或国际航班衔接时间是否超过3小时，深航中转航班以电脑自动衔接时间为准，核实无误后，订妥座位可售票。

图5-73　应用项目符号效果

拓展任务

限制修改文件

一、限制格式的设置

(1)打开 Word 2010 文档，单击“文件”菜单，在“信息”栏目下单击“保护文档”按钮，如图 5-74 所示。

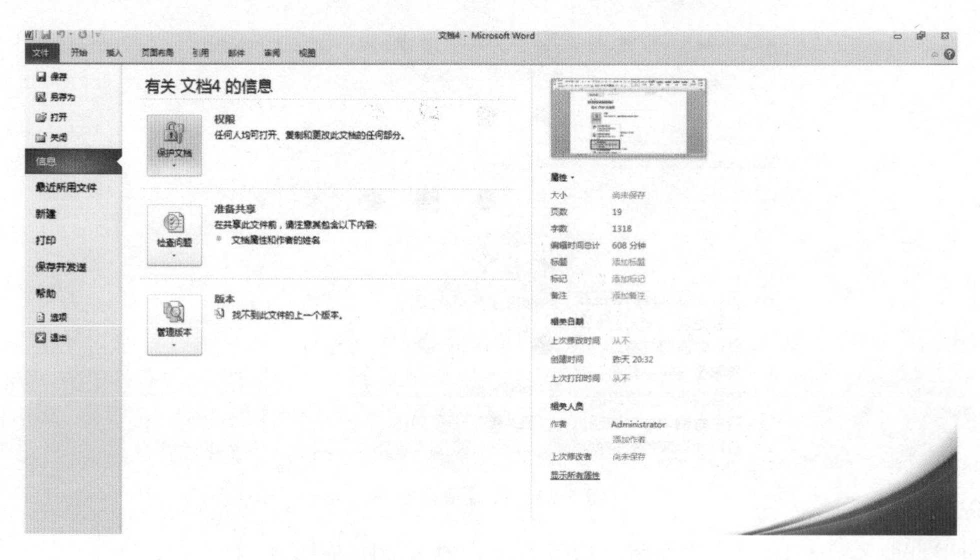

图 5-74　单击“保护文档”按钮

(2)在下拉列表中选择“限制编辑”选项，如图 5-75 所示。

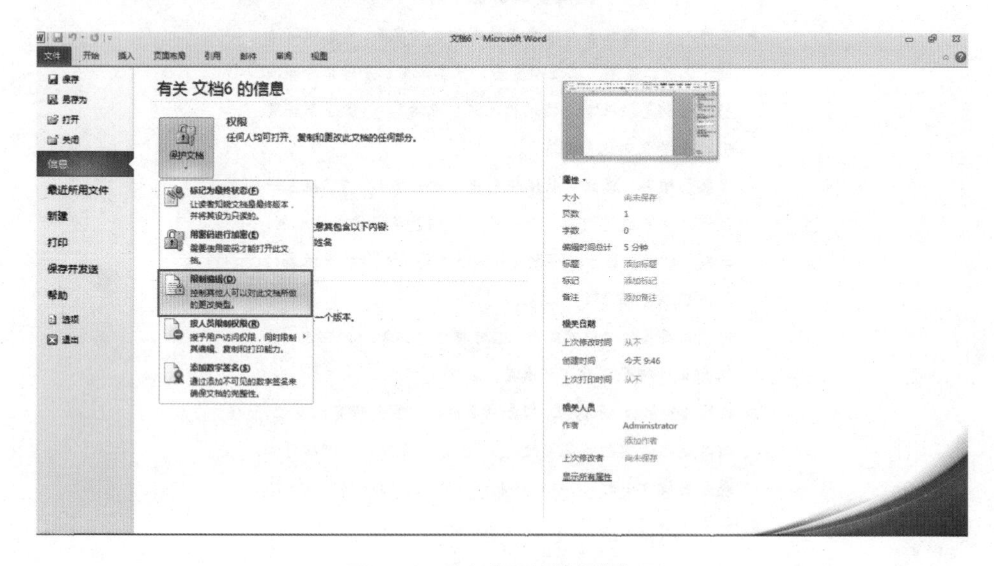

图 5-75　选择“限制编辑”选项

(3)这时，在文档的右边将显示“限制格式和编辑”的设置框，如图 5-76 所示。

图 5-76　显示“限制格式和编辑”的设置框

(4)选中“限制对选定的样式设置格式”复选框(图 5-77)，单击下方的“设置”按钮，在弹出的“格式设置限制”对话框中，如果想限制某些格式的编辑，就取消前面的勾选，然后单击“确定”按钮即可，如图 5-78 所示。

图 5-77　选中“限制对选定的样式设置格式”复选框

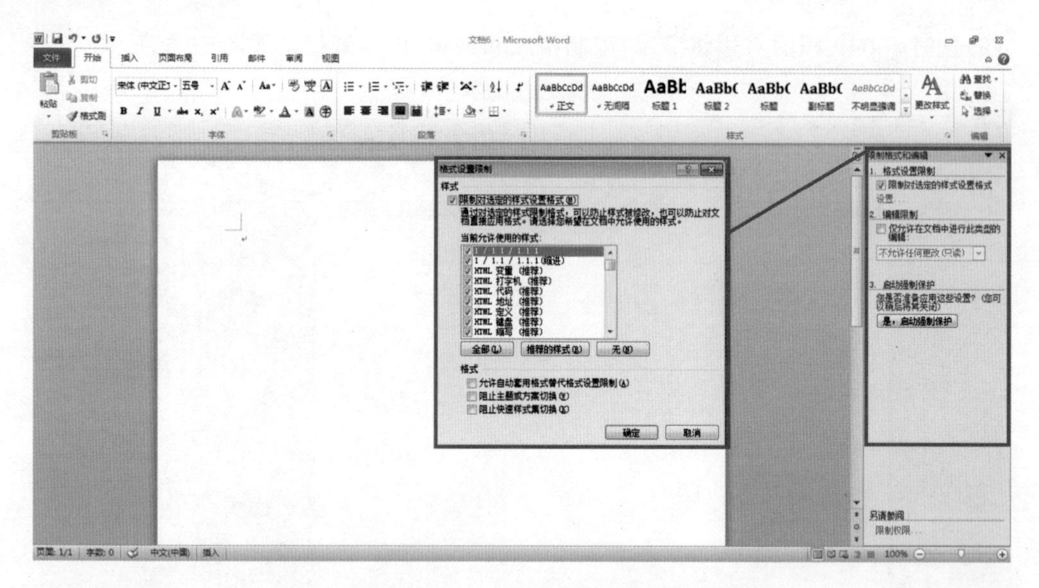

图 5-78 “格式设置限制”对话框

(5)单击“是，启动强制保护”按钮，弹出“启动强制保护”对话框。输入保护密码，单击“确定”按钮即完成操作，如图 5-79 所示。

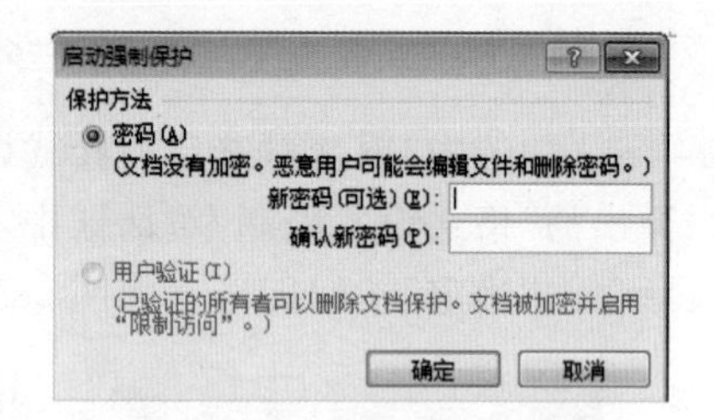

图 5-79 输入保护密码

二、限制编辑的设置

(1)在以上步骤(3)的基础上，用户也可以限制文档的编辑，不允许其他人进行编辑修改，如图 5-80 所示。

图 5-80 设置“限制编辑”

(2)设置完成后，单击“是，启动强制保护”按钮，如图 5-81 所示。

图 5-81 单击“是，启动强制保护”按钮

(3)同样输入相应的保护密码即可，如图 5-82 所示。

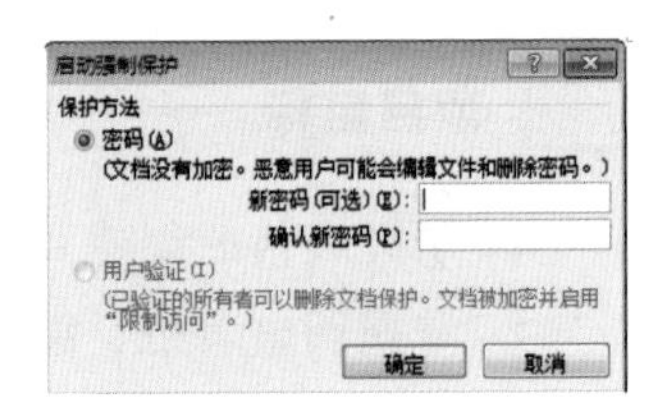

图 5-82 输入保护密码

项目实践

输入内容如下。

电脑的组成

电脑是用电子部件模拟并组成的具有运算能力的物体，学名为“计算机”。

电脑最初由约翰·冯·诺依曼发明(那时的电脑的计算能力与现在我们常用的计算器相当，体积却有三间库房大小)。

电脑是一种能够按照指令对各种数据和信息进行自动加工和处理的电子设备。

一般来说电脑由两个部分组成——硬件和软件。硬件包括显示器、鼠标、键盘、机箱、电源、主板，CPU、声卡、显卡、光驱(软区现在已淘汰)、内存、硬盘，有些还包含网卡、音箱、耳机、打印机、扫描仪、摄像头、手写板等外部设备。软件分为系统软件和应用软件。

项目 6

制作表格

项目描述

表格能够使数据直观展现出来，让使用者和阅读者更加清楚地看到表格制作者所要表达的信息。

项目目标

1. 掌握表格的创建及删除行和列的操作方法。
2. 掌握调整表格、编辑表格、格式化表格的操作方法。
3. 学会文本与表格相互转换的操作方法。

项目任务

任务 1：创建表格、行和列的基本操作

任务 2：设置表格格式

拓展任务：文本与表格的转换

任务 1　创建表格、行和列的基本操作

任务说明

完成航班信息表格的建立，具体要求如下。

(1)创建表格并自动套用格式：打开 Word 2010，创建一个 10 行 10 列的表格，为新创建的表格自动套用“中等深浅网格 1—强调文字颜色 1”样式。

(2)录入文本：录入航班信息表中的所有内容。

(3)表格的行和列的操作：删除表格中的第 10 行空行，设置第一行行高为 1 厘米，将第 3 行至第 9 行平均分布。

(4)合并或拆分单元格：将表格第 7 列的第 2 行到第 9 行合并为一个单元格，将第 3 列第 2 行拆分为 2 行 1 列。

任务实施

一、插入表格

要在 Word 2010 文档中制作表格数据，第一步需要做的是插入表格。在 Word 2010 中插入表格的方式有很多种，其中包括使用创建表格的快捷工具、使用“插入表格”对话框、手动绘制表格以及文本转换为表格。

1. 快速插入 10 列 8 行以内的表格

Word 2010 为用户提供了创建表格的快捷工具，通过它用户可以轻松方便地插入需要的表格。不过需要注意的是，该方法只适合插入 10 列 8 行以内的表格。方法如下。

(1)打开 Word 2010 文档页面，单击“插入”选项卡，如图 6-1 所示。

图 6-1　选择“插入”选项卡

(2)在“表格”分组中单击“表格”按钮，如图 6-2 所示。

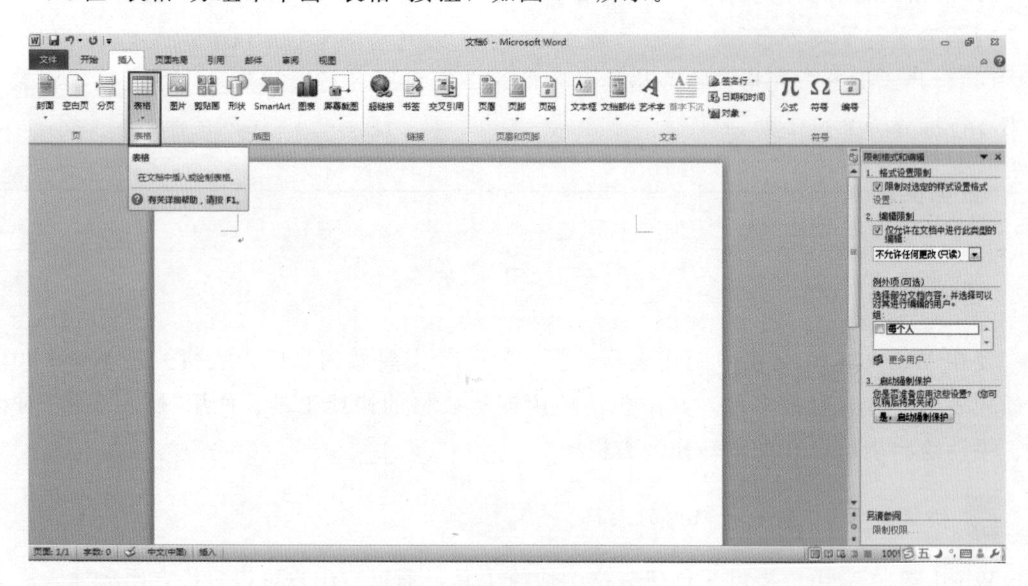

图 6-2　单击“表格”按钮

(3)拖动鼠标选中合适的行和列的数量，释放鼠标即可在页面中插入相应的表格，如图 6-3 所示。

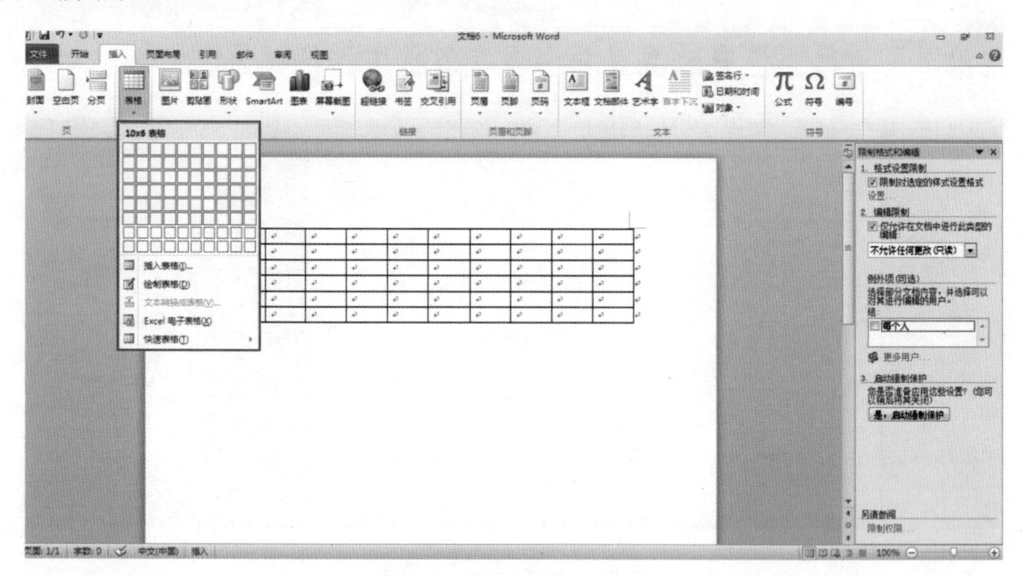

图 6-3　选择表格的行和列

2. 通过对话框插入表格

通过“插入表格”对话框，可以设置任意行数和列数的表格，同时也可以设置表格的自动调整方式。

(1)在“表格”分组中单击“表格”按钮，并选择“插入表格”命令，如图 6-4 所示。

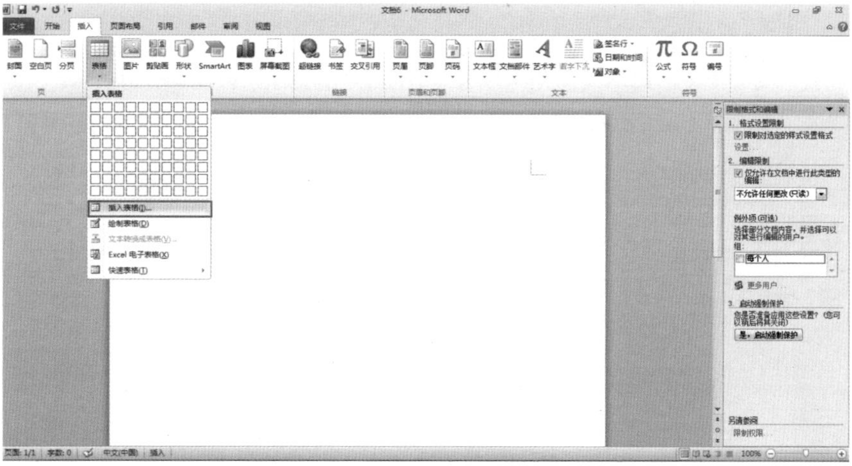

图 6-4　选择“插入表格”命令

(2)在弹出的“插入表格”对话框中，分别设置表格的行数和列数。如果需要的话，可以选择“固定列宽”“根据内容调整表格”或“根据窗口调整表格”选项。完成后单击“确定”按钮即可，如图 6-5 所示。

图 6-5　“插入表格”对话框

3. 绘制表格

使用 Word 2010 制作表格时，不仅需要通过指定行和列的方法制作规范的表格，有时还需要制作不规范的表格，这时就可以使用画笔绘制表格。绘制表格是指用户使用鼠标拖动的方法，自己手动绘制表格。通过绘制表格的方法，用户可以制作出独一无二的表格格式。

(1)打开 Word 2010 文档页面，单击“插入”选项卡，如图 6-6 所示。

图 6-6　选择“插入”选项卡

(2)单击“表格”按钮，在菜单中选择“绘制表格”命令，如图 6-7 所示。

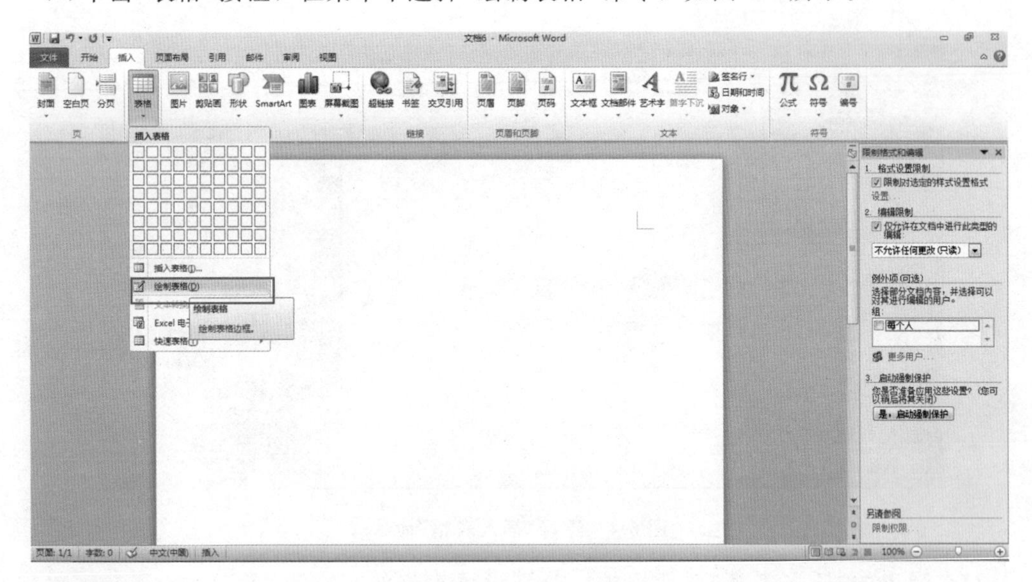

图 6-7　选择“绘制表格”命令

(3)鼠标指针变成铅笔形状，拖动鼠标左键绘制表格边框、行和列，如图 6-8 所示。

图 6-8　绘制表格边框、行和列

(4)绘制完成表格后，按 Esc 键或者在“设计”选项卡中单击“绘制表格”按钮取消绘制表格状态。

(5)在绘制表格时，如果需要删除行或列，则可以单击“设计”选项卡的“擦除”按钮，如图 6-9 所示。

(6)当指针变成橡皮擦形状时，拖动鼠标左键即可删除行或列。按 Esc 键可以取消擦除状态。

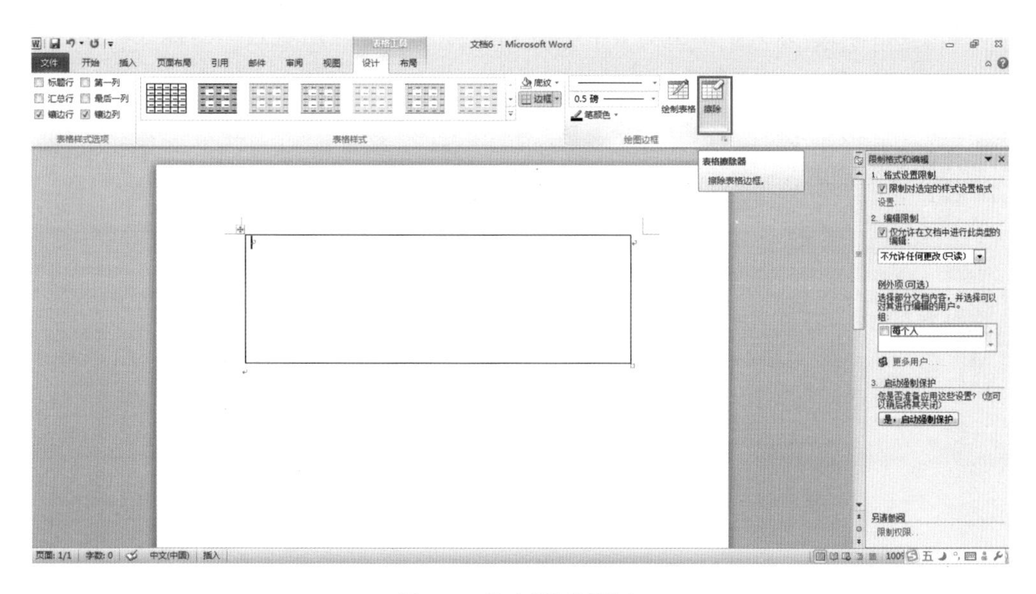

图 6-9　单击“擦除”按钮

二、套用表格样式和新建表格样式

1. 套用表格样式

表格样式决定了表格的总体外观，包括表格的底纹颜色、边框线条样式和颜色等。在 Word 2010 中内置了多种表格样式，用户可以套用表格样式，从而节省大量的编辑时间。

(1)打开 Word 2010 文档，单击表格任意单元格。

(2)单击“设计”选项卡，如图 6-10 所示。

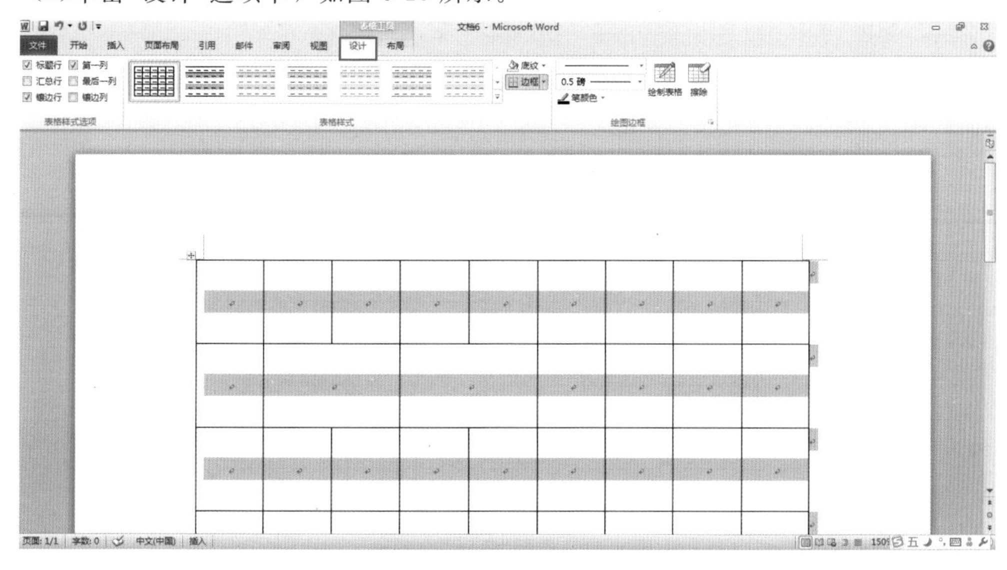

图 6-10　选择“设计”选项卡

(3)在“表格样式”分组中单击需要的样式，即可使表格应用所选择的样式，如图 6-11 所示。

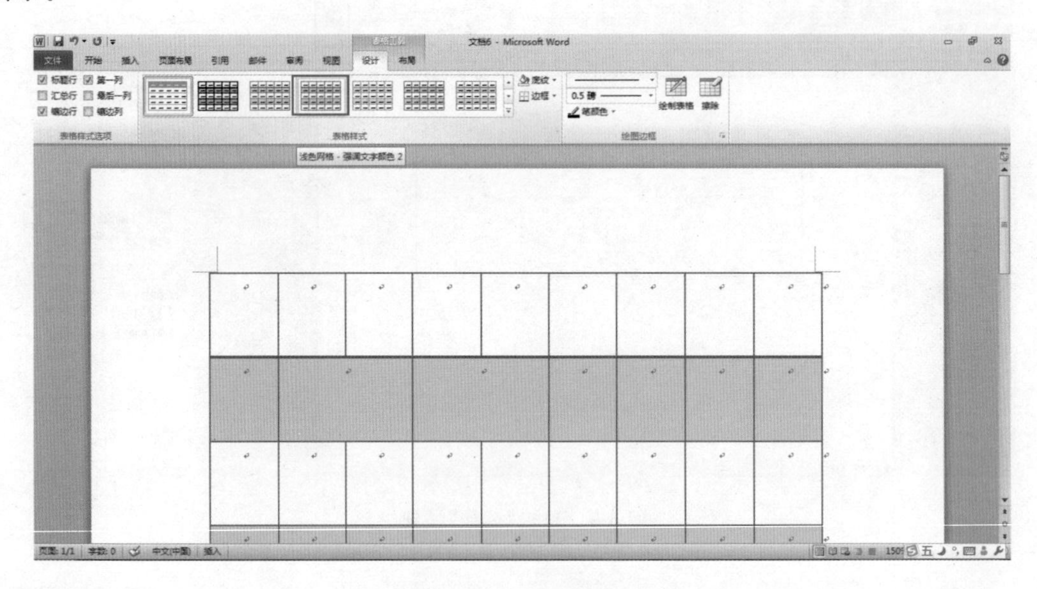

图 6-11　选择表格样式

2. 新建表格样式

除了套用表格预设的样式外，用户还可以自己新建表格样式，让整个表格具有独特的外观效果。

(1)打开 Word 2010 文档，单击表格任意单元格。

(2)单击“设计”选项卡，如图 6-12 所示。

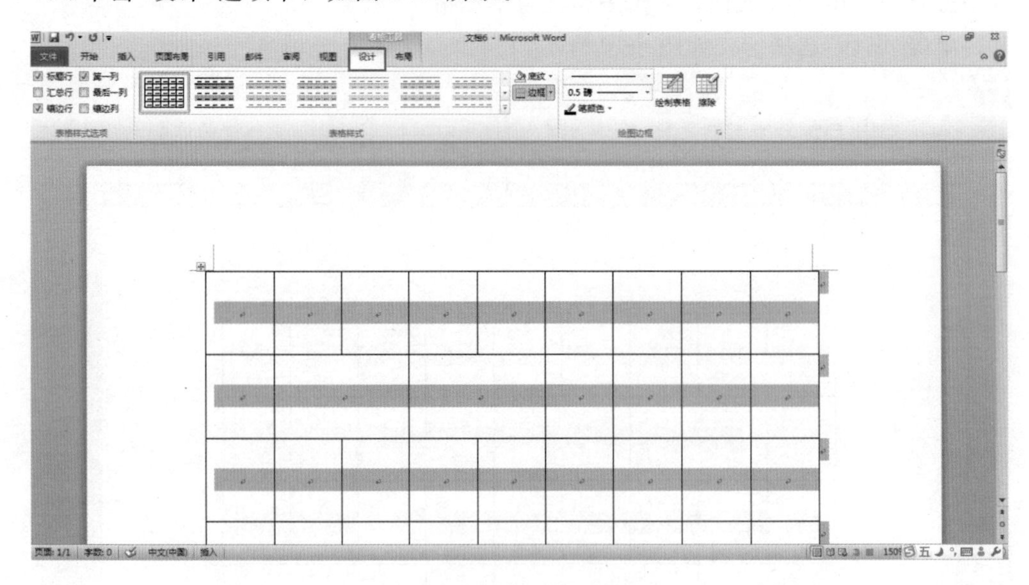

图 6-12　选择“设计”选项卡

(3)单出“表格样式”快翻按钮，在展开的下拉列表中单击“新建表样式”命令，如图 6-13 所示。

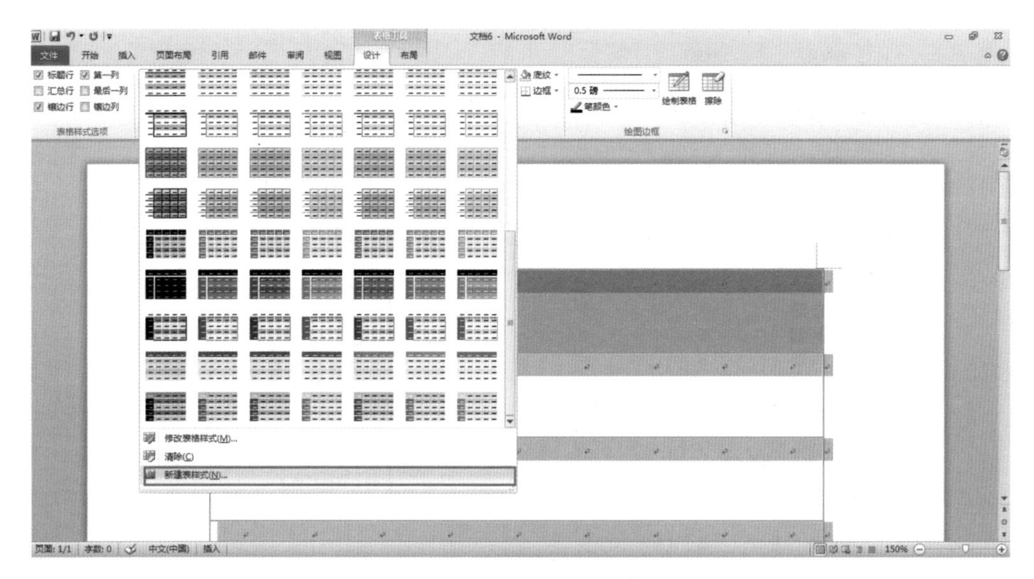

图 6-13　单击“新建表样式”命令

(4)在弹出的“根据格式设置创建新样式”对话框中，设置“名称”“字体”“字号”“字体颜色”“边框粗细”“边框颜色”，如图 6-14 所示。

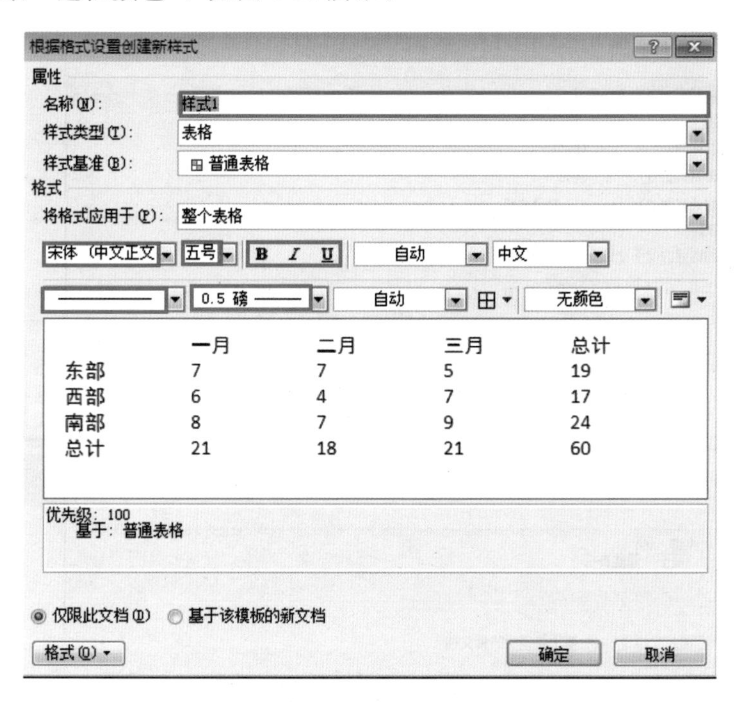

图 6-14　设置表格新样式

(5)在“底纹颜色”下拉列表中单击需要的颜色，如图 6-15 所示。

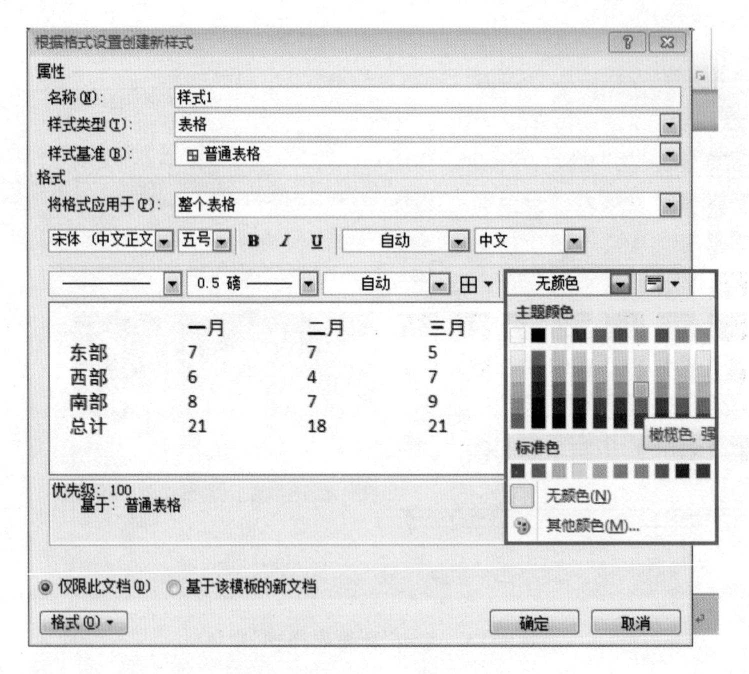

图 6-15　选择“底纹颜色”

(6)单击“对齐方式”右侧的下三角按钮，在展开的下拉列表中单击“水平居中”选项，如图 6-16 所示。单击“确定”按钮完成表格样式的创建。

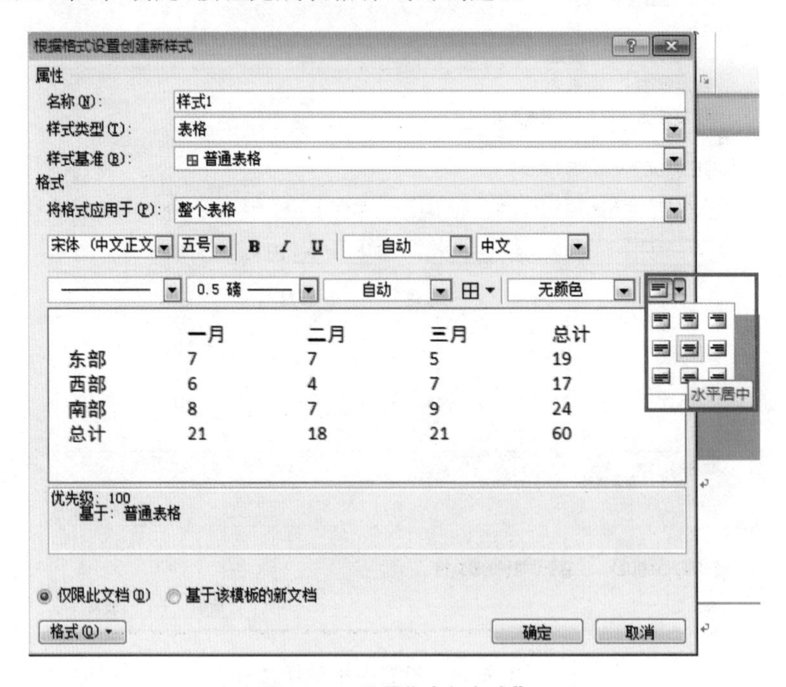

图 6-16　设置“对齐方式”

三、调整表格布局

插入表格后，用户可以调整表格结构，而达到更改布局的效果。其中包括选择单元格、调整单元格大小、插入单元格、删除单元格、合并单元格、拆分单元格等操作。

1. 选择单元格

在 Word 中可以用不同的方式选择单元格，其中包括选择单个单元格、选择一行单元格、选择一列单元格以及选择不连续的多个单元格。

(1)选择单个单元格：将鼠标指针指向单元格左侧边框呈实心箭头状➚，再单击即可将该单元格选中。

(2)选择一行单元格：将鼠标指针指向该行最左边的单元格的外侧呈空心箭头状⇗，再单击即可将该行单元格选中。

(3)选择一列单元格：将鼠标指针指向该列最顶端的单元格的上侧呈实心箭头状⬇，再单击即可将整列单元格选中。

(4)选择不连续的多个单元格：先选择一个单元格，再按住 Ctrl 键不放，继续选择第2个或其他多个不连续的单元格，释放鼠标即可。

2. 调整单元格大小

对于新插入的表格，单元格的大小难免会不适合自己的需求，此时就需要对其进行调整。用户可以手动调整，也可以根据表格内容进行单元格的自动调整。

(1)手动调整。

①将鼠标指向单元格下方的边框呈⇕状时，按住鼠标左键不放，向下拖动鼠标，释放鼠标后，即可调整该单元格所在行的行高。利用同样方法，也可以调整表格列宽。

②选择整个表格，切换至“布局”选项卡，在“单元格大小”组中设置“表格列宽”和“表格行高”，设置完后按 Enter 键即可。

(2)自动调整。单击表格左上角的⊞按钮，选择整个表格，切换至“布局”选项卡，在“单元格大小”组中单击“自动调整”按钮，在展开的下拉列表中单击“根据内容自动调整表格”选项，即可完成表格内容的自动调整。

3. 插入单元格

在编辑表格的过程中，根据需要可以在特定的位置中插入空白的单元格，以方便对数据进行补充。插入单元格时，Word 2010 提供当前单元格下移或单元格的右移两种情况，用户可以在“插入单元格”对话框中进行选择，如图 6-17所示。

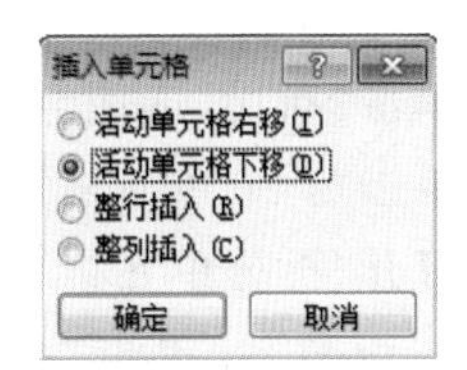

图 6-17 “插入单元格”对话框

4. 删除单元格

在删除单元格时，用户可以切换至“布局”选项卡，单击“删除”按钮，在展开的下拉列表中可以选择删除单元格、删除行、删除列以及删除表格等操作。

5. 合并单元格

用户可以将多个单元格合并为一个单元格，这样可以方便地输入较多的文本或数据，以满足不同的编辑需要。

(1)打开 Word 2010 文档，选择表格中需要合并的两个或两个以上的单元格。

(2)单击“布局”选项卡。

(3)在“合并”组中单击“合并单元格”按钮即可，如图 6-18 所示。

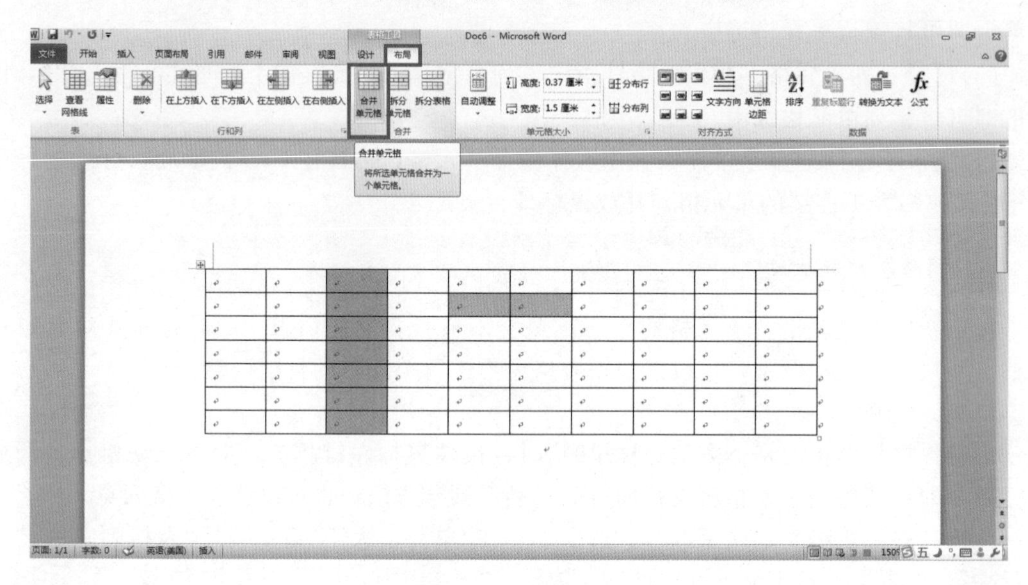

图 6-18　合并单元格

6. 拆分单元格

拆分单元格是与合并单元格相反的操作，是将一个大的单元格拆分为多个小单元格。合理地拆分单元格有利于细化需要显示的数据项目。

(1)打开 Word 2010 文档，选择需要拆分的单元格。

(2)单击“布局”选项卡。

(3)单击“拆分单元格”按钮。

(4)打开“拆分单元格”对话框，分别设置需要拆分成的“列数”和“行数”，单击“确定”按钮完成拆分，如图 6-19 所示。

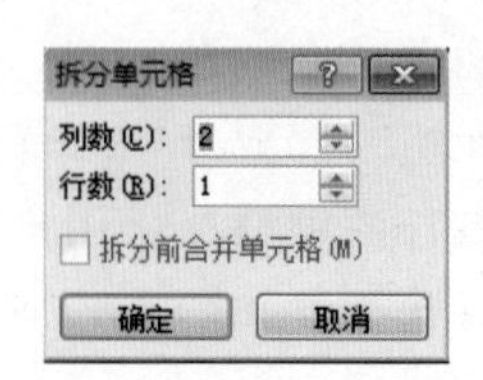

图 6-19　“拆分单元格”对话框

四、建立航班信息表格

步骤一：创建表格

（1）打开 Word 2010 软件，新建一个 Word 文档，并且将其保存。然后切换到“插入”选项卡，单击“表格”按钮，在展开的下拉列表中单击“插入表格”选项，如图 6-20 所示。

（2）弹出“插入表格”对话框，设置“列数”为“10”，“行数”为“10”，输入完毕后单击“确定”按钮，如图 6-21 所示。

图 6-20 单击“插入表格”选项

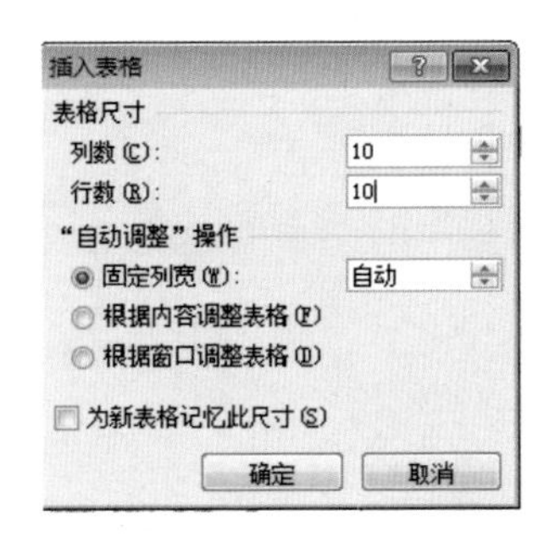

图 6-21 设置表格行数和列数

（3）经过以上的操作后，在文档中插入了 10 行 10 列的表格，如图 6-22 所示。

↵	↵	↵	↵	↵	↵	↵	↵	↵	↵
↵	↵	↵	↵	↵	↵	↵	↵	↵	↵
↵	↵	↵	↵	↵	↵	↵	↵	↵	↵
↵	↵	↵	↵	↵	↵	↵	↵	↵	↵
↵	↵	↵	↵	↵	↵	↵	↵	↵	↵
↵	↵	↵	↵	↵	↵	↵	↵	↵	↵
↵	↵	↵	↵	↵	↵	↵	↵	↵	↵
↵	↵	↵	↵	↵	↵	↵	↵	↵	↵
↵	↵	↵	↵	↵	↵	↵	↵	↵	↵
↵	↵	↵	↵	↵	↵	↵	↵	↵	↵

图 6-22 插入的 10 行 10 列表格

步骤二：自动套用格式

（1）选择整个表格，单击“设计”选项卡，在“表格样式”组中选择“中等深浅网格 1—强调文字颜色 1”样式，如图 6-23 所示。

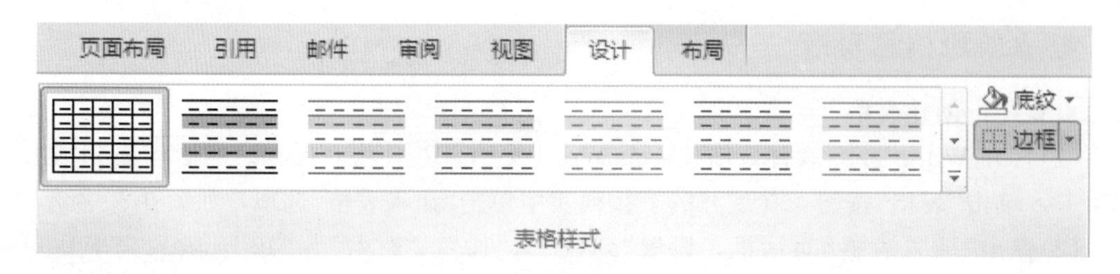

图 6-23 选择表格样式

(2)经过以上操作后，整个表格就应用了选择的样式，如图 6-24 所示。

图 6-24 表格应用样式效果图

步骤三：录入文本

按照样文录入文本信息，样文如图 6-25 所示。

襄阳机场冬春航班时刻表(2013.10.27—2014.03.29)

航班号	机型	班期	城市	起飞	到达	城市	起飞	到达	城市
MU2535/6	EMB	1.2.3. 4.5.6.7	武汉	08:00	08:40	襄阳	09:25	10:05	武汉
G52695	CR9	2.4.6	重庆	07:55	09:00		09:45	11:15	杭州
HU7151	738	1.5	海口	07:20	09:30		10:10	11:50	天津
CA1385/6	B73G	1	北京首都	07:30	09:30		10:30	12:20	北京首都
MU2539	738	1.2.3	成都	08:20	10:00		10:55	12:45	上海浦东
G52696	CR9	2.4.6	杭州	12:10	13:50		14:35	15:45	重庆
HU7152	738	1.5	天津	12:55	14:45		15:25	1750	海口
JR1537	MA6	1.3	西安	13:45	15:15		15:50	16:50	武汉

图 6-25 样文

步骤四：删除“行”

选中第 10 行并右击，在弹出的快捷菜单中单击“删除行”命令，如图 6-26 所示。经过以上操作后，第 10 行就被全部删除了。

步骤五：设置表格“行高”

(1)选择表格第一行并右击，在弹出的快捷菜单中单击“表格属性”命令，如图 6-27 所示。

图 6-26　单击“删除行”命令

图 6-27　单击“表格属性”命令

(2)弹出“表格属性”对话框，单击“行”选项卡，勾选“指定高度”复选框，输入高度值“1”，如图 6-28 所示，单击“确定”按钮。

步骤六：平均分布各行

选择表格第 3 行至第 9 行，将光标定位在表格第 3 行至第 9 行的任意位置，并右击，在弹出的快捷菜单中单击“平均分布各行”命令，如图 6-29 所示。经过以上操作后，表格第 3 行至第 9 行已经平均分布。

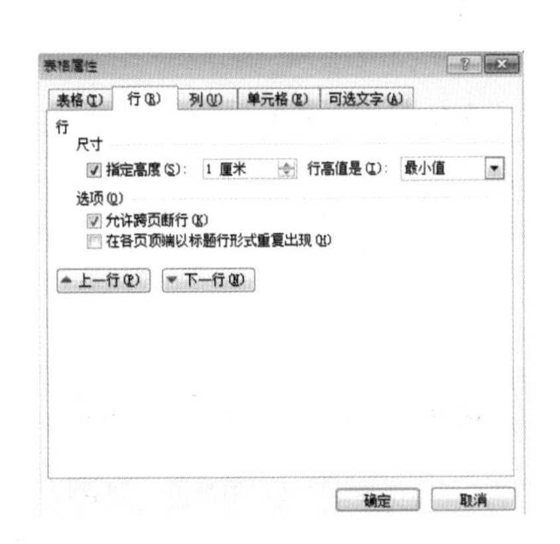

图 6-28　设置行高值

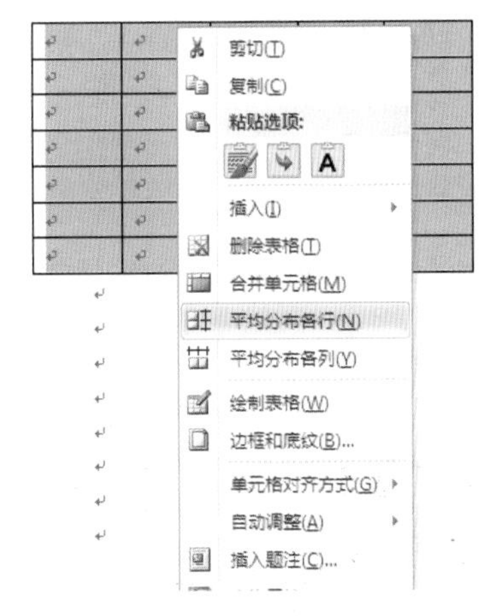

图 6-29　单击“平均分布各行”命令

步骤七：合并单元格

(1)选择表格第 7 列的第 2 行到第 9 行的所有单元格，切换至“布局”选项卡，单击“合并单元格”按钮，如图 6-30 所示。

(2)此时所选择的多个单元格被合并为一个单元格了，如图 6-31 所示。

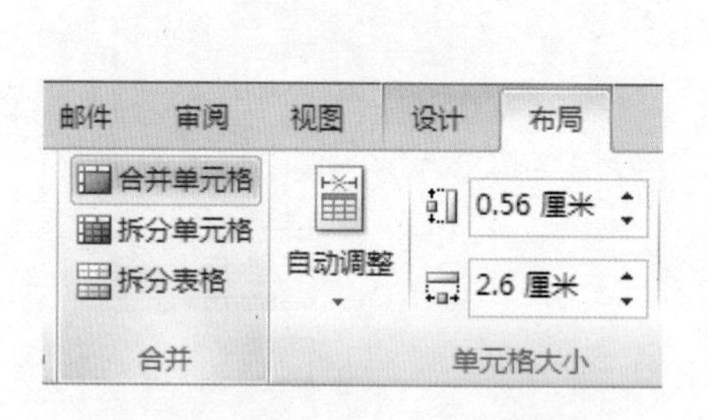

图 6-30　单击“合并单元格”按钮

到达	城市	起飞
08:40	襄阳	09:25
09:00		09:45
09:30		10:10
09:30		10:30
10:00		10:55
13:50		14:35
14:45		15:25
15:15		15:50

图 6-31　合并单元格效果

步骤八：拆分单元格

(1)选择表格中的第 3 列第 2 行单元格，切换至“布局”选项卡，单击“拆分单元格”按钮，如图 6-32 所示。

(2)弹出“拆分单元格”对话框，设置“列数”为“1”，“行数”为“2”，单击“确定”按钮，如图 6-33 所示。

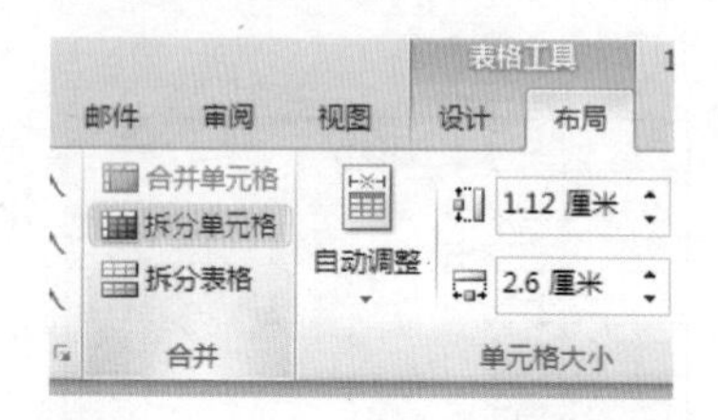

图 6-32　单击“拆分单元格”按钮

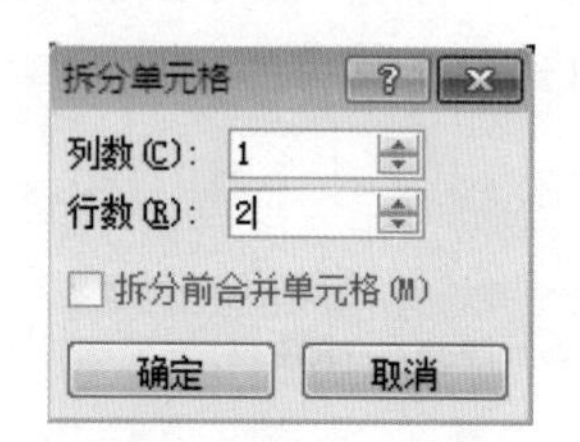

图 6-33　设置拆分列数和行数

(3)经过以上操作后，所选择的单元格被拆分为 2 行了，效果如图 6-34 所示。

襄阳机场冬春航班时刻表(2013.10.27—2014.03.29)

航班号	机型	班期	城市	起飞	到达	城市	起飞	到达	城市
MU2535/6	EMB	1.2.3. 4.5.6.7	武汉	08:00	08:40	襄阳	09:25	10:05	武汉
G52695	CR9	2.4.6	重庆	07:55	09:00		09:45	11:15	杭州
HU7151	738	1.5	海口	07:20	09:30		10:10	11:50	天津
CA1385/6	B73G	1	北京首都	07:30	09:30		10:30	12:20	北京首都

图 6-34　拆分单元格效果

任务 2 设置表格格式

任务说明

完成航班信息表格的格式设置，具体要求如下。

(1)设置表格对齐方式：将表格中各单元格的对齐方式设置为水平居中。

(2)设置表格底纹颜色：将表格中第 5 列的底纹颜色设置为浅绿。

(3)设置表格边框：将表格的外边框线设置为双实线，外框线颜色为红色。将表格的内边框线设置为点划线，内框线颜色为橙色。

任务实施

一、设置单元格内文字的对齐方式与方向

通过设置单元格内文字的对齐方式，可以更改文本在单元格中的显示位置，使数据显示得更加直观。在默认情况下，表格中的文字方向为水平，用户可以根据实际需要更改文字的方向。用户可以在“对齐方式”组中进行设置，如图 6-35 所示。

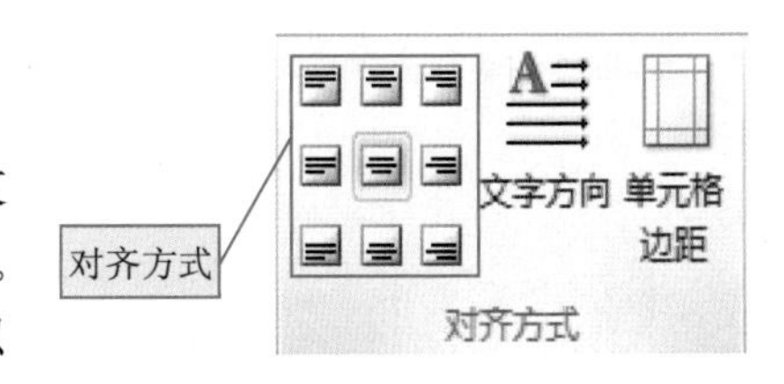

图 6-35 “对齐方式”组

1. 设置文本居中对齐方式

(1)选择整个表格，切换至“布局”选项卡，如图 6-36 所示。

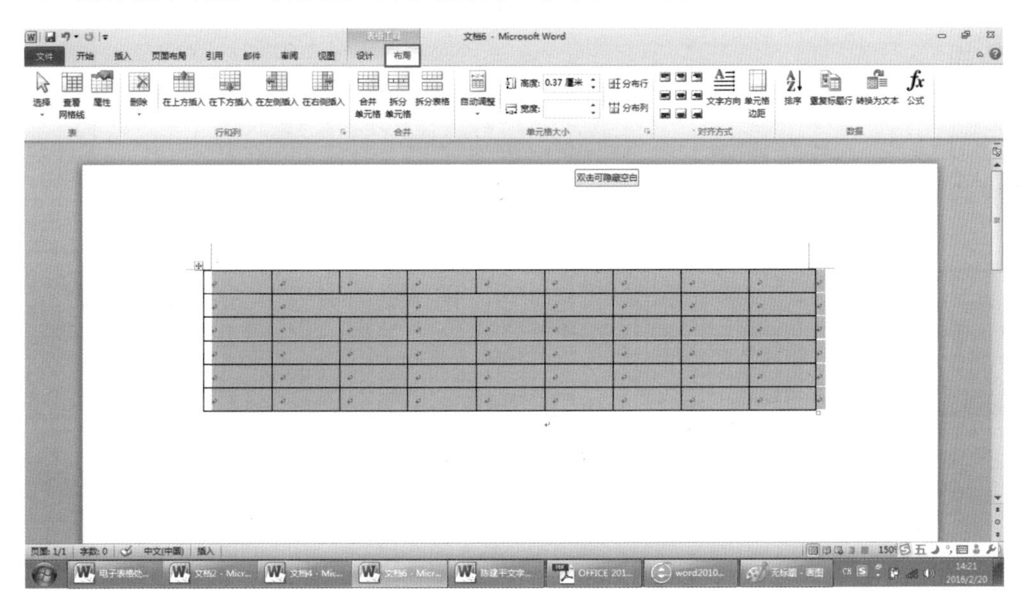

图 6-36 选择“布局”选项卡

(2)在“对齐方式”组中，单击“水平居中”按钮即可，如图 6-37 所示。

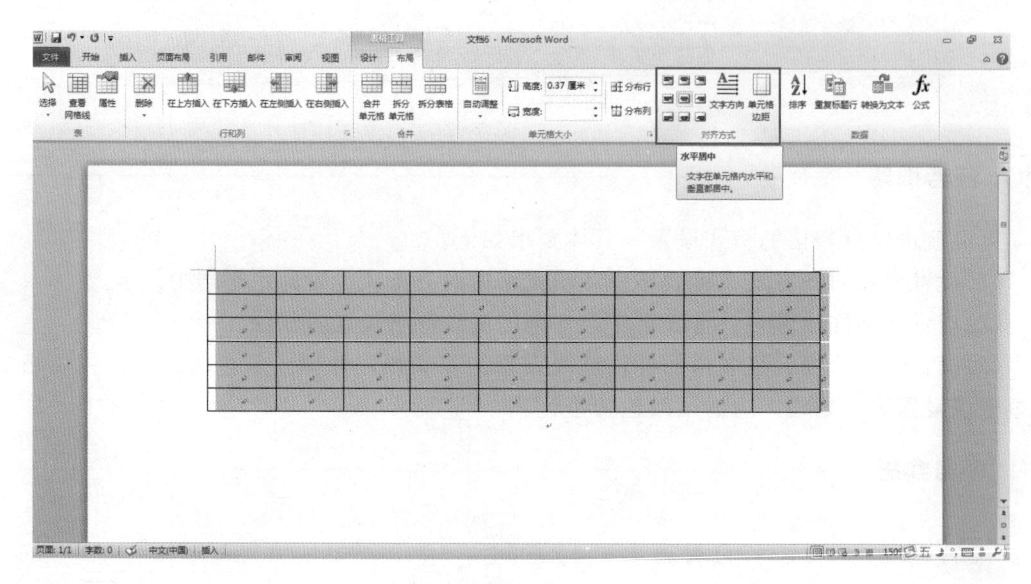

图 6-37　单击“水平居中”按钮

2. 设置文字方向

(1)选择需要设置文字方向的单元格，切换至“布局”选项卡，如图 6-38 所示。

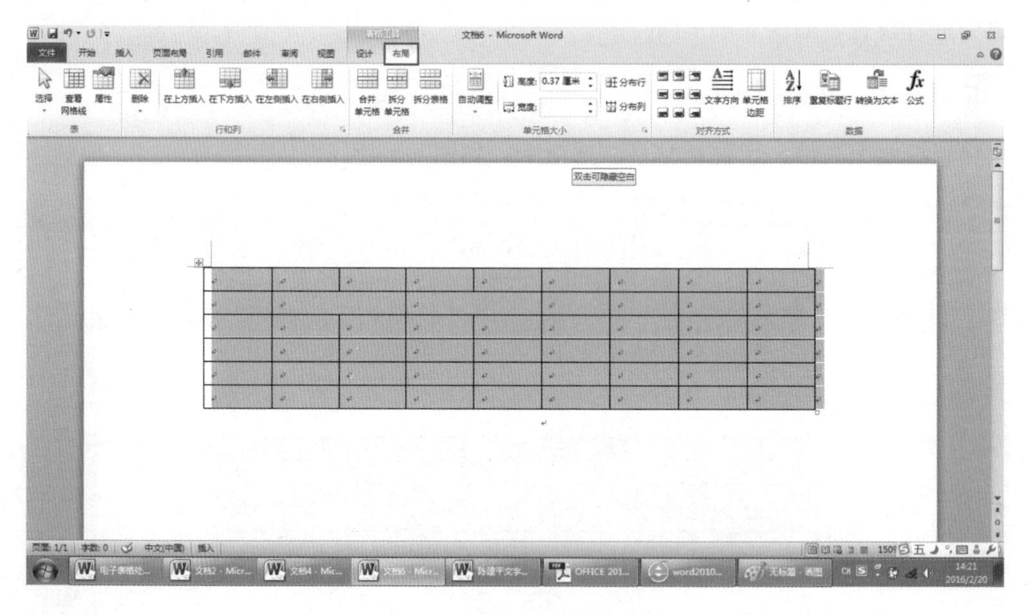

图 6-38　选择“布局”选项卡

(2)在“对齐方式”组中，单击“文字方向”按钮即可，如图 6-39 所示。

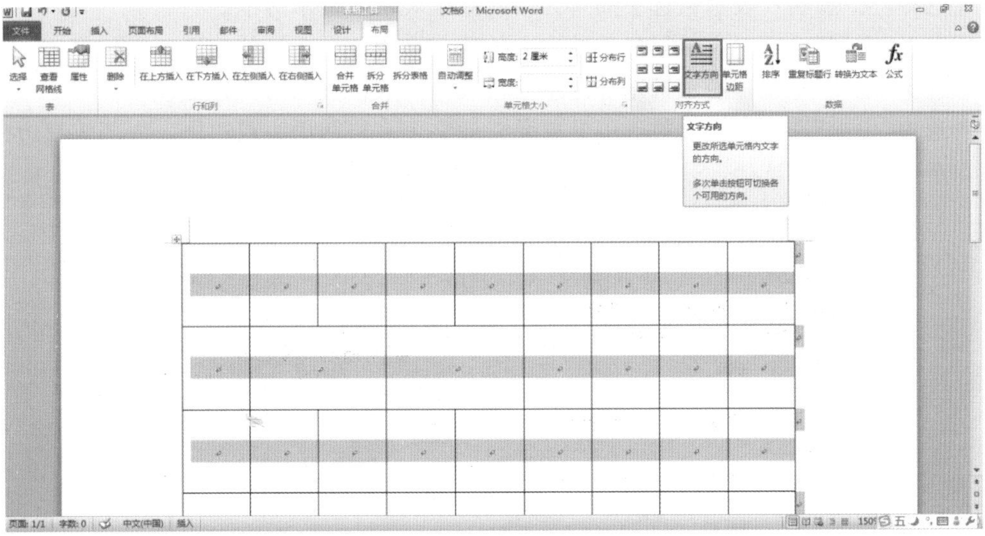

图 6-39　单击“文字方向”按钮

二、自定义设置表格边框和底纹

如果用户不需要对整个表格进行格式化的操作，可以只对边框和底纹进行设置，设置边框线条样式、粗细、颜色等，设置底纹颜色填充、图案填充等。

(1)打开 Word 2010 文档，选择整个表格，切换至“设计”选项卡，如图 6-40 所示。

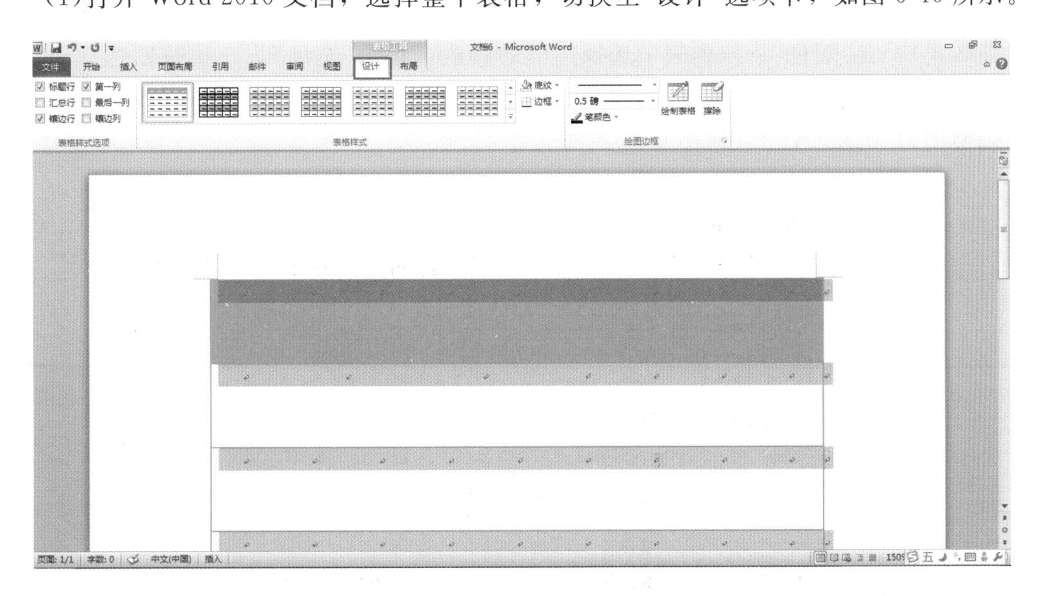

图 6-40　选择“设计”选项卡

(2)在“绘图边框”组中单击“边框和底纹”按钮，弹出“边框和底纹”对话框，如图 6-41

所示。切换至“边框”选项卡，在“设置”区域选择边框显示位置。

①选择“无”选项，表示被选中的单元格或整个表格不显示边框。

②选中“方框”选项，表示只显示被选中的单元格或整个表格的四周边框。

③选中“全部”选项，表示被选中的单元格或整个表格显示所有边框。

④选中“虚框”选项，表示被选中的单元格或整个表格四周为粗边框，内部为细边框。

⑤选中“自定义”选项，表示被选中的单元格或整个表格由用户根据实际需要自定义设置边框的显示状态，而不仅仅局限于上述 4 种显示状态。

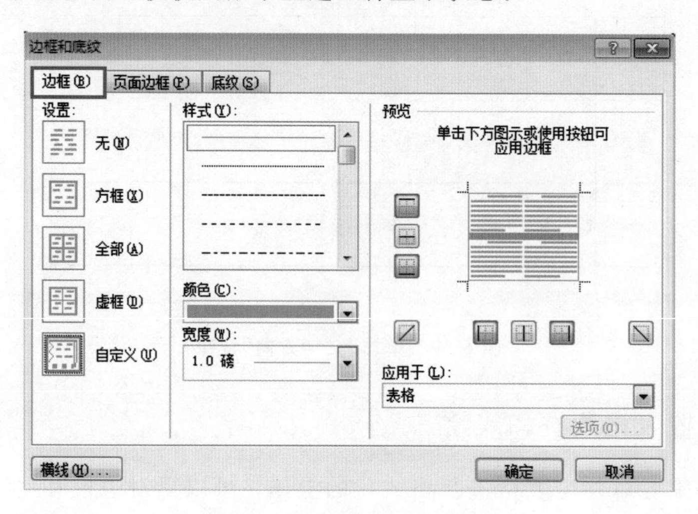

图 6-41 “边框和底纹”对话框

(3)在“设置”区域单击“全部”选项，在“样式”列表中选择边框的样式(如双横线、点划线等样式)，在“颜色”下拉列表中选择边框的颜色，单击“宽度”下三角按钮选择边框的宽度尺寸。在“预览”区域，可以通过单击某个方向的边框按钮来确定是否显示该边框。设置完毕单击“确定”按钮，如图 6-42 所示。

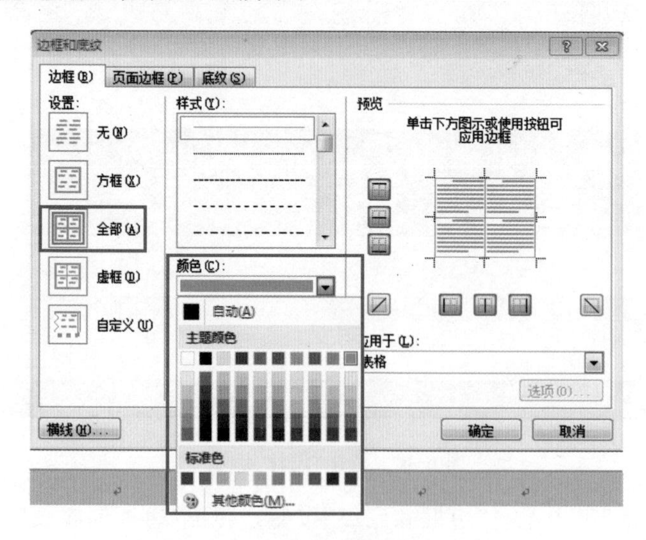

图 6-42 设置边框类型与颜色

(4)选择“底纹”选项卡，设置用户所需要的“填充”图案，在“样式”下拉列表中选择用户所需要的样式，再设置用户所需要的“颜色”，最后单击“确定”按钮即可，如图 6-43 所示。

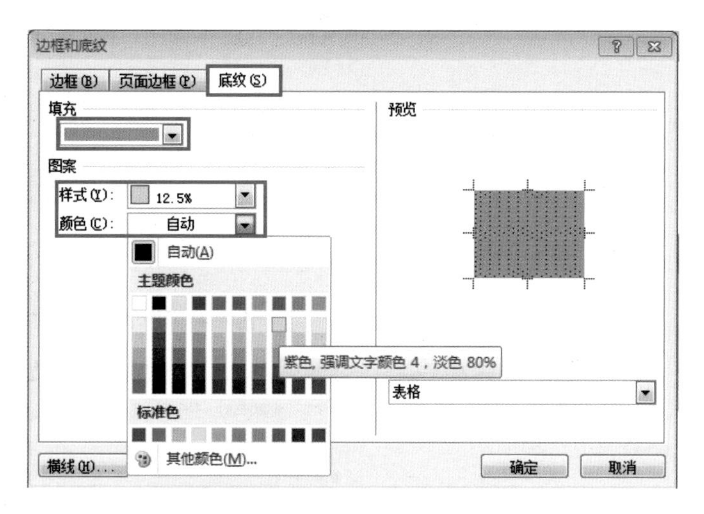

图 6-43　设置底纹填充与图案

三、设置航班信息表格的格式

步骤一：设置表格对齐方式

(1)打开文件，选择整个表格，单击“布局”选项卡，如图 6-44 所示。

(2)在“对齐方式”组中选择“水平居中”选项，如图 6-45 所示。

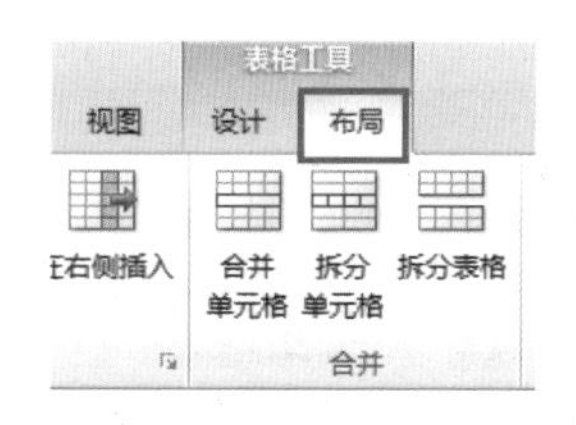

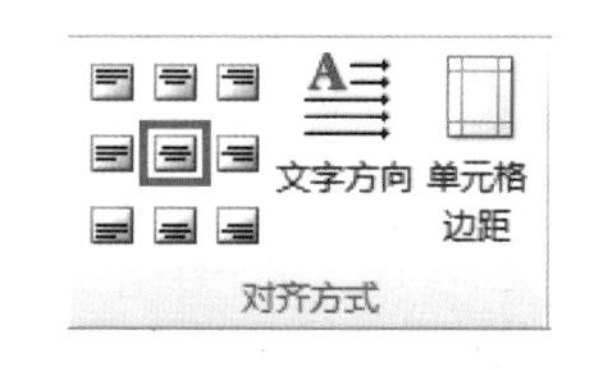

图 6-44　单击“布局”选项卡　　图 6-45　选择“水平居中”选项

步骤二：设置表格底纹颜色

(1)选择表格第 5 列，切换至“设计”选项卡。在“绘图边框”组中单击“边框和底纹”按钮，如图 6-46 所示。

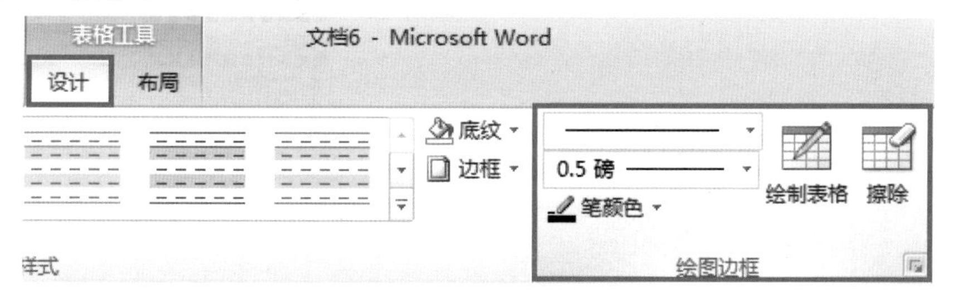

图 6-46　“绘图边框”组

(2)弹出“边框和底纹”对话框，切换至“底纹”选项卡，如图 6-47所示。

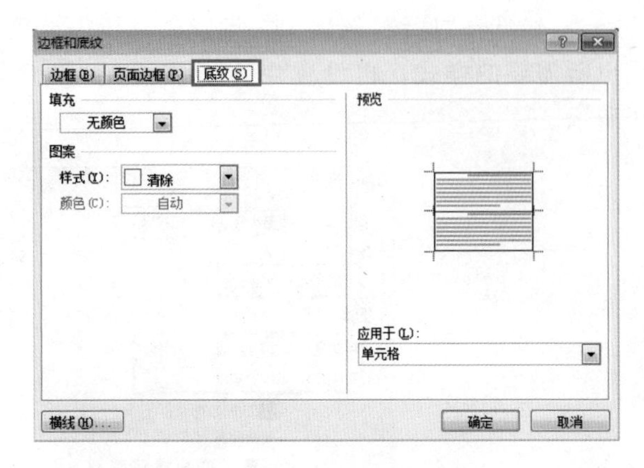

图 6-47 “边框和底纹”对话框

(3)单击“填充”下拉按钮，在弹出的下拉列表中选择“浅绿”，如图 6-48 所示。

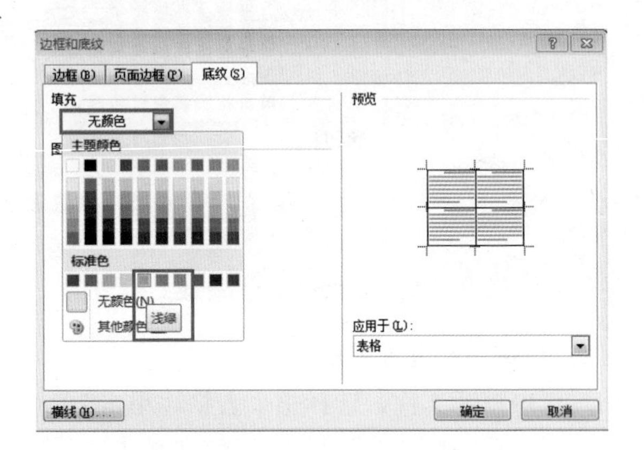

图 6-48 设置表格底纹颜色为“浅绿”

步骤三：设置表格边框线型

(1)选择整个表格，在“边框和底纹”对话框中，选择“边框”选项卡，在“设置”选项组中单击“自定义”选项，在“样式”列表中选择边框的样式为“双实线”，在“颜色”下拉列表中选择边框的颜色为“红色”，如图 6-49 所示。

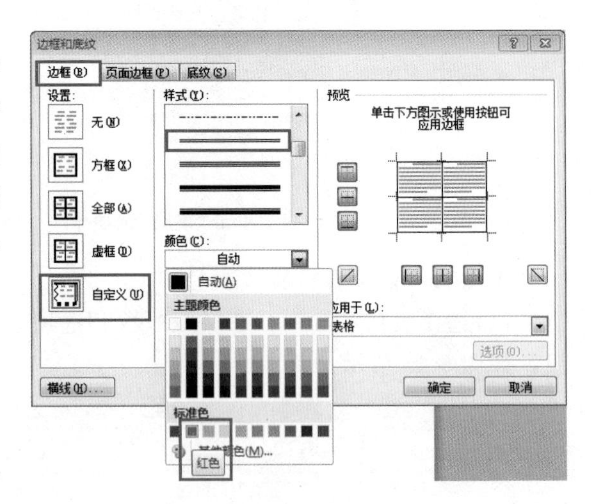

图 6-49 设置外框线的线型与颜色

(2)在“预览”区域，单击四个方向的边框按钮来确定外边框线。设置完毕单击“确定”按钮，如图 6-50 所示。

图 6-50　设置“外框线”

(3)在“样式”列表中选择边框的样式为“点划线”，在“颜色”下拉列表中选择边框的颜色为“橙色”。在“预览”区域，单击中心位置来确定内框线。设置完毕单击“确定”按钮，如图 6-51 所示。

图 6-51　设置“内框线”

拓展任务

文本与表格的转换

除了创建表格的方法外，用户在使用 Word 2010 制作和编辑表格时，有时需要将文档中现有的文本内容直接转换成表格，此种方法需要在对话框中设置表格尺寸、“自动调整”操作以及文字分隔位置。

(1)打开 Word 2010 文档，为文本添加段落标记和英文半角逗号。

(2)选中要转换成表格的所有文本。

(3)单击“插入”选项卡，在“表格”分组中单击“表格”按钮，如图 6-52 所示。

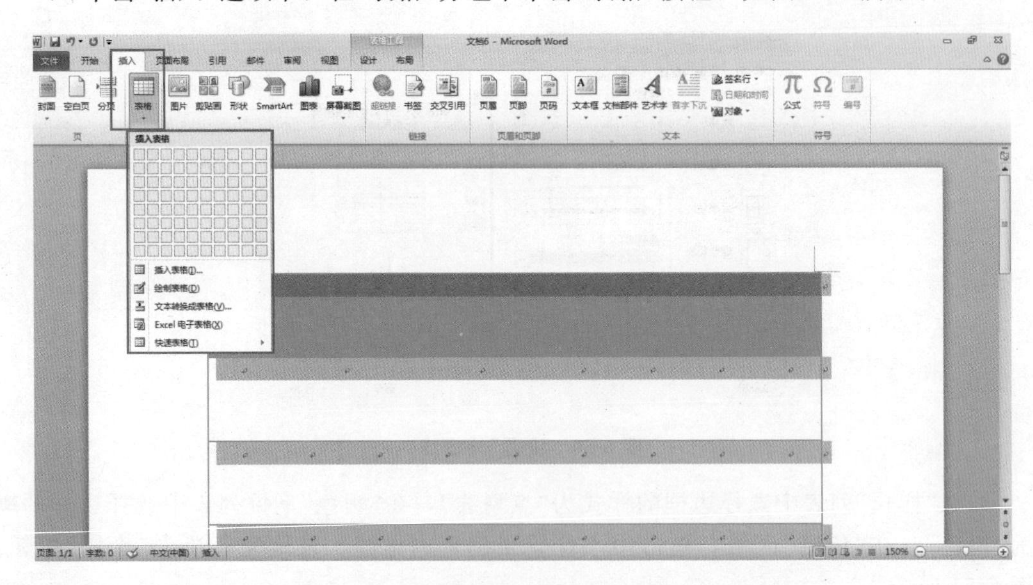

图 6-52　单击“表格”按钮

(4)在下拉菜单中选择“文本转换成表格”命令，如图 6-53 所示。

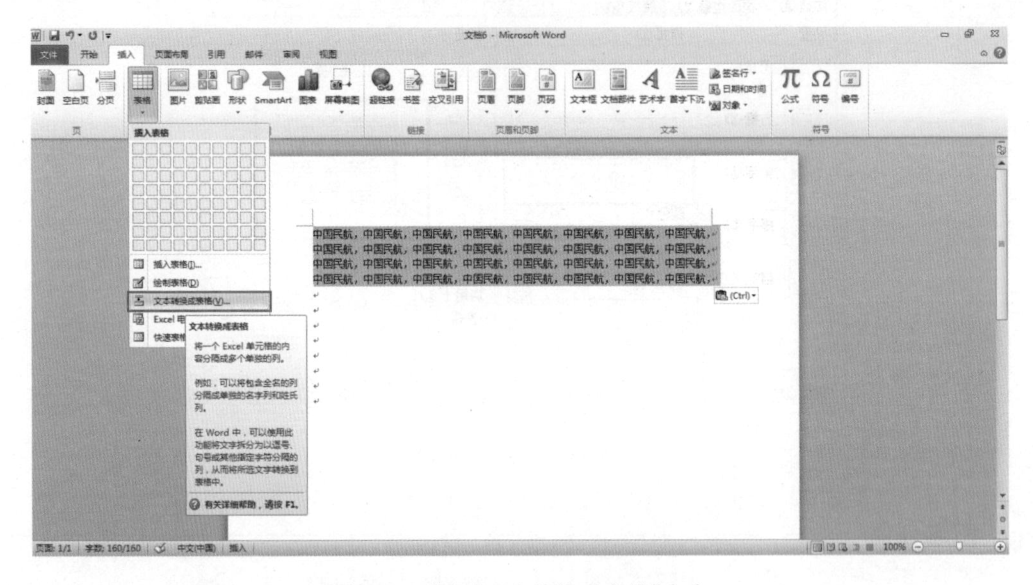

图 6-53　选择“文本转换成表格”命令

(5)弹出“将文字转换成表格”对话框，在“自动调整”区选中“固定列宽”“根据内容调整表格”或“根据窗口调整表格”选项之一，以设置表格列宽，如图 6-54 所示。

(6)在“文字分隔位置”区自动选中文本中使用的分隔符，如果不正确可以重新选择，如图 6-55 所示。单击“确定”按钮，即可完成文本与表格之间的转换。

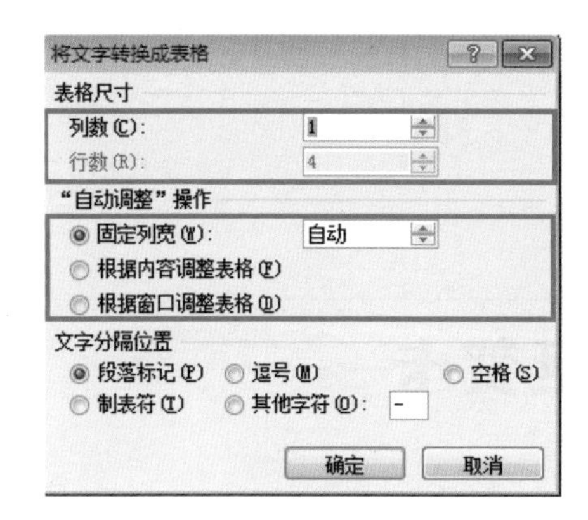

图 6-54　设置表格尺寸和自动调整

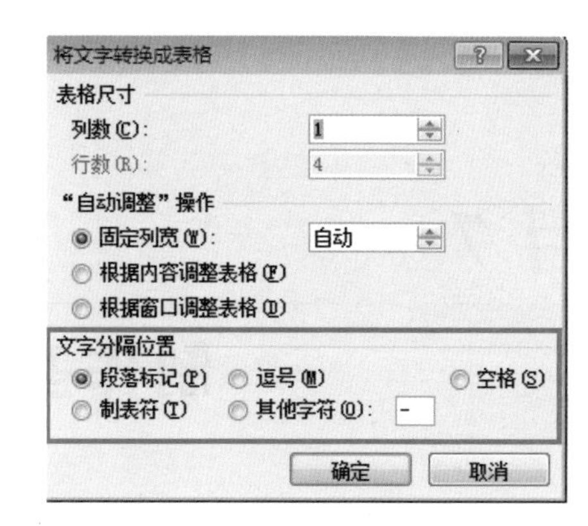

图 6-55　设置"文字分隔位置"

项目实践

根据自己的实际情况，制作一份个人简历。

操作要求如下。

(1)利用 Word 中的插入表格制作个人简历(或利用个人制作的简历模板)。

(2)根据自己个人简历的需要，设置表格边框及底纹。

(3)在简历中合适地应用所学内容，必须使用编号和项目符号，删除段落标记，对字形和字体进行设置。

(4)将个人简历保存在桌面。

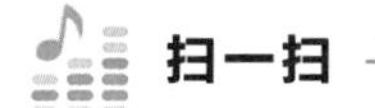

扫一扫

项目 7

制作圣诞贺卡

项目描述

伴随着网络的迅速发展，声像俱佳、各具创意的贺卡已经成为一种相当流行的表达祝福或者传递友情的方式。本项目我们学习用 Word 来制作一份精美的圣诞贺卡。引导学生正确、合理运用所学技术来表达自己的思想，进一步增进学生、朋友、师生之间的感情。

项目目标

1. 用 Word 新建圣诞贺卡界面。
2. 为圣诞贺卡插入背景图片。
3. 为圣诞贺卡插入艺术字。
4. 为圣诞贺卡设置背景音乐。
5. 添加脚注、尾注。
6. 设置文档的打印选项。
7. 查找与替换文字。

项目任务

任务 1：设置页面格式、页眉、页脚

任务 2：设置图片和艺术字

任务 3：设置艺术边框和背景音乐

任务 4：录入尾注、脚注及设置文档打印

拓展任务：文字的查找与替换

任务 1　设置页面格式、页眉、页脚

任务说明

完成圣诞贺卡界面设计，具体要求如下。

(1)页面设置：设置页边距上为 2 厘米，下为 1 厘米，左、右各为 1 厘米。装订线为 0 厘米，装订线位置为上。纸张方向为横向，纸张大小为 B5。

(2)页眉设置：设置文档的页眉为字母表型，页眉顶端距离为 1.25 厘米，对齐方式为居中。

(3)页脚设置：设置文档的页脚为边线型，页脚底端距离为 1.25 厘米，对齐方式为居中。

(4)页码设置：设置页码为数字格式，页码编号为续前节。

任务实施

步骤一：贺卡界面的建立

新建一个 Word 文档，单击“文件”→“另存为”→“Word 模板”命令，弹出“另存为”对话框，保存至桌面，命名为“贺卡”，并单击“保存”按钮，如图 7-1 所示。

图 7-1　保存文档

步骤二：界面设置

(1)单击“页面布局”选项卡，在“页面设置”组中单击“页边距”按钮，在弹出的下拉列表中单击“自定义边距”命令，弹出“页面设置”对话框。设置页边距上为2厘米，下为1厘米，左、右各为1厘米；装订线为0厘米，装订线位置为上；纸张方向为横向，如图7-2所示。设置完成后单击“确定”按钮。

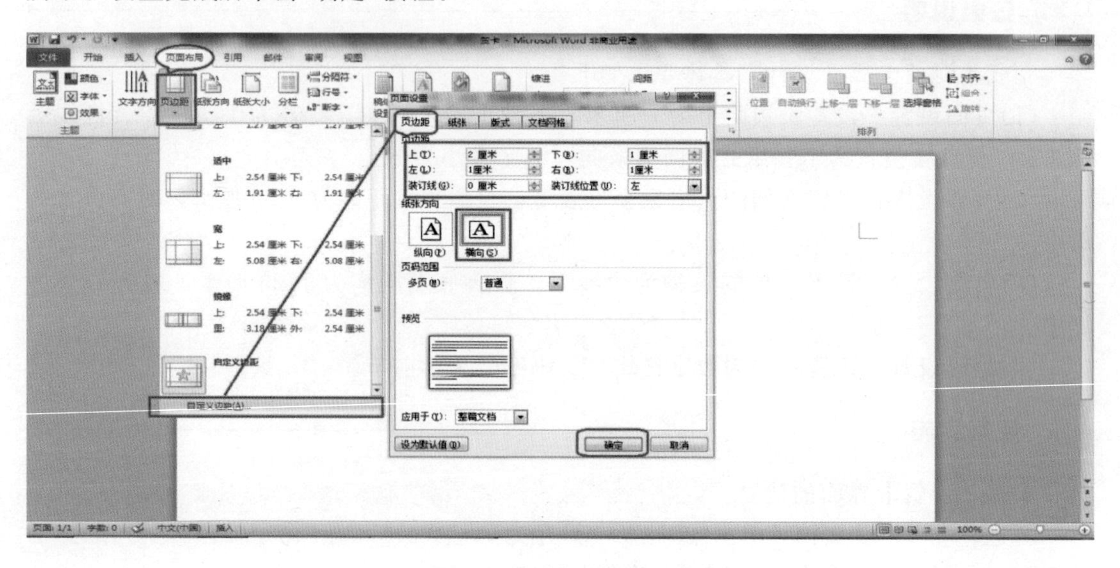

图 7-2　设置页边距和纸张方向

(2)单击“纸张大小”按钮，在弹出的下拉列表中选择纸张大小为B5，如图7-3所示。

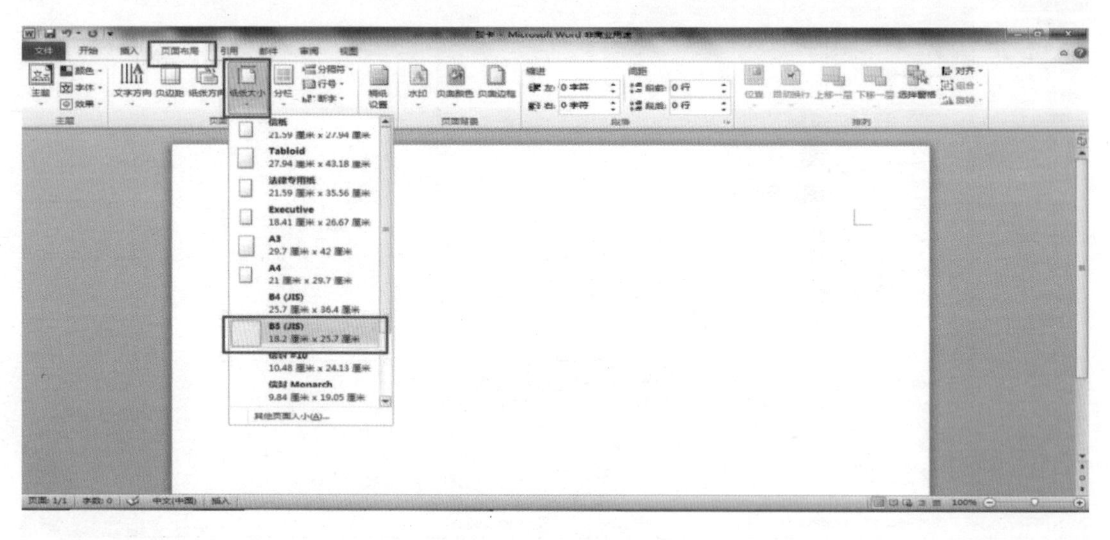

图 7-3　选择纸张大小

步骤三：设置文档的页眉、页脚

1. 插入页眉、页脚

（1）把光标放到需要插入页眉、页脚的文档之上，单击“插入”菜单→“页眉”→“字母表型”，如图 7-4 所示。打开页眉编辑区，输入“成都航空旅游职业学校”，如图 7-5 所示。把鼠标移至文档处，双击鼠标完成页眉的输入。

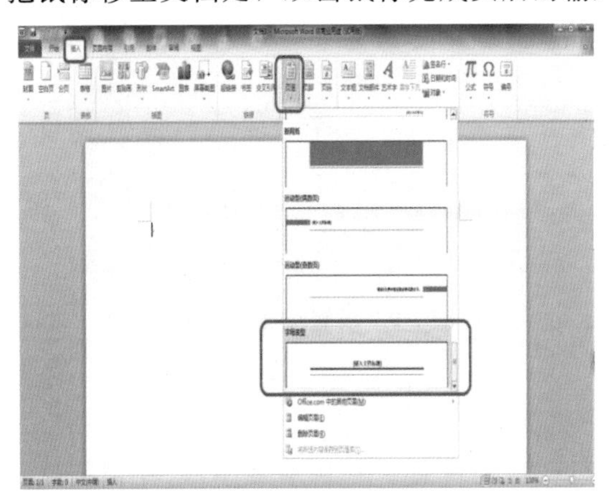

图 7-4　设置页眉类型

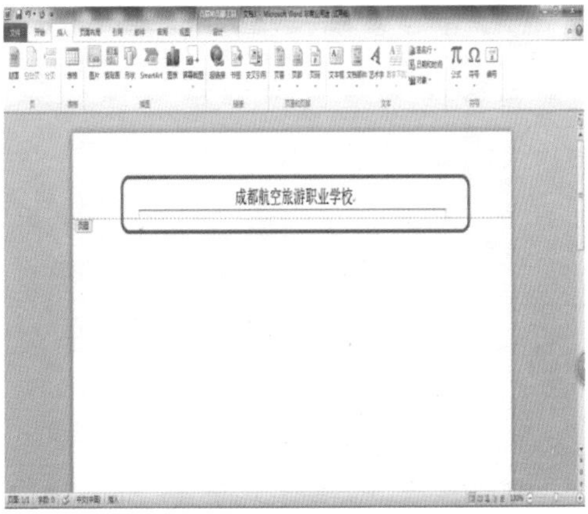

图 7-5　输入页眉文字

（2）单击“插入”菜单→“页脚”→“边线型”，如图 7-6 所示。打开页脚编辑区，输入“成都航空旅游职业学校”，如图 7-7 所示。把鼠标移至文档处，双击鼠标完成页脚的输入。

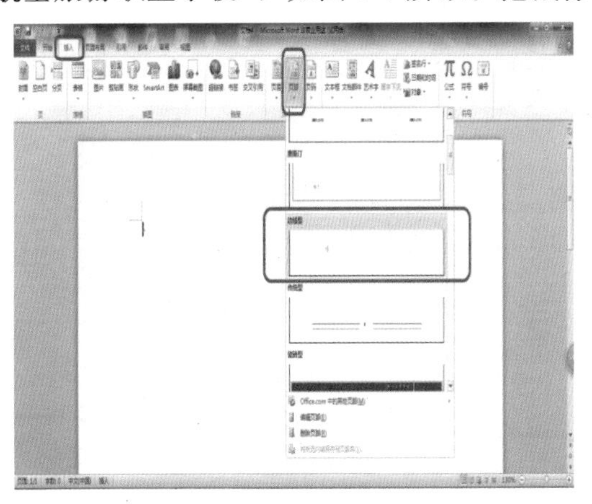

图 7-6　设置页脚类型

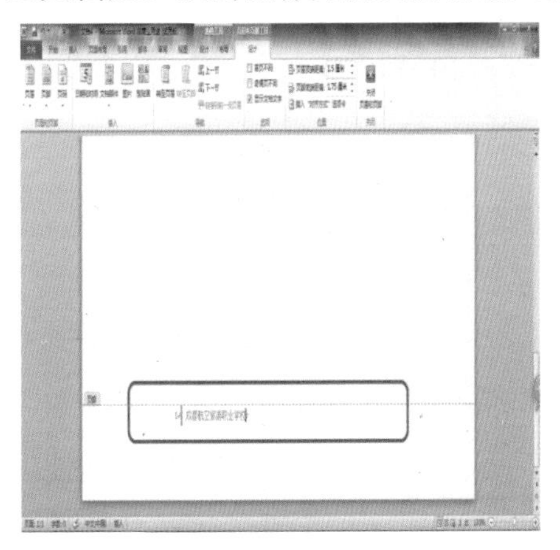

图 7-7　输入页脚文字

2. 设置页眉、页脚

把光标放到页眉或页脚上，双击编辑区域，如图 7-8 所示。打开页眉和页脚工具的“设计”选项卡，设置页眉的顶端距离和页脚的底端距离均为 1.25 厘米，页眉、页脚对齐方式为居中，如图 7-9 所示。

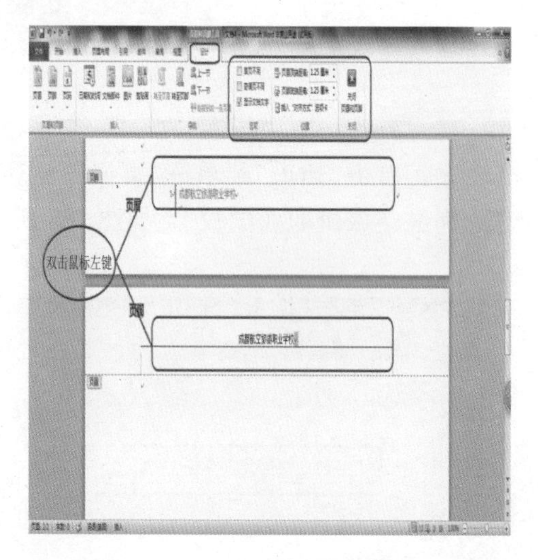

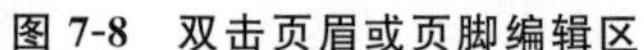

图 7-8　双击页眉或页脚编辑区

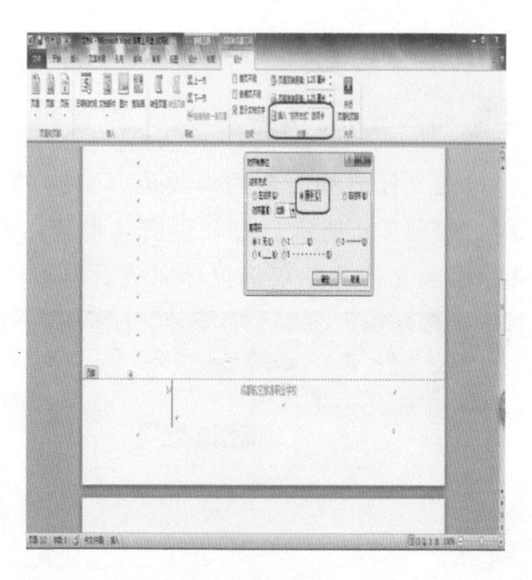

图 7-9　设置页眉、页脚

3. 插入页码

把光标放在页脚上，单击“插入”→“页码”→“当前位置”→“普通数字”，在当前位置插入普通数字型页码，如图 7-10 所示。

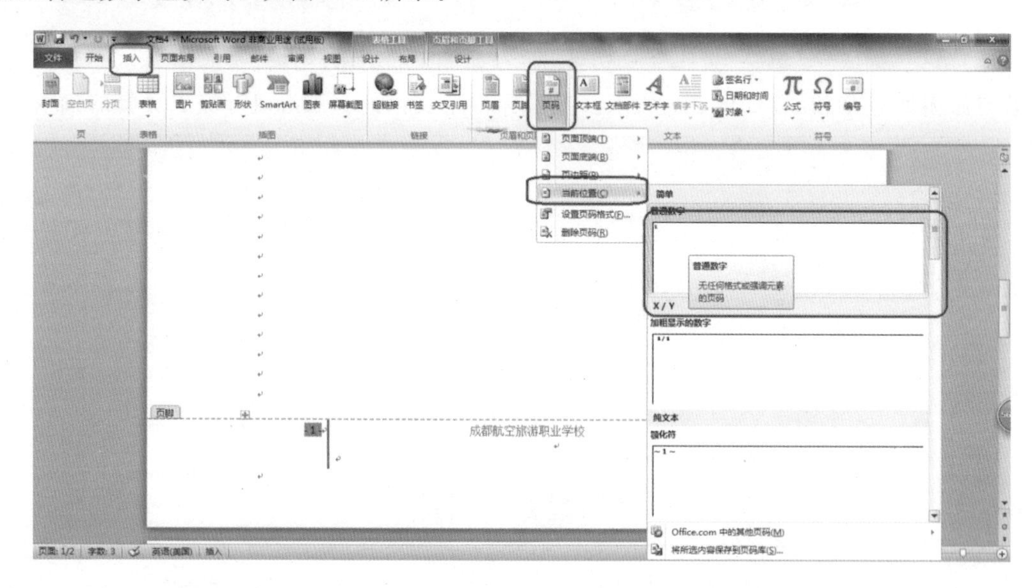

图 7-10　插入页码

4. 设置页码

单击“页码”按钮，在弹出的下拉菜单中单击“设置页码格式”命令，弹出“页码格式”对话框。在“编号格式”下拉列表中选择一种数字格式，在“页码编号”选项组中选择“续前节”单选按钮，如图 7-11 所示。单击“确定”按钮完成设置。

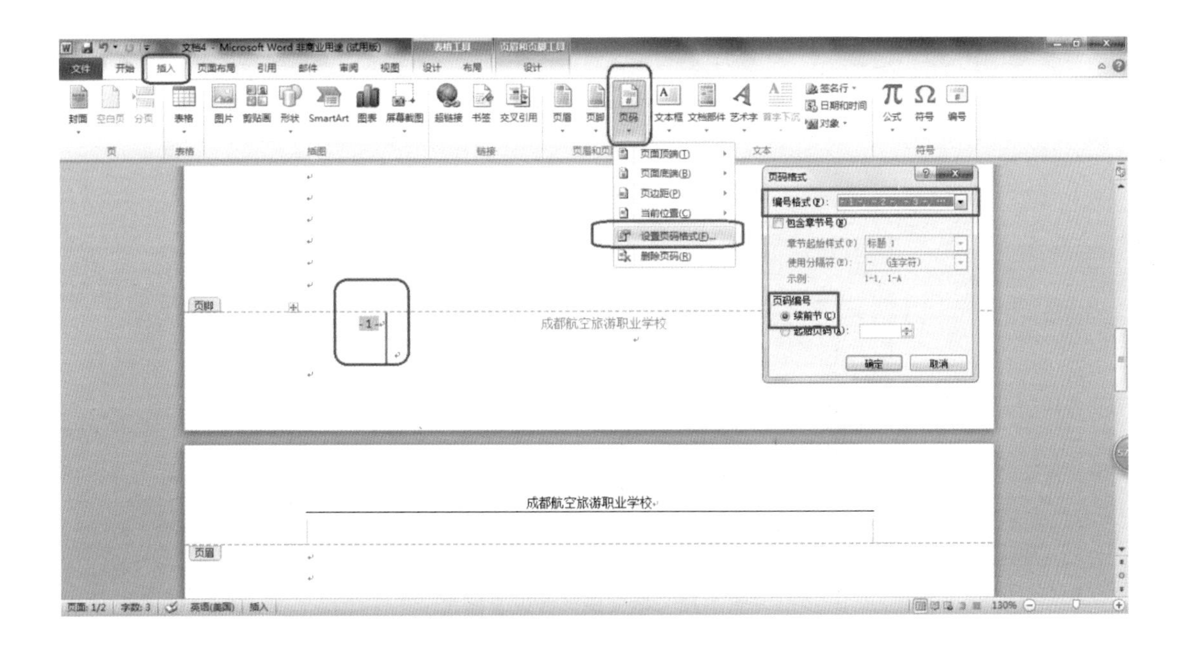

图 7-11　设置页码

任务 2　设置图片和艺术字

任务说明

为圣诞贺卡插入图片和艺术字，具体要求如下。

(1)插入图片：在圣诞贺卡中插入一张背景图片，设置格式为“衬于文字下方”。

(2)插入艺术字：在圣诞贺卡中插入“圣诞快乐”艺术字，设置字号大小为 76，字体为华文新魏，设置艺术字的阴影及三维效果。

任务实施

步骤一：插入图片

(1)打开桌面“贺卡”Word 文档，单击“插入”选项卡“插图”组中的“图片”按钮，找到准备好的图片，双击将其插入到文档中。

(2)选中插入的图片，调整其大小至全部覆盖页面。如果插入的图片不能调整大小，那么只要选中图片后，单击“格式”选项卡“排列”组中的“自动换行”按钮，并在弹出的下拉菜单中单击“衬于文字下方”命令就可以了，如图 7-12 所示。

图 7-12　插入图片并设置格式

步骤二：插入艺术字

单击“插入”选项卡“文本”组中的“艺术字”按钮，在弹出的下拉列表中选择一种艺术字形式，然后在打开的“编辑艺术字文字”对话框中输入“圣诞快乐”，选择合适的字体、字号等格式，单击“确定”按钮即可，如图 7-13 所示。

图 7-13　插入艺术字

任务3　设置艺术边框和背景音乐

任务说明

为圣诞贺卡插入艺术边框和背景音乐，具体要求如下。

(1)插入艺术边框：为圣诞贺卡插入“树型”艺术边框。

(2)插入背景音乐：为圣诞贺卡插入背景音乐，并设置音乐的播放模式和播放次数等。

任务实施

步骤一：插入艺术边框

单纯插入一张图片并不是太好看，还可以为圣诞贺卡设置艺术边框。单击“页面布局”选项卡“页面背景”组中的“页面边框”按钮，打开“边框和底纹”对话框。在对话框的“页面边框”选项卡中，单击“艺术型”下拉列表，选择“树型”艺术边框，如图7-14所示。单击“确定”按钮后，就可以使文档页面加上这种美丽的边框了。如果愿意的话，也可以单击“边框和底纹”对话框“预览”窗口中的各边，取消某一边的边框。

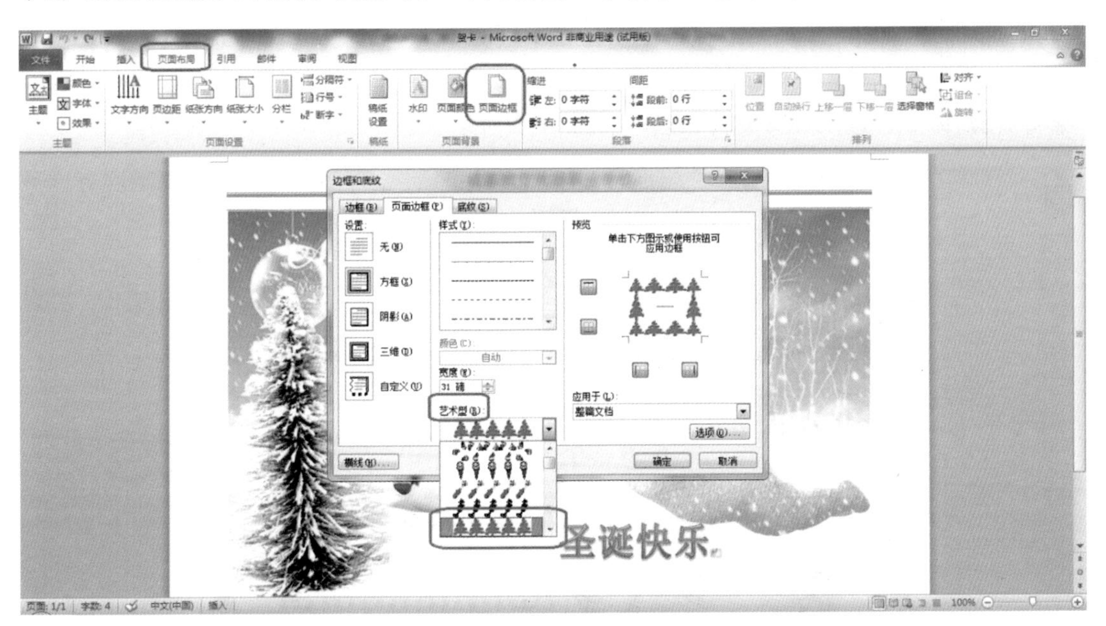

图7-14　插入“树型”艺术边框

步骤二：插入背景音乐

圣诞贺卡光“有色”还不行，还应该“有声”。所以，我们还得为贺卡插入事先准备好的一段MP3背景音乐。

（1）单击“文件”菜单，单击“选项”按钮，打开“Word 选项”对话框。在左侧单击“自定义功能区”选项，在右侧选中“开发工具”复选框，如图 7-15 所示。单击“确定”按钮，即可在功能区显示“开发工具”选项卡。

图 7-15　选择“开发工具”

（2）单击“插入”选项卡“页眉和页脚”组中的“页脚”按钮，在弹出的下拉菜单中单击“编辑页脚”命令，进入页脚编辑状态，如图 7-16 所示。

图 7-16　进入页脚编辑状态

(3)单击“开发工具”选项卡“控件”组中的“旧式工具”按钮，然后在弹出的列表中单击右下角的“其他控件”按钮，如图 7-17 所示。在打开的“其他控件”对话框中找到“Windows Media Player”，并双击。

图 7-17 添加“Window Media Player”控件

此时页脚编辑区会插入一个虚线框，而且“开发工具”选项卡“控件”功能组中的“设计模式”按钮处于被按下的状态。

(4)在页脚编辑区的虚线框上单击右键，在弹出的快捷菜单中单击“属性”命令，打开“属性”对话框。在“URL”后的文本框中输入“. music. mp3”，如图 7-18 所示。

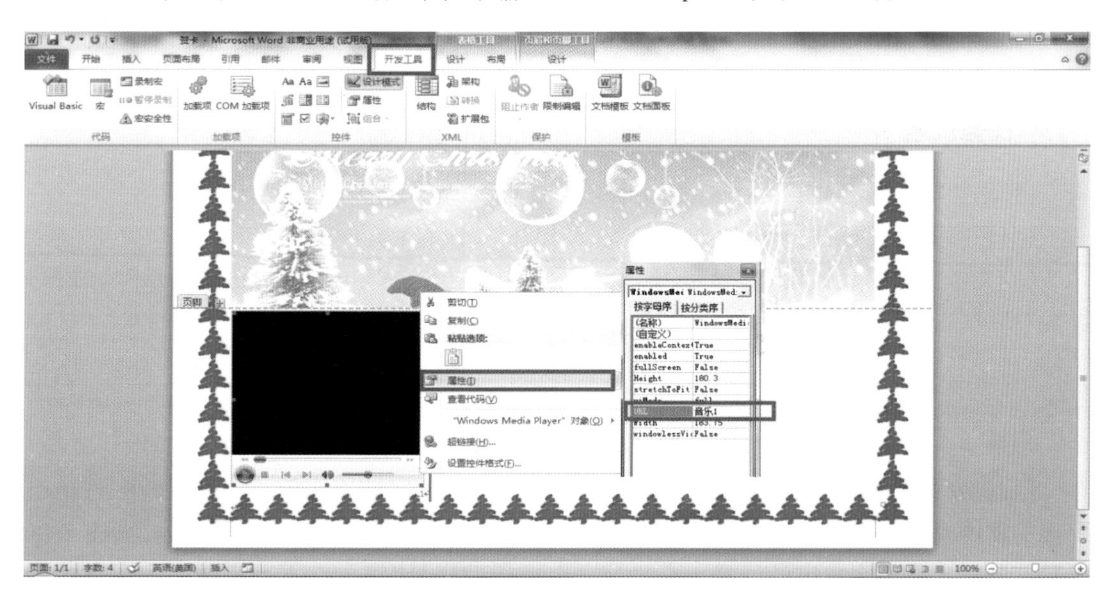

图 7-18 设置 URL

(5)单击“自定义”项目，打开“Windows Media Player 属性”对话框，如图 7-19 所示。在“选择模式”下拉列表中选择“Invisible”，并在“播放计数”后的文本框中输入较大的数字，保证该音乐可以达到“重复播放”的效果。完成后，关闭各对话框，单击“控件”组中的“设计模式”按钮，并退出页脚编辑状态，就可以听到插入的动听的音乐了。

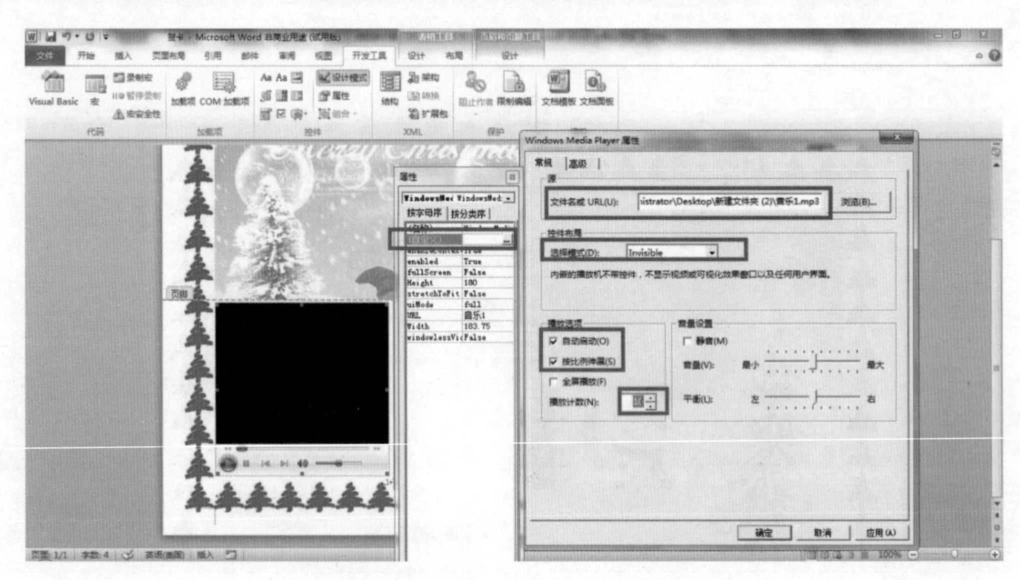

图 7-19　设置 Windows Media Player 属性

当然，事先应该将此 MP3 文件保存至贺卡文件所在的文件夹中。如果需要通过网络发送给朋友，也得将此 MP3 文件一并发过去，并保持与贺卡的相对位置关系不变。

任务 4　录入尾注、脚注及设置文档打印

任务说明

(1)添加脚注、尾注：为文档添加脚注、尾注为“成都航空旅游职业学校”。

(2)删除脚注、尾注：删除文档的脚注和尾注。

(3)文档打印设置：设置“显示”选项卡，选中“打印在 Word 中创建的图形”复选框；设置“高级”选项卡，选中“后台打印”复选框。

任务实施

步骤一：添加脚注、尾注

(1)将光标定位到需要插入脚注或尾注的位置，选择“引用”选项卡，在“脚注”选项组中根据需要单击“插入脚注”或“插入尾注”按钮，例如，单击“插入脚注”按钮，如图 7-20 所示。此时，在刚刚选定的位置上会出现一个上标的序号“1”，在页面底端也会出现一个

序号“1”，且光标在序号“1”后闪烁。

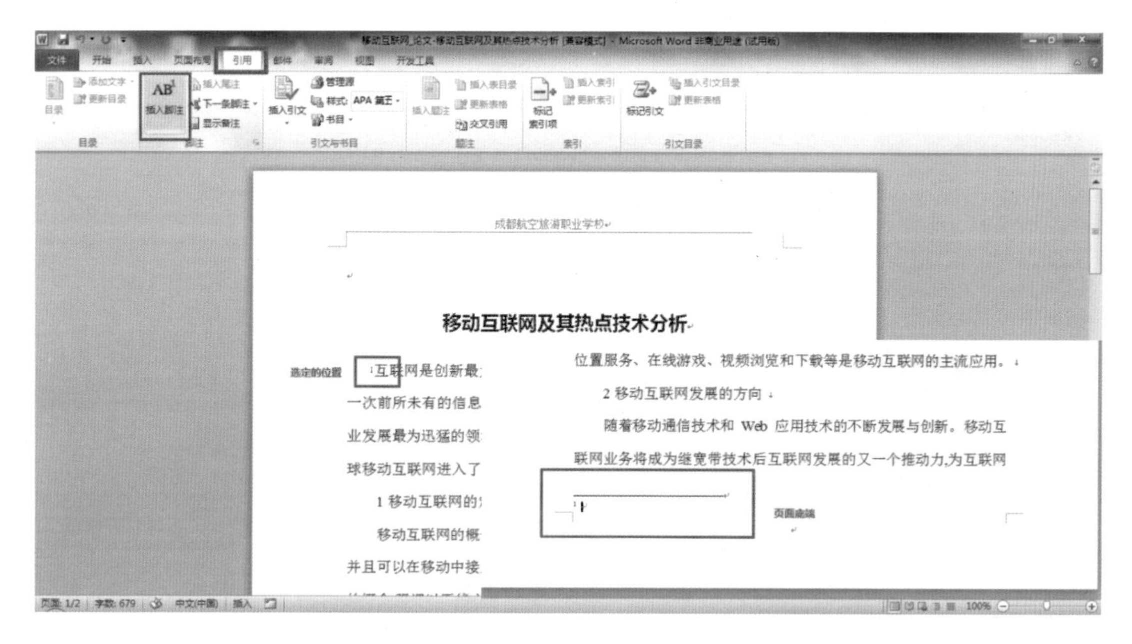

图 7-20　插入脚注

(2)如果单击“插入尾注”按钮，则是在文档末尾出现序号“1”，如图 7-21 所示。

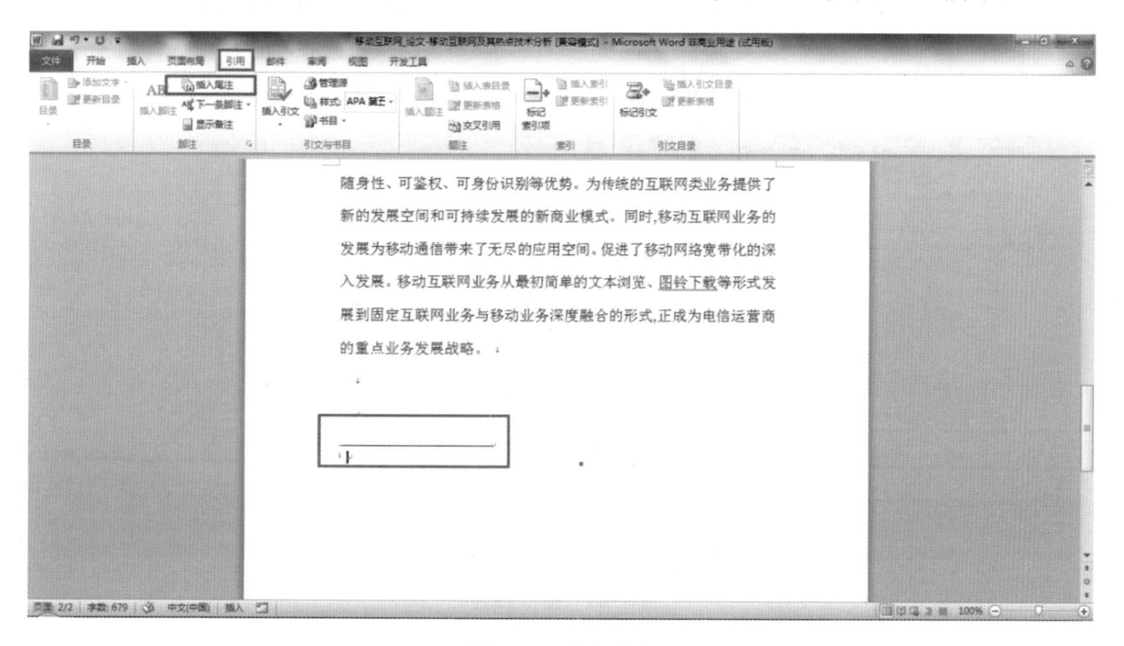

图 7-21　插入尾注

(3)现在可以在文档末尾的序号“1”后输入具体的尾注信息，这样尾注就添加完成了，如图 7-22 所示。

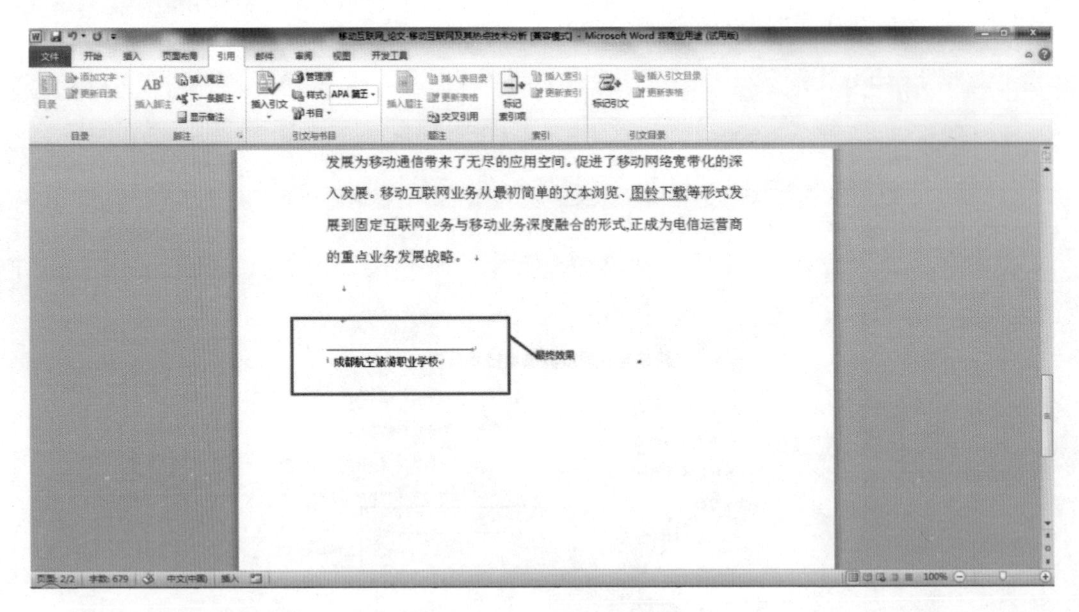

图 7-22　输入尾注信息

步骤二：删除脚注、尾注

选中脚注或尾注在文档中的位置，即在文档中的序号。这里我们选中刚刚插入的脚注，即在文档中的上标序号“1”，然后按键盘上的 Delete 键即可删除该脚注，如图 7-23 所示。

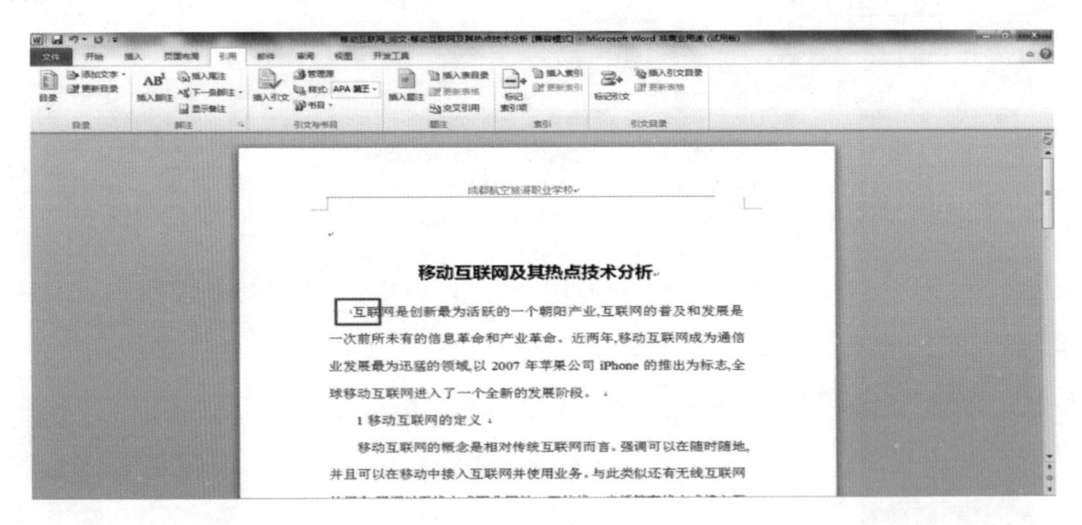

图 7-23　删除脚注

步骤三：文档打印设置

(1)打开 Word 2010 文档窗口，依次单击“文件”菜单→“选项”按钮。

(2)在打开的“Word 选项”对话框中，切换到“显示”选项卡。在“打印选项”区域选中“打印在 Word 中创建的图形”复选框，如图 7-24 所示。

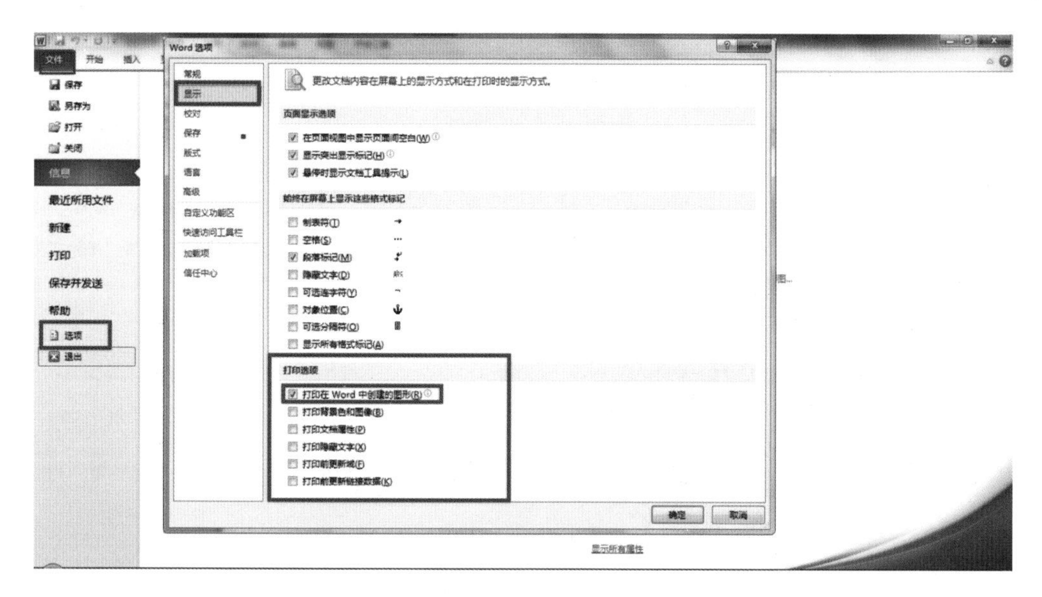

图 7-24　设置“显示”选项卡中的打印选项

(3)在“Word 选项”对话框中切换到“高级”选项卡，在“打印”区域可以进一步设置打印选项，选中“后台打印”复选框，如图 7-25 所示。单击“确定”按钮完成设置。

图 7-25　设置“高级”选项卡中的打印选项

拓展任务

文字的查找与替换

(1)双击“移动互联网及其热点技术分析”Word 文档，打开文档。

(2)单击“开始”选项卡，在“编辑”区域单击“替换”按钮，打开“查找和替换”对话框。

(3)在“查找内容”文本框中输入“移动互联网”，在“替换为”文本框中输入“移动物联网”，单击“全部替换”按钮，即可将查找文档的所有“移动互联网”替换成“移动物联网”，如图 7-26 所示。

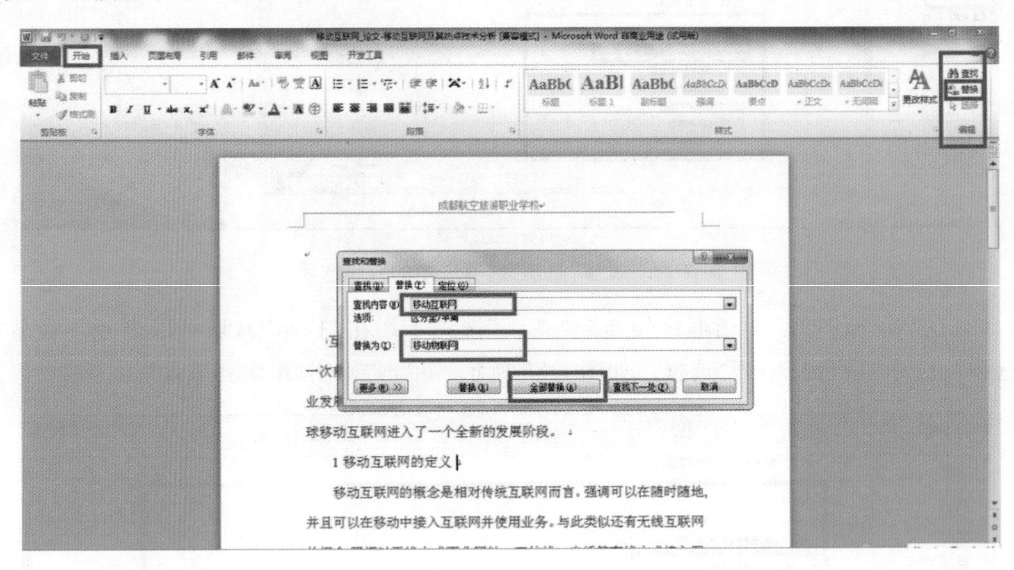

图 7-26　将文档中所有“移动互联网”替换为“移动物联网”

项目实践

根据自己的实际情况，制作一份生日贺卡。

操作要求如下。

(1)利用 Word 新建生日贺卡。

(2)要求有彩色背景图片、艺术字祝福语和背景音乐。

(3)将生日贺卡保存到桌面。

扫一扫

项目 8

处理 Excel 电子表格

项目描述

21 世纪随着计算机的普及，计算机在各个领域的应用越来越广泛，我们工作、生活和学习中也会遇到大量表格，因此需要学习电子表格相应的操作知识。

项目目标

1. 掌握 Excel 2010 的打开、新建、保存等基本操作方法，了解并掌握 Excel 2010 界面各部分的组成。
2. 学会表格数据的输入及填充柄的使用方法。
3. 掌握为单元格设置字符格式、数字格式和对齐方式，添加边框和底纹的方法。
4. 掌握为工作表设置纸张大小、纸张方向、页边距、打印区域及打印项的方法。
5. 掌握对工作表进行打印预览与打印的方法。
6. 了解图表的组成元素及 Excel 中提供的图表类型。
7. 掌握创建图表及设置图表布局和格式，以及美化图表的方法。

项目任务

任务 1：认识 Excel 并录入数据
任务 2：设置工作表格式
任务 3：打印输出
任务 4：建立图表
拓展任务：Excel 发展历史

任务1　认识Excel并录入数据

任务说明

Excel是一款功能相当强大的软件，利用Excel，我们可以制作各种报表，并快捷地完成各种复杂的数据运算、数据分析和趋势预测等工作。本任务我们将学习Excel的一些基础知识、基本操作，以及在工作表中输入数据的方法等。

任务实施

一、熟悉Excel 2010工作界面和相关概念

单击“开始”按钮，选择“所有程序”→“Microsoft Office”→“Microsoft Office Excel 2010”选项，即可启动Excel 2010。启动Excel 2010后，呈现在用户面前的便是它的工作界面，如图8-1所示。下面介绍其主要组成元素的作用。

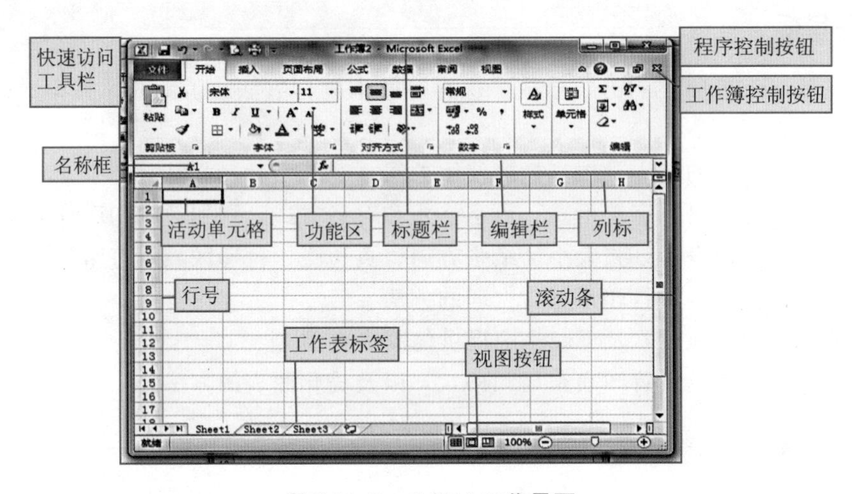

图8-1　Excel 2010工作界面

(1)快速访问工具栏：该工具栏位于工作界面的左上角，包含一组用户使用频率较高的工具，如“保存”“撤销”和“恢复”。用户可单击“快速访问工具栏”右侧的下三角按钮，在展开的列表中选择要在其中显示或隐藏的工具按钮。

(2)功能区：位于标题栏的下方，是一个由9个选项卡组成的区域。Excel 2010将用于处理数据的所有命令组织在不同的选项卡中。单击不同的选项卡标签，可切换功能区中显示的工具命令。在每一个选项卡中，命令又被分类放置在不同的组中。组的右下角通常都会有一个对话框启动器按钮，用于打开与该组命令相关的对话框，以便用户对要进行的操作做更进一步的设置。

(3)工作簿在 Excel 中生成的文件就叫做工作簿，Excel 2010 的 文件扩展名是 .xlsx。也就是说，一个 Excel 文件就是一个工作簿。

(4)工作表：显示在工作簿窗口中由行和列构成的表格。它主要由单元格、行号、列标和工作表标签等组成。行号显示在工作簿窗口的左侧，依次用数字 1，2，…，1048576 表示；列标显示在工作簿窗口的上方，依次用字母 A，B，…，XFD 表示。默认情况下，一个工作簿包含 3 个工作表，用户可以根据需要添加或删除工作表。

(5)单元格：是 Excel 工作簿中最小的组成单位，所有的数据都存储在单元格中，工作表编辑区中每一个长方形的小格就是一个单元格，每一个单元格都可用其所在的行号和列标标志，如 A1 单元格表示第 A 列第 1 行的单元格。

(6)编辑栏：编辑栏主要用于输入和修改活动单元格中的数据。当在工作表的某个单元格中输入数据时，编辑栏会同步显示输入的内容。

(7)工作表编辑区：用于显示或编辑工作表中的数据。

(8)工作表标签：位于工作簿窗口的左下角，默认名称为 Sheet1，Sheet2，Sheet3，…，单击不同的工作表标签，可在工作表之间进行切换。

在 Excel 中，用户接触最多的就是工作簿、工作表和单元格，工作簿就像是我们日常生活中的账本，而账本中的每一页账表就是工作表，账表中的一格就是单元格，工作表中包含了数以百万计的单元格。

二、工作簿的新建与保存

1. 新建工作簿

通常情况下，启动 Excel 2010 时，系统会自动新建一个名为“工作簿 1”的空白工作簿。若要再新建空白工作簿，可按 Ctrl＋N 组合键，或单击“文件”选项卡，在打开的界面中单击“新建”项，在窗口中部的“可用模板”列表中，单击“空白工作簿”项，然后单击“创建”按钮，如图 8-2 所示。

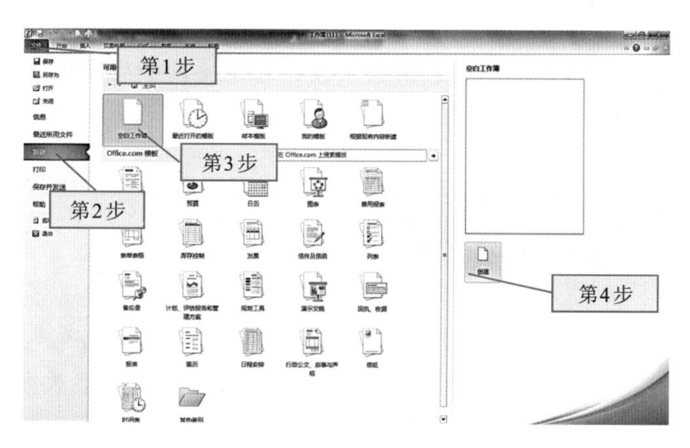

图 8-2　新建空白工作簿

2. 保存工作簿

当对工作簿进行了编辑操作后，为防止数据丢失，需要将其进行保存。要保存工作簿，可单击“快速访问工具栏”上的“保存”按钮，或者按 Ctrl+S 组合键，或单击“文件”选项卡，在打开的界面中选择“保存”项，打开“另存为”对话框，在其中选择工作簿的保存位置，输入工作簿名称，然后单击“保存”按钮，如图 8-3 所示。

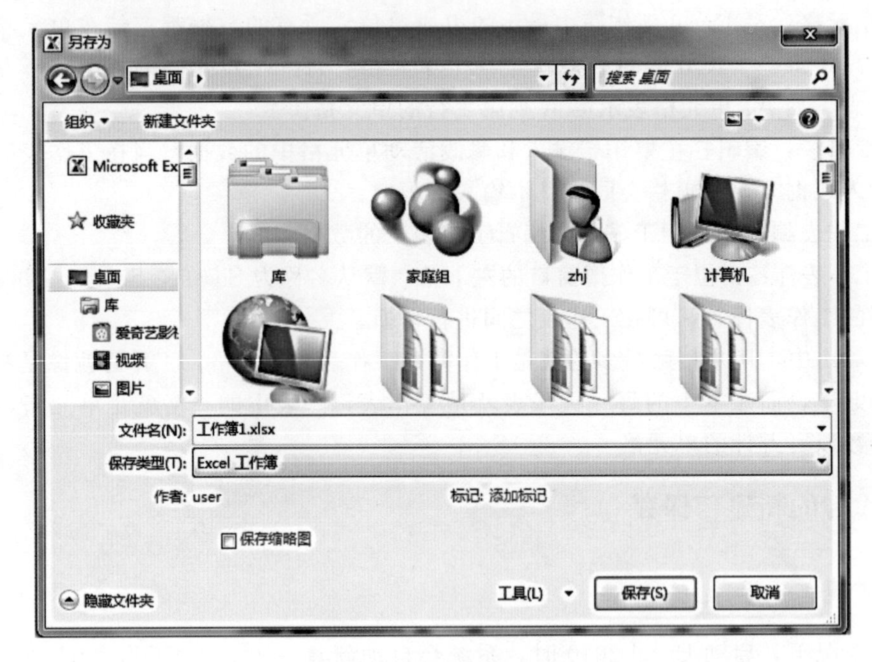

图 8-3 “另存为”对话框

三、输入工作表数据

在 Excel 中，用户可以向工作表的单元格中输入各种类型的数据，如文本、数值、日期等，每种数据都有自己特定的格式和输入方法，接下来我们先了解各种数据类型。

1. Excel 中的数据类型

(1)文本型数据：文本是指汉字、英文，或由汉字、英文、数字组成的字符串。默认情况下，输入的文本会沿单元格左侧对齐。

(2)数值型数据：在 Excel 中，数值型数据是使用最多，也是最为复杂的数据类型。数值型数据由数字 0～9、正号、负号、小数点、分数号“/”、百分号“%”、指数符号“E”或“e”、货币符号“￥”或“$”和千位分隔号“,”等组成。输入数值型数据时，Excel 自动将其沿单元格右侧对齐。

Excel 是将日期和时间视为数字处理的，它能够识别出大部分用普通表示方法输入的日期和时间格式。

2. 输入数据的基本方法

要在单元格中输入数据，只需单击要输入数据的单元格，然后输入数据即可；也可在单击单元格后，在编辑栏中输入数据，输入完毕按键盘上的 Enter 键或单击编辑栏中的“输入”按钮确认。

提示：在输入数据的过程中如果发现错误，可以使用 Backspace 键将输错的文本删除；或将光标定位在编辑栏中，在编辑栏中进行修改；单击编辑栏中的“取消”按钮或按 Esc 键，可取消本次输入。

3. 自动填充数据

在输入数据时，如果希望在一行或一列相邻的单元格中输入相同的或有规律的数据，可首先在第 1 个单元格中输入示例数据，然后上、下或左、右拖动填充柄(位于选定单元格或单元格区域右下角的小黑方块■)，具体操作如下。

步骤 1：在单元格中输入示例数据，然后将鼠标指针移到单元格右下角的填充柄上，此时鼠标指针变为实心的十字形✚，如图 8-4(a)所示。

步骤 2：按住鼠标左键拖动单元格右下角的填充柄到目标单元格，如图 8-4(b)所示，释放鼠标左键，结果如图 8-4(c)所示。

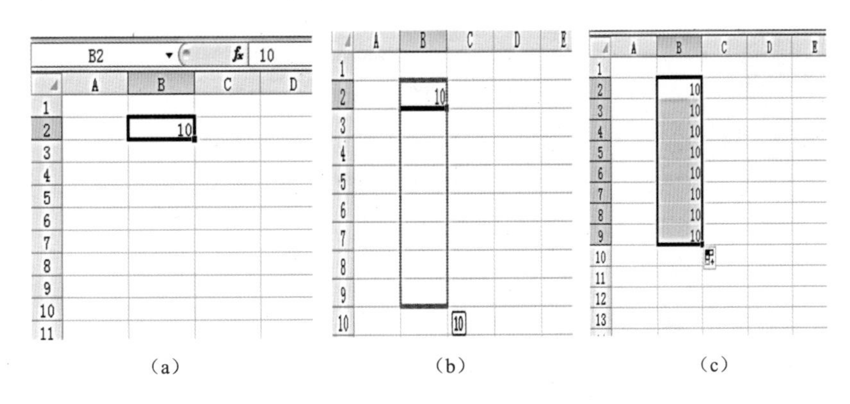

(a)　　(b)　　(c)

图 8-4　利用填充柄在一列中填充相同的数据

执行完填充操作后，会在填充区域的右下角出现一个“自动填充选项”按钮，单击它将打开一个填充选项列表，从中选择不同选项，即可修改默认的自动填充效果，如图 8-5 所示。初始数据不同，自动填充选项列表的内容也不尽相同。

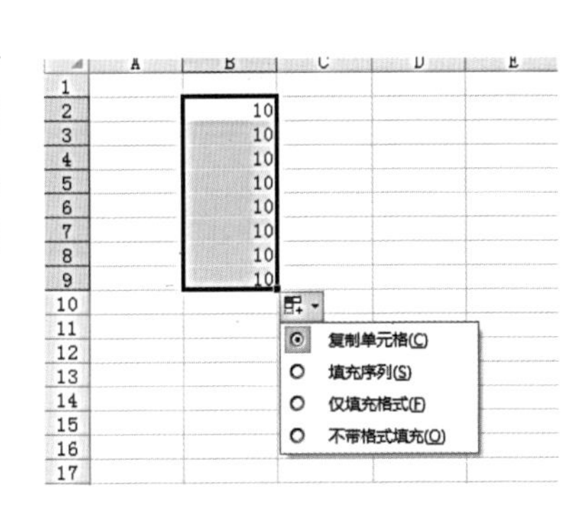

图 8-5　“自动填充选项”列表

四、创建航空公司航班时刻表

1. 制作思路

启动 Excel 2010 后，单击“文件”选项卡，然后在“文件”界面中单击“新建”项，在新打开的界面中选择“空白工作簿”，单击“创建”按钮创建工作簿，输入数据，最后保存工作簿并将其关闭。

2. 制作步骤

步骤 1：单击“开始”按钮，选择“所有程序”→“Microsoft Office”→“Microsoft Office Excel 2010”项，启动 Excel 2010。

步骤 2：单击“文件”选项卡，在打开的界面中单击“新建”项。

步骤 3：在打开的界面中单击“空白工作簿”模板，单击“创建”按钮，如图 8-6 所示。

图 8-6　创建新工作簿

步骤 4：单击“Sheet1”工作表标签，切换到该工作表，然后单击 A1 单元格，输入表头文本“××航空公司航班时刻表”，可以看到输入的内容会同时显示在编辑栏中，如图 8-7所示。

步骤 5：输入完毕，按键盘上的 Enter 键确认，此时光标自动移到当前单元格的下一个单元格。用户也可单击编辑栏中的“输入”按钮确认输入，或直接单击下一个要输入内容的单元格。

图 8-7　输入表头文本

步骤 6：依次在 A2～H2 单元格中输入列标题。可以看到，在默认情况下，输入的文本会沿单元格左侧对齐，如图 8-8 所示。

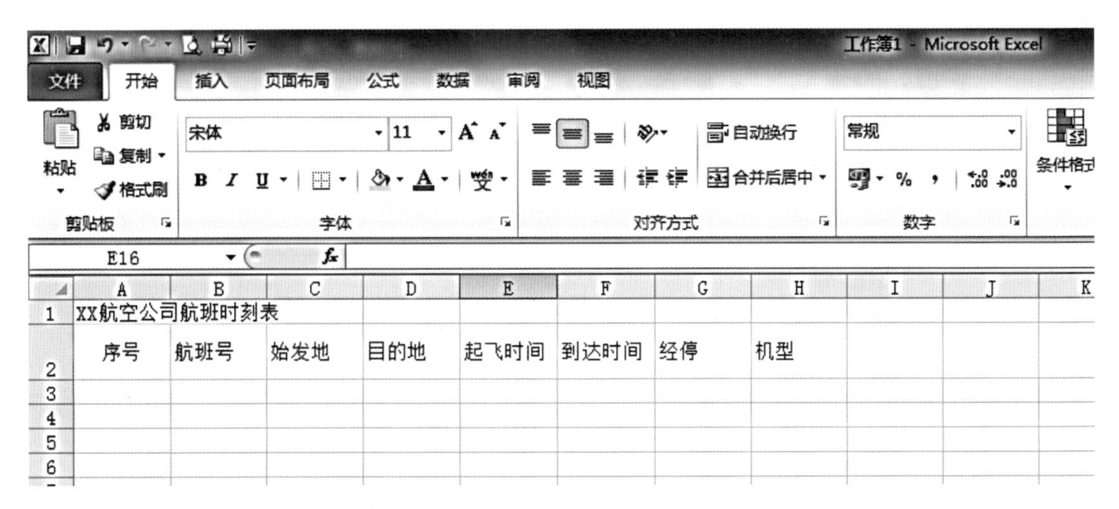

图 8-8　输入列标题

步骤 7：下面我们利用填充柄输入“序号”列数据。在“序号”列的 A3 单元格中输入“001”，如图 8-9(a)所示。

步骤 8：将鼠标指针移到 A3 单元格右下角的填充柄上，此时鼠标指针变为实心的十字形，按住鼠标左键拖动 A3 单元格右下角的填充柄到 A11 单元格，如图 8-9(b)所示，释放鼠标左键，结果如图 8-9(c)所示。

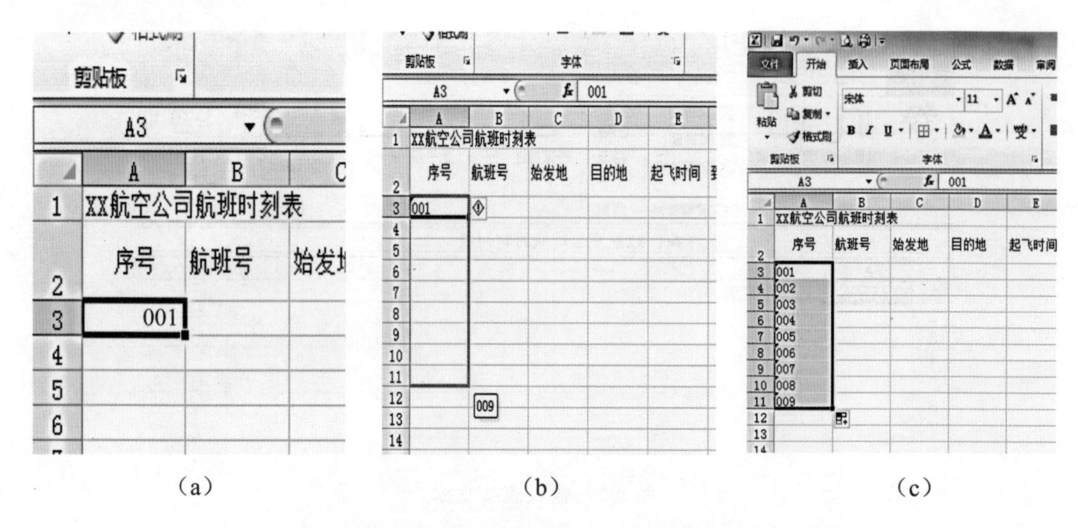

（a）　　　　（b）　　　　（c）

图 8-9　利用填充柄填充“序号”列数据

步骤 9：在 B3～H11 单元格区域输入数据，此时的工作表如图 8-10 所示。

	A	B	C	D	E	F	G	H
1	空公司航班时刻表							
2	序号	航班号	始发地	目的地	起飞时间	到达时间	经停	机型
3	001	CA4193	成都	北京	7:00	9:35	直飞	321
4	002	CA4109	成都	北京	14:55	17:40	直飞	321
5	003	CA1408	成都	北京	20:10	22:50	直飞	32A
6	004	CA4197	成都	北京	12:50	15:40	直飞	321
7	005	CA4105	成都	北京	16:00	18:40	直飞	33A
8	006	CA4115	成都	北京	11:00	13:40	直飞	321
9	007	CA1406	成都	北京	12:10	14:50	直飞	321
10	008	CA1416	成都	北京	14:30	17:10	直飞	321
11	009	CA4115	成都	北京	10:55	13:40	直飞	330

图 8-10　输入数据

步骤 10：下面我们通过合并单元格区域制作表头。选中 A1～H1 单元格区域，然后单击“开始”选项卡上“对齐方式”组中的“合并后居中”按钮，如图 8-11 所示，将所选单元格区域进行合并。至此，航班时刻表制作完成，按 Ctrl+S 组合键保存文件即可，最终效果如图 8-11 所示。

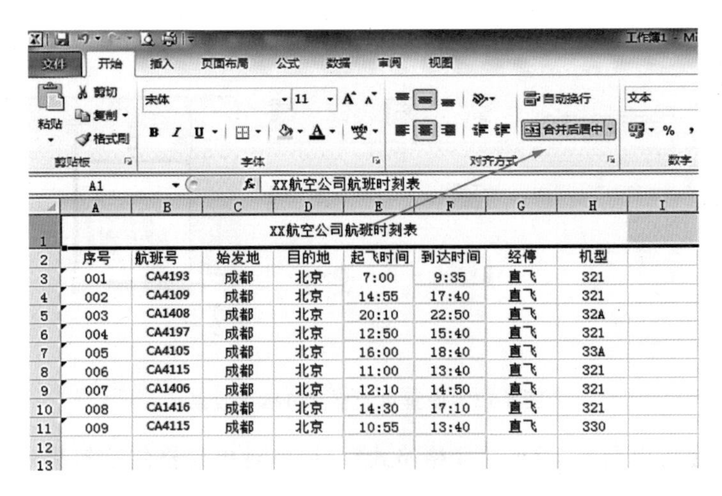

	A	B	C	D	E	F	G	H	I
1	XX航空公司航班时刻表								
2	序号	航班号	始发地	目的地	起飞时间	到达时间	经停	机型	
3	001	CA4193	成都	北京	7:00	9:35	直飞	321	
4	002	CA4109	成都	北京	14:55	17:40	直飞	321	
5	003	CA1408	成都	北京	20:10	22:50	直飞	32A	
6	004	CA4197	成都	北京	12:50	15:40	直飞	321	
7	005	CA4105	成都	北京	16:00	18:40	直飞	33A	
8	006	CA4115	成都	北京	11:00	13:40	直飞	321	
9	007	CA1406	成都	北京	12:10	14:50	直飞	321	
10	008	CA1416	成都	北京	14:30	17:10	直飞	321	
11	009	CA4115	成都	北京	10:55	13:40	直飞	330	
12									
13									

图 8-11 合并单元格区域

任务 2 设置工作表格式

任务说明

工作表建好之后，应该对其进行格式化，如设置单元格格式，为表格添加边框和底纹，使某些单元格突出显示等，从而使工作表便于阅读。

任务实施

一、设置单元格字符格式、数字格式和对齐方式

1. 设置单元格字符格式

默认情况下，在单元格中输入数据时，字体为宋体、字号为 11、颜色为黑色。要重新设置单元格内容的字体、字号、字体颜色和字形等字符格式，可选中要设置的单元格或单元格区域，然后单击“开始”选项卡上“字体”组中的相应按钮即可。各按钮含义如图 8-12所示。

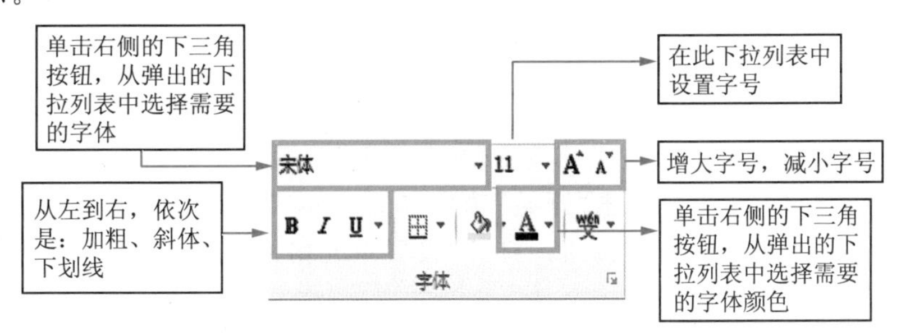

图 8-12 “字体”组中的按钮

设置单元格字符格式效果如图 8-13 所示。

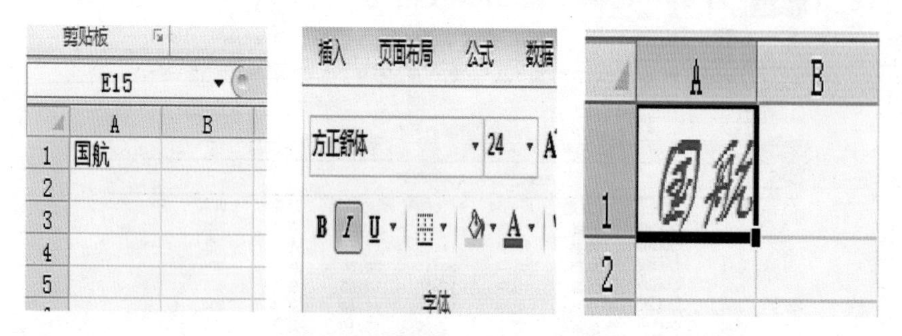

图 8-13　设置单元格字符格式效果

除此之外，还可以利用“设置单元格格式”对话框对单元格的字符格式进行更多设置。方法是选定要设置字符格式的单元格或单元格区域，然后单击“字体”组右下角的对话框启动器按钮，打开“设置单元格格式”对话框，如图 8-14 所示，接着在“字体”选项卡中进行设置并确定即可。

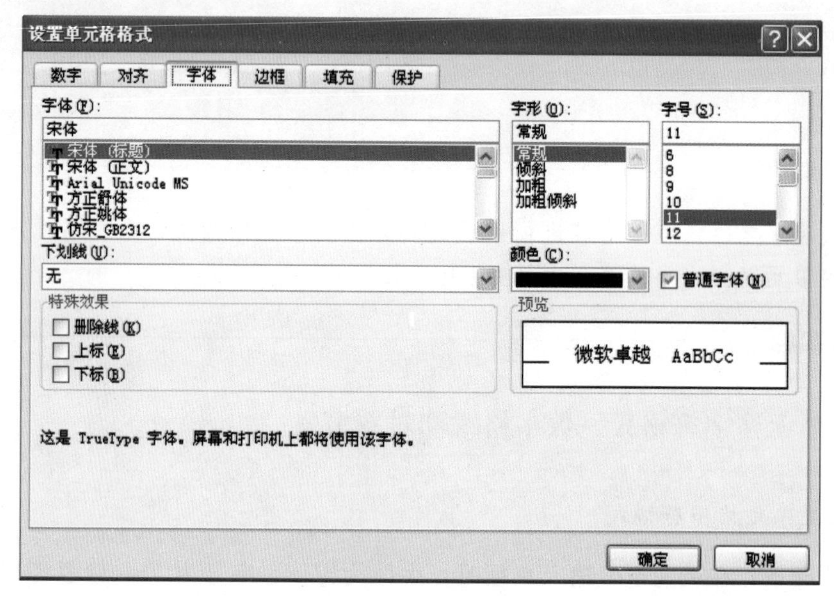

图 8-14　“设置单元格格式”对话框

2. 设置数字格式

Excel 中的数据类型有常规、数字、货币、会计专用、日期、时间、百分比、分数和文本等。为单元格中的数据设置不同数字格式只是更改它的显示形式，不影响其实际值。在 Excel 2010 中，若想为单元格中的数据快速设置会计数字格式、百分比样式、千位分隔或增加小数位数等，可直接单击“开始”选项卡上“数字”组中的相应按钮。还可以单击“数字”组右下角的对话框启动器按钮，打开“设置单元格格式”对话框，在“数字”选项卡中进行设置，如图 8-15 所示。

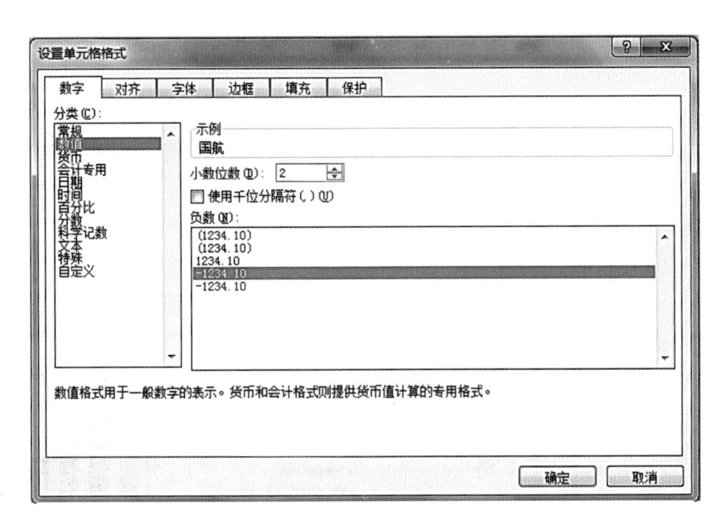

图 8-15 “数字”选项卡

3. 设置对齐方式

通常情况下，输入到单元格中的文本为左对齐，数字为右对齐，逻辑值和错误值为居中对齐。我们可以通过设置单元格的对齐方式，使整个工作表看起来更整齐。对于简单的对齐操作，可在选中单元格或单元格区域后直接单击“开始”选项卡上“对齐方式”组中的相应按钮，如图 8-16 所示。

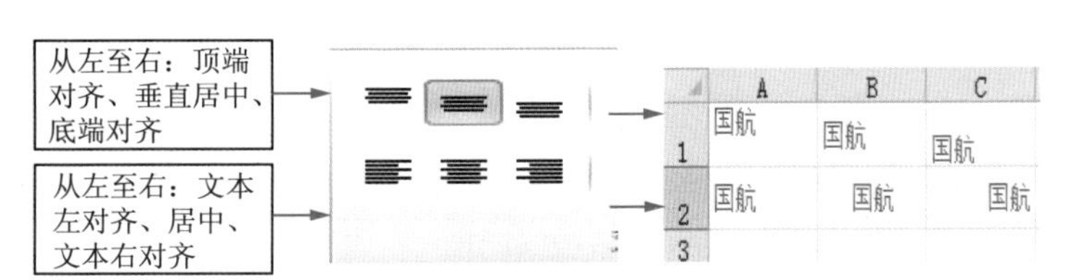

图 8-16 对齐按钮

对于较复杂的对齐操作，例如，想让单元格中的数据两端对齐、分散对齐或设置缩进量对齐等，则可以利用“设置单元格格式”对话框的“对齐”选项卡来进行，如图 8-17 所示。

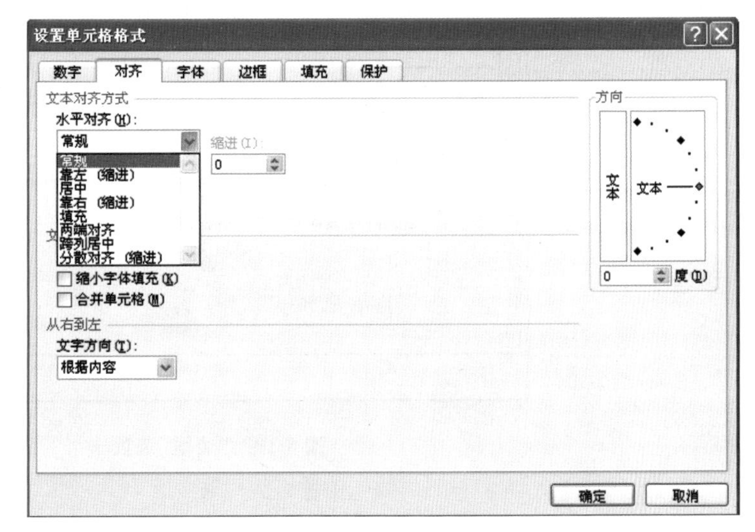

图 8-17 “对齐”选项卡

二、设置单元格边框和底纹

通常，在工作表中所看到的单元格都带有浅灰色的边框线，这是Excel默认的网格线，不会被打印出来。而在制作各种报表时，常常需要把报表设计成各种各样的表格形式，使数据及其说明文字层次更加分明，这时可以通过设置表格和单元格的边框和底纹来实现。对于简单的边框设置和底纹填充，可在选定要设置的单元格或单元格区域后，利用“开始”选项卡上“字体”组中的“边框”按钮和“填充颜色”按钮进行设置，如图8-18所示。

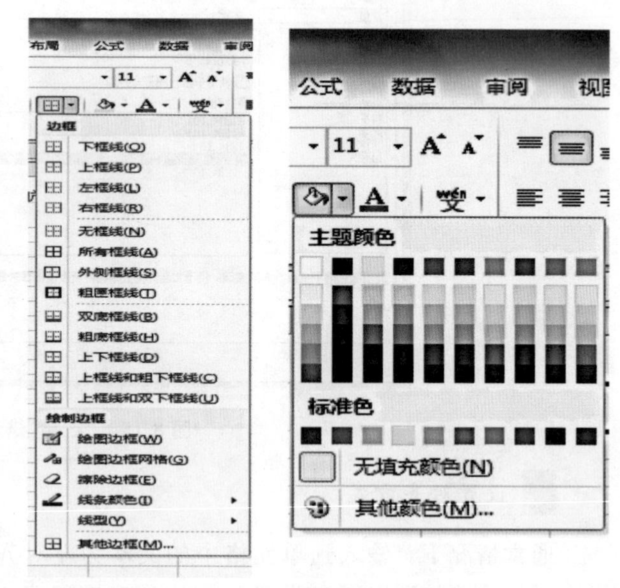

图8-18 边框设置和填充颜色

使用“边框”和“填充颜色”列表进行单元格边框和底纹设置有很大的局限性，如边框线条的样式和颜色比较单调，无法为所选单元格区域的不同部分设置不同的边框线，以及只能设置纯色底纹等。若想改变边框线条的样式、颜色，以及设置渐变色、图案底纹等，可利用“设置单元格格式”对话框的“边框”和“填充”选项卡进行设置，如图8-19、图8-20所示。

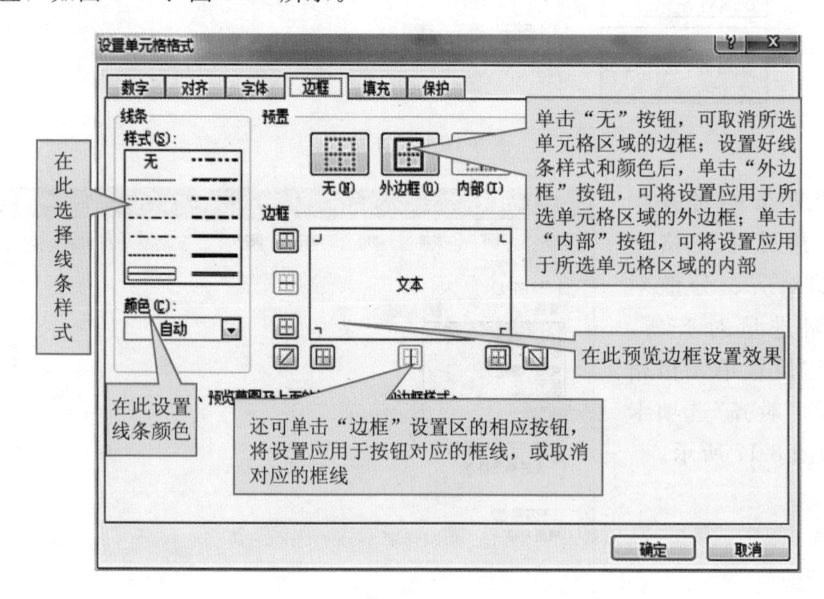

图8-19 “边框”选项卡

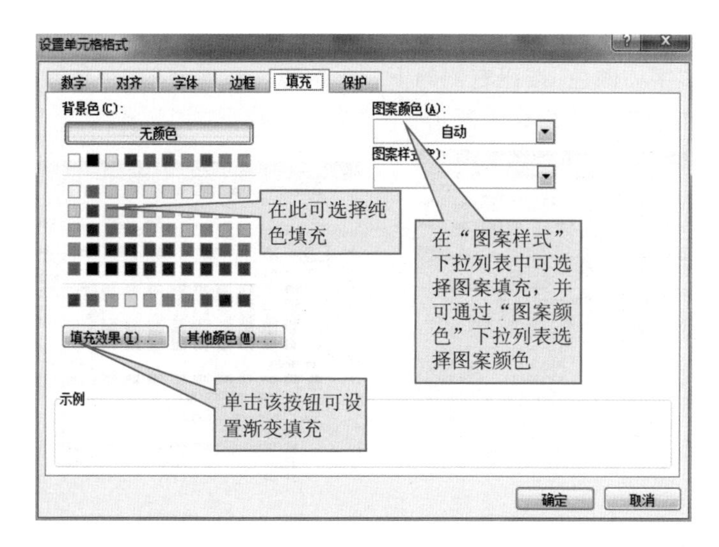

图 8-20 “填充”选项卡

三、美化表格

在了解了设置单元格字符格式、对齐方式和数字格式，为单元格添加边框和底纹后，接下来通过一个案例，来学习利用这些知识对工作表进行美化操作。

1. 制作思路

打开素材文件，为相关的单元格设置字符格式、数字格式、对齐方式，然后为表格添加边框和为相关单元格添加底纹。

2. 制作步骤

步骤 1：打开航空公司航班时刻表素材文件。

步骤 2：选中 A1 单元格，单击“开始”选项卡上“字体”组中的“字体”按钮右侧的下三角按钮，在展开的“字体”下拉列表中选择一种字体，如“方正舒体”(或其他字体)，如图 8-21所示。

图 8-21 设置字体

步骤 3：单击“字号”按钮右侧的下三角按钮，在展开的“字号”下拉列表中选择一种字号，如

“22”，如图 8-22 所示。

步骤 4：单击“字体颜色”按钮右侧的下三角按钮，在展开的“字体颜色”下拉列表中选择一种颜色，如“蓝色”，如图 8-23 所示。

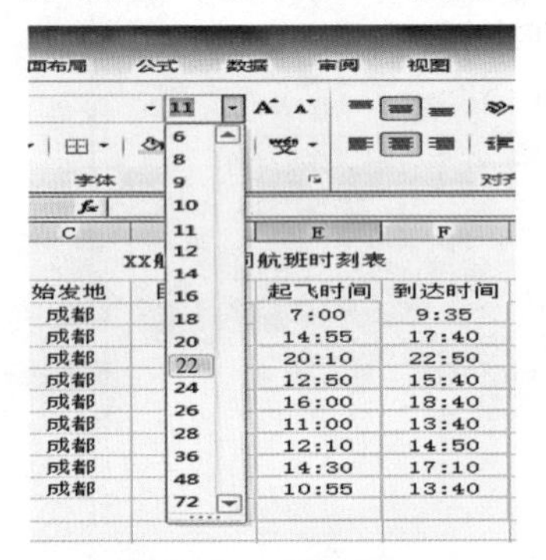

图 8-22　设置字号

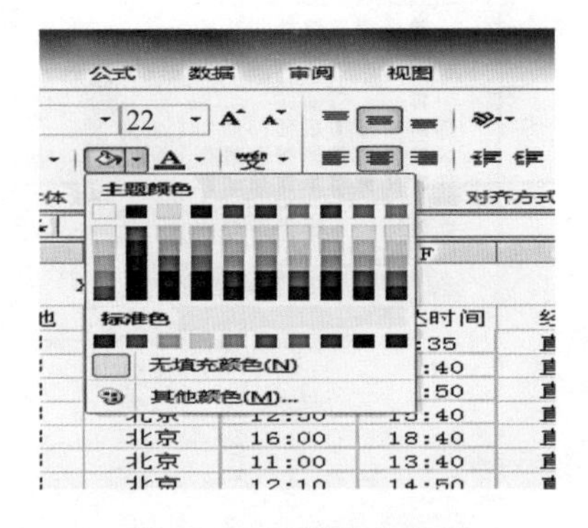

图 8-23　设置填充颜色

步骤 5：选中 A2：H2 单元格区域，设置其字体为“黑体”，字号为 16，填充颜色为红色；选中 A3：H11 单元格区域，设置其字体为“仿宋”，字号为 12，填充颜色为淡蓝色。

步骤 6：将第 1 行的行高调整为 50 像素，第 2 行的行高调整为 35 像素，第 3～11 行的行高调整为 28 像素，列宽调整为最合适。

步骤 7：选中 A2：H11 单元格区域，然后单击“开始”选项卡上“对齐方式”组中的“居中”按钮。

步骤 8：选中 A2：H11 单元格区域，然后单击“字体”组中的“边框”按钮右侧的下三角按钮，分别在展开的列表中选择“所有框线”和“粗匣框线”。设置完成后的效果如图 8-24 所示。

	A	B	C	D	E	F	G	H
1	XX航空公司航班时刻表							
2	序号	航班号	始发地	目的地	起飞时间	到达时间	经停	机型
3	001	CA4193	成都	北京	7:00	9:35	直飞	321
4	002	CA4109	成都	北京	14:55	17:40	直飞	321
5	003	CA1408	成都	北京	20:10	22:50	直飞	32A
6	004	CA4197	成都	北京	12:50	15:40	直飞	321
7	005	CA4105	成都	北京	16:00	18:40	直飞	33A
8	006	CA4115	成都	北京	11:00	13:40	直飞	321
9	007	CA1406	成都	北京	12:10	14:50	直飞	321
10	008	CA1416	成都	北京	14:30	17:10	直飞	321
11	009	CA4115	成都	北京	10:55	13:40	直飞	330
12								

图 8-24　设置完成后的效果

任务 3 打印输出

任务说明

工作表制作完毕，一般都会将其打印出来，但在打印前通常会进行一些设置。例如，为工作表进行页面设置，设置要打印的区域，以及进行打印预览等，这样才能按要求完美地打印工作表。

任务实施

一、页面设置

工作表的页面设置包括设置纸张大小、方向、页边距、页眉和页脚，以及是否打印标题等。

1. 设置纸张大小

设置纸张大小就是设置将工作表打印到什么规格的纸上，如 A4 还是 B5 等。方法是：单击“页面布局”选项卡上“页面设置”组中的“纸张大小”按钮，在展开的下拉列表中选择某种规格的纸张即可，如图 8-25 所示。

若列表中的选项不能满足需要，可单击列表底部的“其他纸张大小”选项，打开“页面设置”对话框并显示“页面”选项卡，在该选项卡的“纸张大小”下拉列表中提供了更多的选择，如图 8-26 所示。

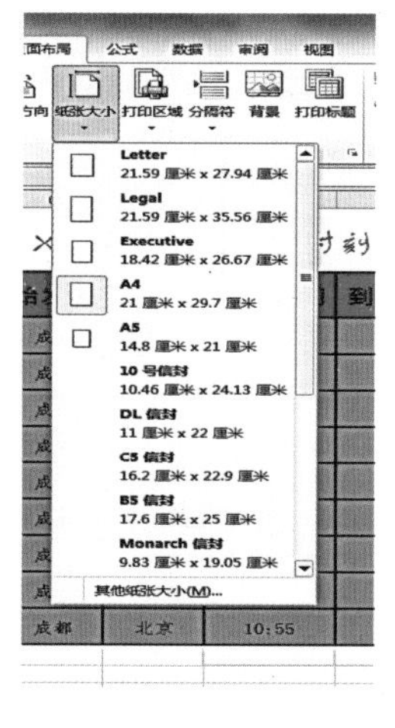

图 8-25 设置纸张大小

图 8-26 在“页面设置”对话框中设置纸张大小、方向

2. 设置纸张方向

默认情况下，工作表的打印方向为“纵向”，用户可以根据需要改变打印方向。方法是：单击“页面布局”选项卡上“页面设置”组中的“纸张方向”按钮，在展开的列表中进行选择，如图 8-27 所示；或在“页面设置”对话框的“页面”选项卡的“方向”设置区中进行选择，如图 8-26 所示。

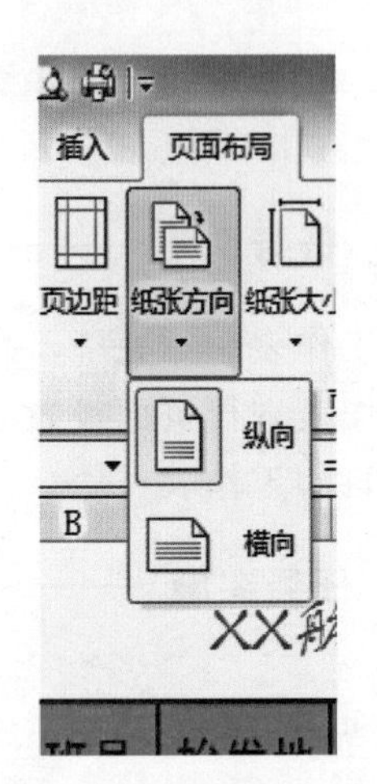

图 8-27 设置纸张方向

3. 设置页边距

页边距是指页面上打印区域之外的空白区域。要设置页边距，可单击“页面布局”选项卡上“页面设置”组中的“页边距”按钮，在展开的列表中选择“普通”“宽”或“窄”样式，如图 8-28 所示。

若列表中没有合适的样式，可单击列表底部的“自定义边距”选项，打开“页面设置”对话框并显示“页边距”选项卡，如图 8-29 所示，在其中的上、下、左、右编辑框中直接输入数值，或单击微调按钮进行调整。

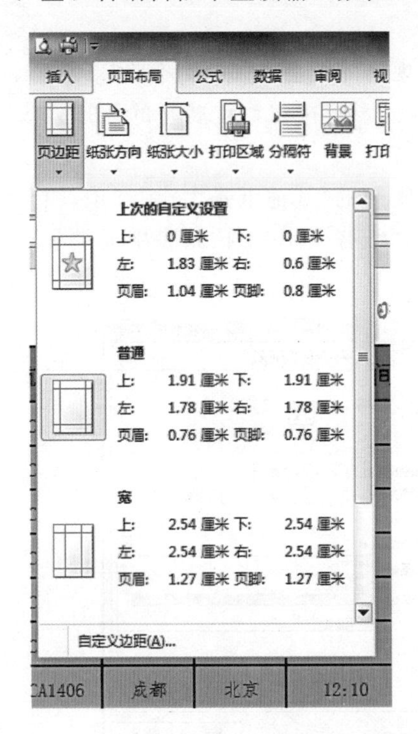

图 8-28 利用“页边距”按钮设置页边距

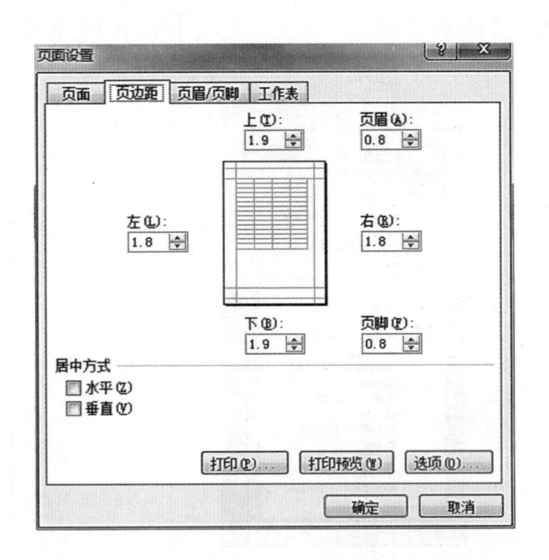

图 8-29 在“页面设置”对话框中设置页边距

4. 设置工作表页眉和页脚

页眉和页脚分别位于打印页的顶端和底端，用来打印表格名称、页号、作者名称或时间等。添加页眉和页脚的操作如下。

步骤 1：单击“插入”选项卡上“文本”组中的“页眉和页脚”按钮，系统自动进入“页面布局”视图，用户可在该视图中为工作表直接输入页眉和页脚，或在“页眉”“页脚”下拉列表中选择系统自带的页眉或页脚。例如，在页眉区中间和左侧的编辑框中分别输入表格名称和制表日期，如图 8-30 所示。

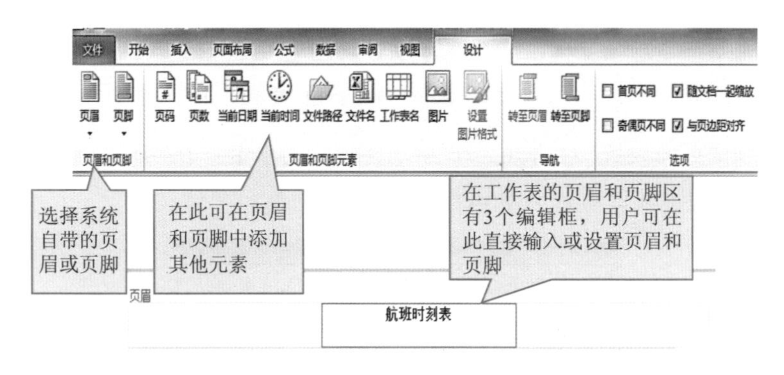

图 8-30　设置页眉

提示：默认情况下，设置的页眉和页脚将出现在工作表的每一页中，但如果选中“设计”选项卡“选项”组中的“首页不同”或“奇偶页不同”复选框，则可为多页工作表设置首页，或者奇数页和偶数页不同的页眉和页脚。

步骤 2：单击“设计”选项卡上“导航”组中的“转至页脚”按钮，转至页脚区，将光标放置在中间的编辑框中，然后单击“页眉和页脚”组中的“页脚”按钮，在弹出的列表中选择“第 1 页”，为工作表页面添加页码，如图 8-31 所示。

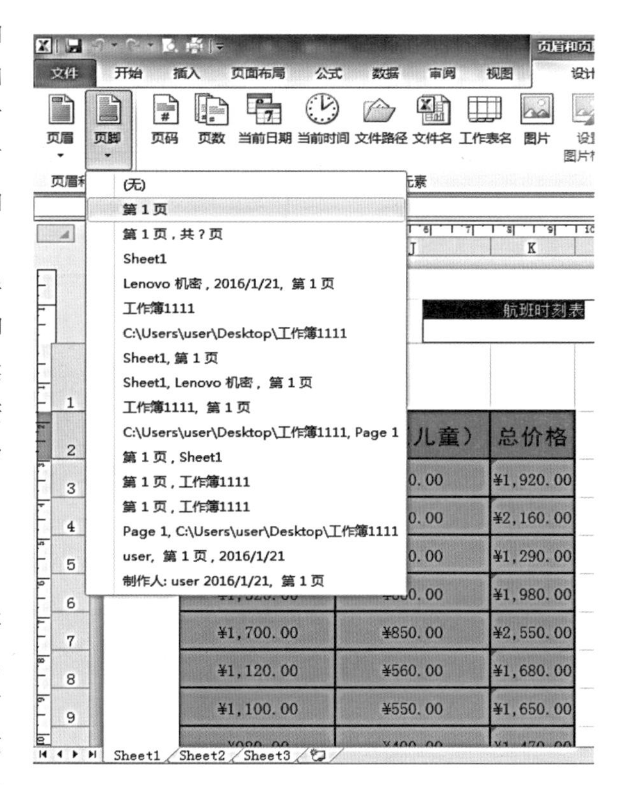

图 8-31　设置页脚

5. 设置打印标题

在使用 Excel 制作表格过程中，多数情况下会超过一页，如果直接打印，那么只会在表格第一页显示标题，余下的不会显示标题，这样阅读起来非常不便。如果能够在打印的时候每页都显示相同的表头标题，那就方便多了。

步骤 1：单击“页面布局”选项卡“页面设置”组中的“打印标题”按钮，如图 8-32 所示。

图 8-32　单击“打印标题”按钮

步骤 2：弹出“页面设置”对话框，单击“工作表”选项卡，在“打印标题”选项组，单击“顶端标题行”右边的带红色箭头的按钮，如图 8-33 所示。

图 8-33　“页面设置”对话框“工作表”选项卡

这时，“页面设置”对话框已经缩小成如图 8-34 所示的“页面设置—顶端标题行”对话框，这个对话框如果影响到我们做下一步工作时的视线，可以随意拖动它。

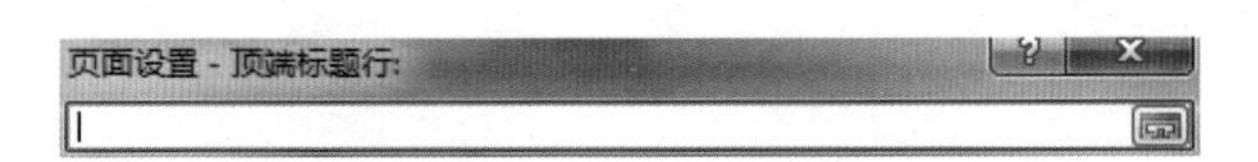

图 8-34　“页面设置—顶端标题行”对话框

步骤 3：把鼠标移到标题行的行号，如果标题只有一行，可以直接单击行号选择，如果标题有多行，可以在行号上拖动选择。选择后标题行会变为虚线边框，如图 8-35 所示。

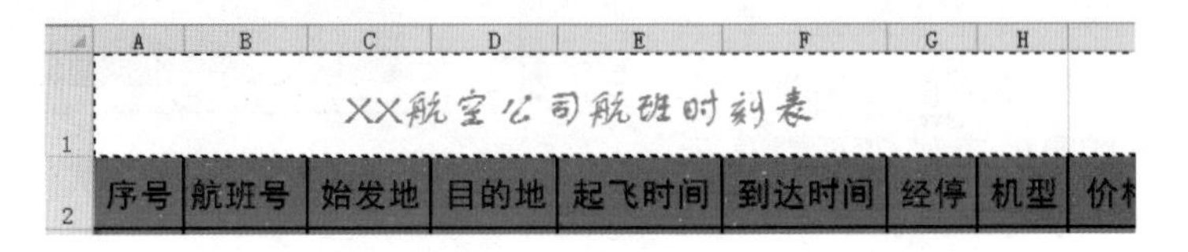

图 8-35　选择标题行

这时，“页面设置—顶端标题行”对话框中显示出所选的行号，如图 8-36 所示。其中，“$1：$1”表示一行，如果是多行标题，后面的$1 变成相应的行号，也就是第 1 行至第几行。

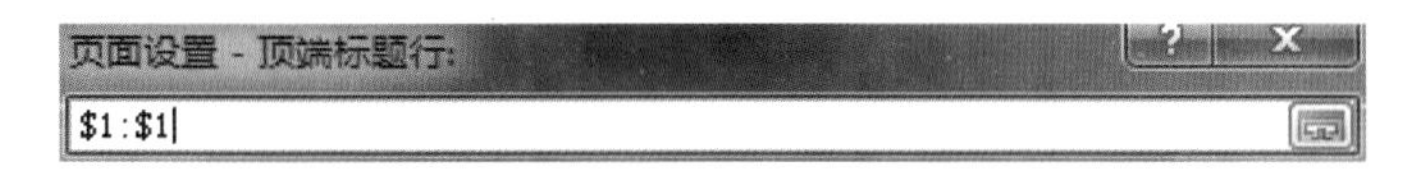

图 8-36　“页面设置—顶端标题行”对话框中显示的行号

步骤 4：同样，单击图 8-36 中右边带红色箭头的按钮，放大返回“页面设置”对话框，如图 8-37 所示。最后单击“确定”按钮，设置完成。这样打印时 Excel 表格的每页都会打印相同的表头标题了。

图 8-37　返回“页面设置”对话框

二、打印预览与打印

对工作表进行页面和打印区域等设置后，便可以将其打印出来了。在打印前，我们还可对工作表进行打印预览。

步骤 1：单击“文件”选项卡，在展开的列表中单击“打印”选项，在右窗格中可显示打印预览效果，如图 8-38 所示。

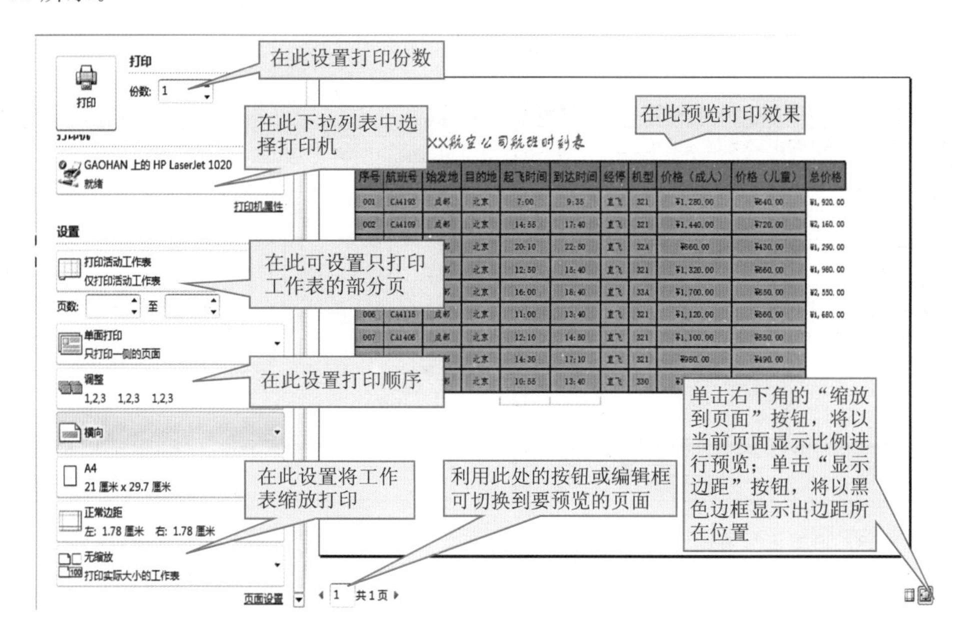

图 8-38　打印预览工作表

步骤 2：预览无误后，在“份数”编辑框中输入要打印的份数；在“打印机”下拉列表中选择要使用的打印机；在“设置”下拉列表中选择要打印的内容；在“页数”编辑框中输入打印范围，然后单击“打印”按钮进行打印。

“设置”下拉列表中各选项的意义如下。

➤打印活动工作表：打印当前工作表或选择的多个工作表。

➤打印整个工作簿：打印当前工作簿中的所有工作表。

➤打印选定区域：打印当前选择的单元格区域。

➤忽略打印区域：本次打印中会忽略在工作表设置的打印区域。

三、对航班时刻表进行页面设置

在了解了设置纸张大小、页边距及打印标题相关知识后，通过以下实例操作，巩固所学知识。

1. 制作思路

打开素材文件，设置纸张大小、页边距、页眉、页脚以及打印标题等。

2. 制作步骤

步骤 1：打开素材文件“航空公司航班时刻表”。

步骤 2：单击“页面布局”选项卡上“页面设置”组右下角的对话框启动器按钮。

步骤 3：打开“页面设置”对话框，在“页面”选项卡选中“横向”单选按钮，在“纸张大小”下拉列表选择“A4”，如图 8-39 所示。

步骤 4：单击“页边距”选项卡，然后在上、下、左、右编辑框中直接输入数值，并选中“水平”和“垂直”复选框，如图 8-40 所示。

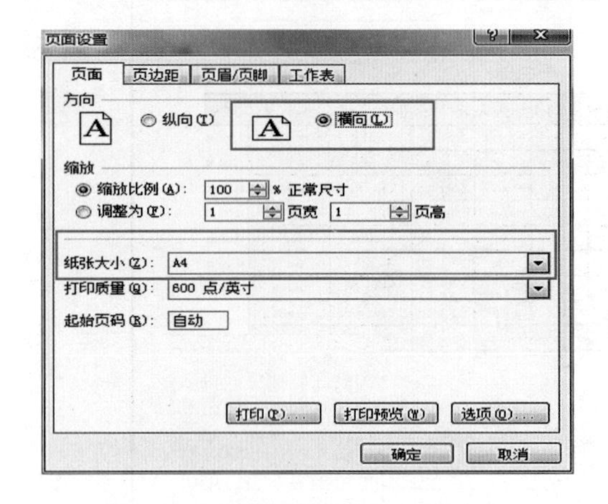

图 8-39　设置纸张方向、纸张大小

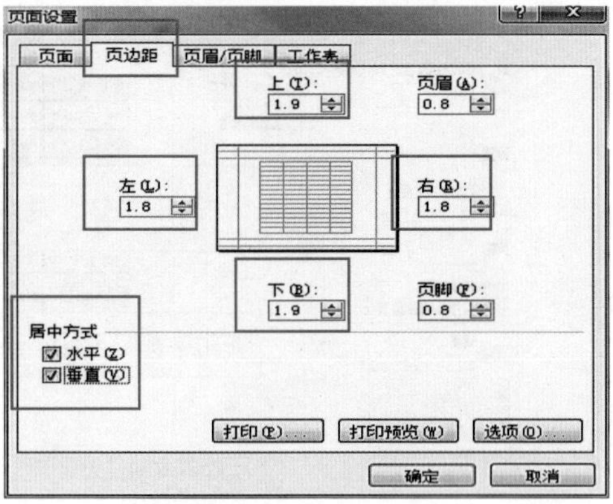

图 8-40　设置页边距

步骤 5：单击“页眉/页脚”选项卡，然后设置“页脚”为“第 1 页”，如图 8-41 所示。

步骤 6：单击“工作表”选项卡，然后设置“打印标题”的“顶端标题行”为第 2 行，如图 8-42所示。最后单击“确定”按钮，完成操作。

图 8-41　设置页脚

图 8-42　设置打印标题

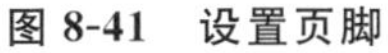

任务 4　建立图表

任务说明

在 Excel 中，图表以图形化方式直观地表示工作表中的数据。图表具有较好的视觉效果，方便用户查看数据的差异和预测趋势。此外，使用图表还可以让平面的数据立体化，更易于比较数据。

任务实施

一、图表组成

在创建图表前，我们先来了解一下图表的组成元素。图表由许多部分组成，每一部分就是一个图表项，如图表区、绘图区、标题、坐标轴、数据系列等，如图 8-43 所示。

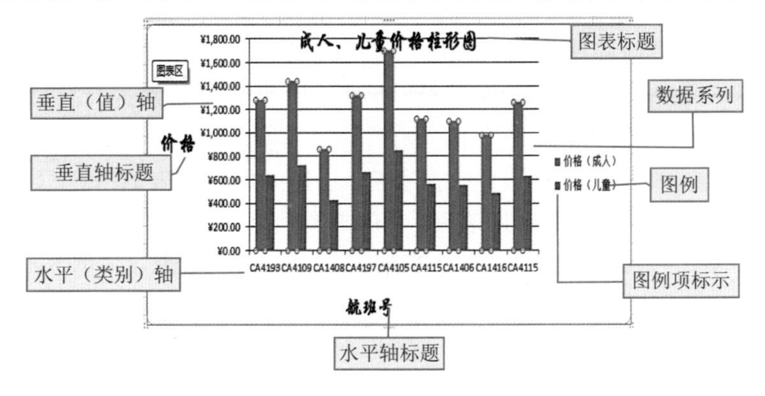

图 8-43　图表组成部分

二、图表类型

利用 Excel 2010 可以创建各种类型的图表，帮助我们以多种方式表示工作表中的数据，如图 8-44 所示。各图表类型的作用如下。

图 8-44　各种类型的图表

柱形图：用于显示一段时间内的数据变化或显示各项之间的比较情况。在柱形图中，通常沿水平轴组织类别，而沿垂直轴组织数值。

折线图：可显示随时间而变化的连续数据，非常适用于显示在相等时间间隔下数据的趋势。在折线图中，类别数据沿水平轴均匀分布，所有值数据沿垂直轴均匀分布。

饼图：显示一个数据系列中各项的大小与各项总和的比例。饼图中的数据点显示为整个饼图的百分比。

条形图：显示各个项目之间的比较情况。

面积图：强调数量随时间而变化的程度，也可用于引起人们对总值趋势的注意。

散点图：显示若干数据系列中各数值之间的关系，或者将两组数绘制为 *XY* 坐标的一个系列。

股价图：经常用来显示股价的波动。

曲面图：显示两组数据之间的最佳组合。

圆环图：像饼图一样，圆环图显示各个部分与整体之间的关系，但是它可以包含多个数据系列。

气泡图：排列在工作表列中的数据可以绘制在气泡图中。

雷达图：比较若干数据系列的聚合值。

对于大多数图表，如柱形图和条形图，可以将工作表的行或列中排列的数据绘制在图表中，而有些图形类型，如饼图和气泡图，则需要特定的数据排列方式。

三、创建和编辑图表

在 Excel 2010 中创建图表的一般流程为：①选中要创建为图表的数据并插入某种类型的图表；②设置图表的标题、坐标轴和网格线等图表布局；③根据需要分别对图表的图表区、绘图区、分类(*X*)轴、数值(*Y*)轴和图例项等组成元素进行格式化，从而美化图表。

打开素材文件，如“航空公司航班时刻表”，选择要创建图表的“价格(成人)”和“价格(儿童)”列数据。在“插入”选项卡“图表”组中单击要插入的图表类型“柱形图”，在打开的列表中选择子类型“二维柱形图”，即可在当前工作表中插入图表，如图 8-45 所示。

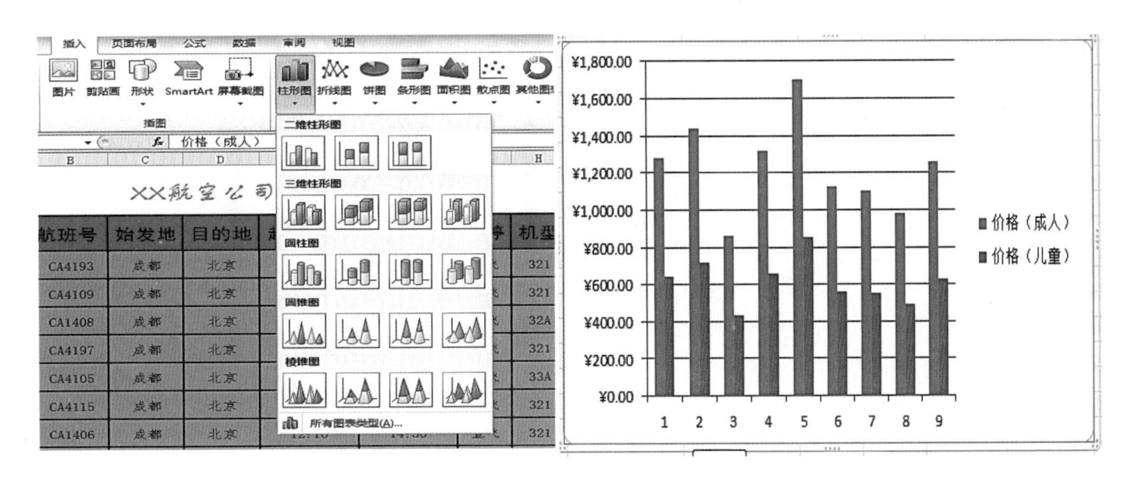

图 8-45　创建图表

创建图表后，将显示“图表工具”选项卡，其中包括“设计”“布局”和“格式”3 个子选项卡，如图 8-46 所示。用户可以使用这些选项卡中的命令修改图表，以使图表按照用户所需的方式表示数据。如更改图表类型，调整图表大小，移动图表，向图表中添加或删除数据，对图表进行格式化等。

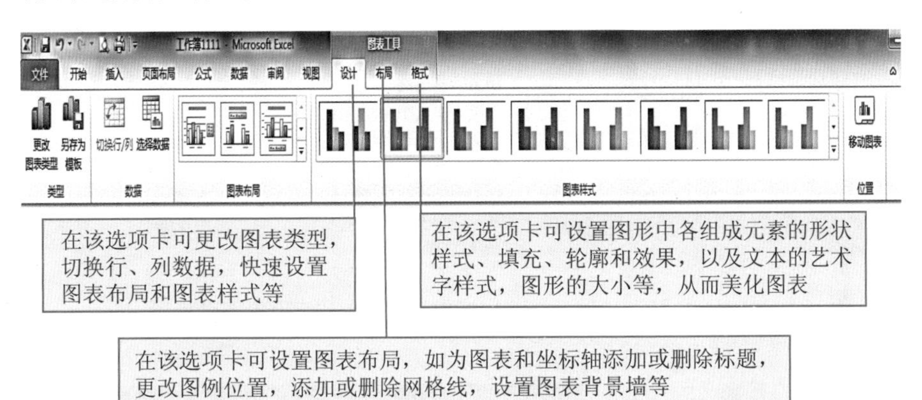

图 8-46　“图表工具”3 个子选项卡

四、为表格数据创建图表

在了解了创建图表和设置图表相关知识后，通过以下实例操作，巩固所学知识。

1. 制作思路

打开素材文件，确定插入图表类型，然后向图表工作表中添加数据，再对图表区、绘图区、坐标轴等进行格式化，设置图表基底颜色，并为图表添加标题，最后为图表重新选择图表布局。

2. 制作步骤

步骤 1：打开素材文件“航空公司航班时刻表”。

步骤 2：选取“航空公司航班时刻表”中“航班号”“价格(成人)”“价格(儿童)”相关数据，然后选择“插入”选项卡，选取“图表”组里的“柱形图”选项，插入图表如图 8-47 所示。

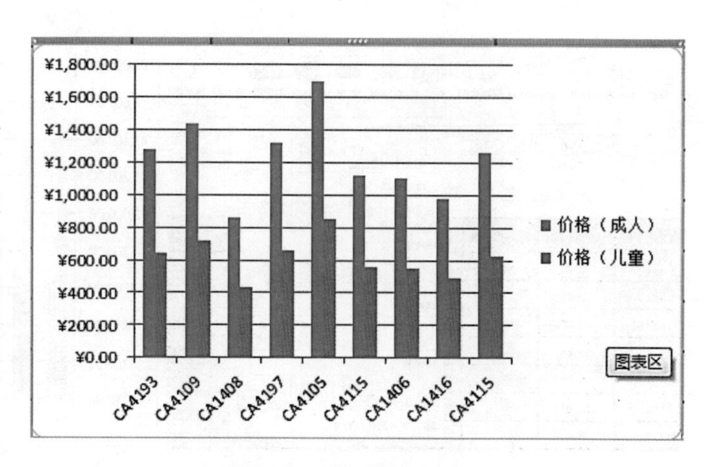

图 8-47　插入柱形图表

步骤 3：切换到“布局”选项卡，单击“标签”组中的“图表标题”按钮，在弹出的列表中选择“图表上方”选项，在图表上方显示图表标题，然后在该标题中输入“成人、儿童价格柱形图”，并利用“开始”选项卡“字体”组设置合适的字体和字号，如图 8-48 所示。

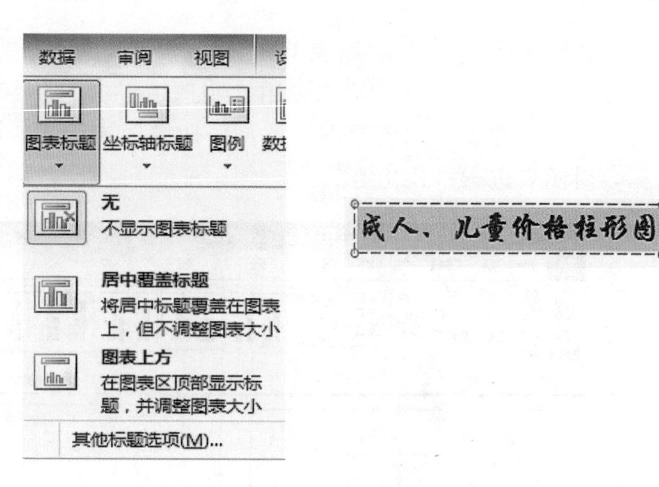

图 8-48　设置图表标题

步骤 4：单击“标签”组中的“坐标轴标题”按钮，如图 8-49 所示。

图 8-49　单击“坐标轴标题”按钮

在弹出的列表中设置"主要横坐标轴标题"和"主要纵坐标轴标题"分别为"航班号"和"价格"，结果如图 8-50 所示。

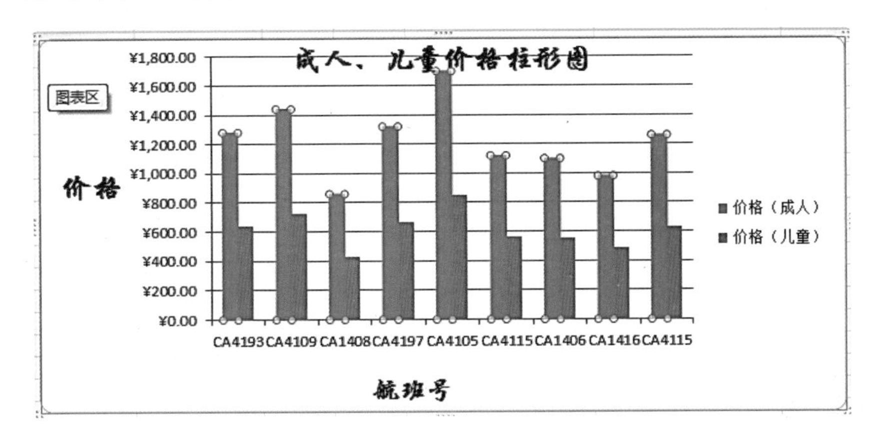

图 8-50　设置横、纵坐标轴标题

步骤 5：单击"格式"选项卡"形状样式"组中"形状填充"按钮右侧的下三角按钮，在展开的列表中选择"橙色"，用橙色填充图表区，效果如图 8-51 所示。

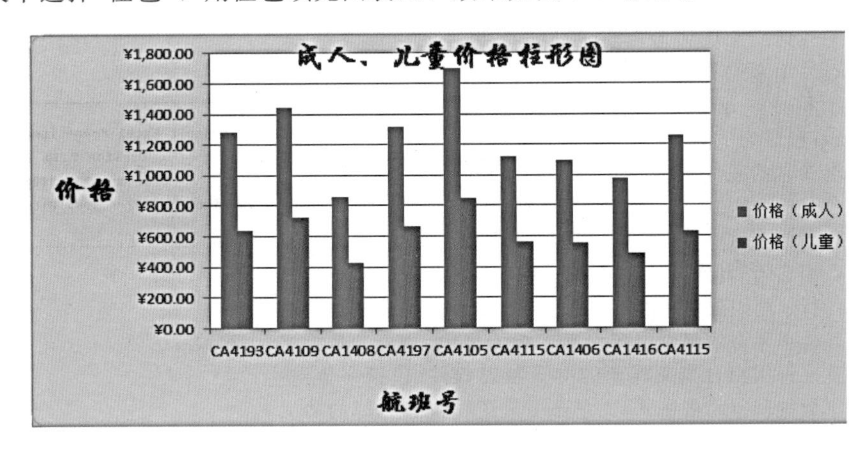

图 8-51　填充橙色效果图

拓展任务

Excel 发展历史

Excel 是 Microsoft Office system 中的电子表格程序。可以使用 Excel 创建工作簿并设置工作簿格式，以便分析数据和做出更明智的业务决策。特别是可以使用 Excel 跟踪数据，生成数据分析模型，编写公式以对数据进行计算，以多种方式透视数据，并以各种具有专业外观的图表来显示数据。简言之：Excel 是用来更方便处理数据的办公软件。

Excel 的发展历史如表 8-1 所示。

表 8-1　Excel 的发展历史

年份	版本功能	图示
1982 年	Microsoft 推出了它的第一款电子制表软件——Multiplan，并在 CP/M 系统上大获成功，但在 MS-DOS 系统上，Multiplan 败给了 Lotus 1-2-3。这个事件促使了 Excel 的诞生，正如 Excel 研发代号 Doug Klunder：做 Lotus 1-2-3 能做的，并且做得更好	
1985 年	第一款 Excel 诞生，它只用于 Mac 系统	Microsoft® Excel Version 1.01 December 4, 1985 © 1985 Microsoft Corp.
1987 年	第一款适用于 Windows 系统的 Excel 也产生了(与 Windows 环境直接捆绑，在 Mac 中的版本号为 2.0)。Lotus 1-2-3 迟迟不能适用于 Windows 系统，到了 1988 年，Excel 的销量超过了 Lotus 1-2-3，使得 Microsoft 站在了 PC 软件商的领先位置。这促成了软件王国霸主的更替，Microsoft 巩固了它强有力的竞争者地位，并从中找到了发展图形软件的方向。此后大约每两年，Microsoft 就会推出新的版本来扩大自身的优势。早期，由于和另一家公司出售的名为 Excel 的软件同名，Excel 曾成为了商标法的目标，经过审判，Microsoft 被要求在它的正式文件和法律文档中以 Microsoft Excel 来命名这个软件。但是，随着时间的过去，这个惯例也就逐渐消逝了。Excel 虽然提供了大量的用户界面特性，但它仍然保留了第一款电子制表软件 VisiCalc 的特性：行、列组成单元格，数据、与数据相关的公式或者对其他单元格的绝对引用保存在单元格中。Excel 是第一款允许用户自定义界面的电子制表软件(包括字体、文字属性和单元格格式)。它还引进了“智能重算”的功能，当单元格数据变动时，只有与之相关的数据才会更新，而原先的制表软件只能重算全部数据或者等待下一个指令。同时，Excel 还有强大的图形功能	Microsoft Excel Promotional Edition Version 2.1p December 29, 1988 Copyright © 1987 - 1989 Microsoft Corp.
1993 年	Excel 第一次被捆绑进 Microsoft Office 中时，Microsoft 就对 Microsoft Word 和 Microsoft PowerPoint 的界面进行了重新设计，以适应这款当时极为流行的应用程序。从 1993 年，Excel 就开始支持 Visual Basic for Applications(VBA)。VBA 是一款功能强大的工具，它使 Excel 形成了独立的编程环境。使用 VBA 和宏，可以把手工步骤自动化，VBA 也允许创建窗体来获得用户输入的信息。但是，VBA 的自动化功能也导致 Excel 成为宏病毒的攻击目标	

续表

年份	版本功能	图示
1995 年	Excel 95，亦称 7.0，Excel 被设计为一个用户所需要的工具。无论用户是做一个简单的摘要，制作销售趋势图，还是执行高级分析，无论用户正在做什么工作，Microsoft Excel 都能按照用户希望的方式帮助用户完成工作	 Microsoft Microsoft Excel dla Windows 95 Wersja 7.0 Copyright© 1985-95 Microsoft Corporation Ten program jest chroniony prawem autorskim zgodnie z opisem w polu Microsoft Excel informacje.
1997 年	Excel 97，亦称 8.0，是 Office 97 中一个重要的程序	 Microsoft Office Family Member Microsoft Excel 97 This product is licensed to Product ID: Copyright© 1985-1996 Microsoft Corporation. All rights reserved. This program is protected by US and international copyright laws as described in Help About.
1999 年	Excel 2000，亦称 9.0	 Microsoft Excel 2000 MICROSOFT OFFICE Licencję na ten produkt posiada: Product ID: Copyright © 1985-1999 Microsoft Corporation. Wszelkie prawa zastrzeżone. Ten program jest chroniony prawami autorskimi zgodnie z opisem w oknie dialogowym Microsoft Excel - informacje.
2001 年	Excel XP，亦称 10.0，利用 Office XP 中的电子表格程序——Microsoft Excel 2002 版，可以快速创建、分析和共享重要的数据。诸如智能标记和任务窗格的新功能简化了常见的任务。协作方面的增强则进一步精简了信息审阅过程。新增的数据恢复功能确保用户不会丢失自己的劳动成果。可刷新查询功能使用户可以集成来自 Web 及任意其他数据源的活动数据	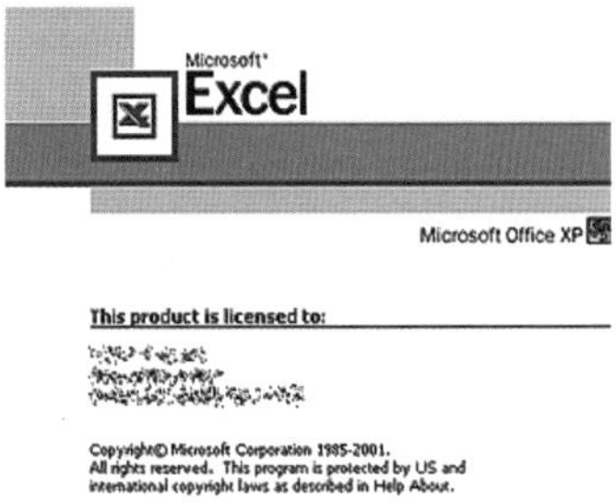 Microsoft Excel Microsoft Office XP This product is licensed to: Copyright© Microsoft Corporation 1985-2001. All rights reserved. This program is protected by US and international copyright laws as described in Help About.
2003 年	Excel 2003，亦称 11.0，使用户能够通过功能强大的工具将杂乱的数据组织成有用的信息，然后分析、交流和共享所得到的结果。它能帮助用户在团队中工作得更为出色，并能保护和控制对用户工作的访问。另外，用户还可以使用符合行业标准的扩展标记语言(XML)，更方便地连接到业务程序	 Microsoft Microsoft Office Excel 2003 Copyright © 1985-2003 Microsoft Corporation. All rights reserved.

续表

年份	版本功能	图示
2006 年	Excel 2007，亦称 12.0，由于在 Excel 2003 中显示活动单元格的内容时，编辑栏常会越位，挡到列标和工作表的内容，特别是在编辑栏下面的单元格有一个很长的公式，此时单元格内容根本看不见，也无法双击、拖动填充柄。而 Excel 2007 中以编辑栏上下箭头(如果调整编辑栏高度，则出现流动条)和折叠编辑栏按钮完全解决此问题，不再占用编辑栏下方的空间。调整编辑栏的高度，有两种方式——拖曳编辑栏底部的调整条，或双击调整条。调整编辑栏的高度时，表格也随之下移，因此表里的内容不会再被覆盖到，同时为这些操作添加了快捷键(Ctrl＋Shift＋U)，以便在编辑栏的单行和多行模式间快速切换。Excel 2003 的名称地址框是固定的，不够用来显示长名称。而 Excel 2007 的名称框则可以左右活动，有水平方向调整名称框的功能。用户可以通过左右拖曳名称框的分隔符(下凹圆点)，来调整宽度，使其能够适应长名称。Excel 2003 编辑框内的公式限制还是让人恼火的，Excel 2007 有几个方面增加了改进。公式长度限制(字符)：2003 版限制 1024 个字符，2007 版限制 8192 个字符；公式嵌套的层数限制：2003 版限制 7 层，2007 版限制 64 层；公式中参数的个数限制：2003 版限制 30 个，2007 版限制 255 个	Microsoft Microsoft Office Excel 2007 © 2006 Microsoft Corporation。保留所有权利。
2010 年	2010 版主要新增了以下功能： (1)迷你图 (2)切片功能 (3)屏幕截图 (4)粘贴预览 (5)图片背景删除 (6)自定义插入公式 (7)“文件”菜单	Microsoft Excel 2010 正在启动 Office © 2010 Microsoft Corporation。保留所有权利。 取消

项目实践

输入并编辑“人员信息表”，表样如图 8-52 所示。

编辑要求如下。

(1)按样表输入表格数据。

(2)设置表头文本的格式为黑体，字号为 28。

(3)设置第二行文字的格式为黑体，字体颜色为红色，字号为 16，底纹为黄色。

(4)设置A3：F14文字格式为华文楷体，12号，底纹为浅绿。

(5)设置内外边框为红色双实线。

(6)设置打印纸张为A4，纵向，打印份数为5份。

人员信息表

员工姓名	性别	出生年月	年龄	职称	岗位级别
周芷若	女	1976年3月	40	助工	4级
何太冲	男	1976年7月	39	助工	4级
张三丰	男	1947年8月	68	工程师	7级
何足道	男	1956年5月	59	高级工程师	9级
宋青书	男	1979年3月	37	助工	5级
纪晓芙	女	1978年2月	38	助工	5级
钟灵	女	1970年7月	45	技术员	3级
任我行	男	1960年4月	55	技术员	2级
王语嫣	女	1960年3月	56	助工	5级
李秋水	女	1970年4月	45	助工	5级
丁春秋	男	1954年2月	62	高级工程师	8级
周伯通	男	1947年10月	68	工程师	6级

图8-52　表样

项目 9

计算员工工资表

项目描述

利用 Excel 可以精确而有效地处理各种数据，帮助我们提高各项工作。本项目主要是学习利用公式和函数处理数据，并进行数据排序、筛选、分类汇总，以及建立数据透视图和数据透视表。

项目目标

1. 掌握公式的相关知识及其应用，掌握函数的概念、分类和使用方法。
2. 掌握对数据进行简单和多关键字排序的方法。
3. 掌握对数据进行自动筛选、按条件筛选和高级筛选的方法。
4. 掌握对数据进行简单分类汇总、对数据按位置和分类进行合并计算的方法。
5. 掌握创建与编辑数据透视表和数据透视图的方法。

项目任务

任务 1：利用公式和函数处理数据
任务 2：查询与汇总
任务 3：建立数据透视表和数据透视图

任务1　利用公式和函数处理数据

任务说明

在 Excel 中，利用公式和函数可以对表格中的数据进行各种计算和处理操作，可以提高我们在制作复杂表格时的工作效率及计算准确率。本任务我们便来学习利用公式和函数处理数据。

任务实施

一、使用公式计算

公式是对工作表中的数据进行计算的表达式。利用公式可对同一工作表的各单元格、同一工作簿中不同工作表的单元格，以及不同工作簿的工作表中单元格的数值进行加、减、乘、除、乘方等各种运算。

要输入公式必须先输入“＝”，然后在其后输入表达式，否则 Excel 会将输入的内容作为文本型数据处理。表达式由运算符和参与运算的操作数组成。运算符可以是算术运算符、比较运算符、文本运算符和引用运算符；操作数可以是常量、单元格引用和函数等。

1. 创建公式

要创建公式，可以直接在单元格中输入，也可以在编辑栏中输入，输入方法与输入普通数据相似，如图 9-1 所示。

价格（成人）	价格（儿童）	总价格
¥1,280.00	¥640.00	=I3+J3

图 9-1　创建公式

提示：也可在输入等号后单击要引用的单元格，然后输入运算符，再单击要引用的单元格(引用的单元格周围会出现不同颜色的边框线，它与单元格地址的颜色一致，便于用户查看)。

2. 移动和复制公式

移动和复制公式的操作与移动、复制单元格内容的操作方法是一样的。所不同的是，移动公式时，公式内的单元格引用不会更改，而复制公式时，单元格引用会根据所引用类型而变化，即系统会自动改变公式中引用的单元格地址。

3. 修改或删除公式

要修改公式，可单击含有公式的单元格，然后在编辑栏中进行修改，或双击单元格后直接在单元格中进行修改，修改完毕按 Enter 键确认。删除公式是指将单元格中应用的公式删除，而保留公式的运算结果。

二、公式中的引用设置

1. 相对引用

相对引用指的是单元格的相对地址，其引用形式为直接用列标和行号表示单元格，例如B5，或用引用运算符表示单元格区域，如B5：D15。如果公式所在单元格的位置改变，引用也随之改变。默认情况下，公式使用相对引用，如前面讲解的复制公式就是如此。

引用单元格区域时，应先输入单元格区域起始位置的单元格地址，然后输入引用运算符，再输入单元格区域结束位置的单元格地址。

2. 绝对引用

绝对引用是指引用单元格的精确地址，与包含公式的单元格位置无关，其引用形式为在列标和行号的前面都加上“$”符号。例如，若在公式中引用$B$5单元格，则不论将公式复制或移动到什么位置，引用的单元格地址的行和列都不会改变。

3. 混合引用

引用中既包含绝对引用又包含相对引用的称为混合引用，如A$1或$A1等，用于表示列变行不变或列不变行变的引用。

如果公式所在单元格的位置改变，则相对引用改变，而绝对引用不变。

提示：编辑公式时，输入单元格地址后，按F4键可在绝对引用、相对引用和混合引用之间切换。

4. 相同或不同工作簿中的引用

(1)引用不同工作表间的单元格。在同一工作簿中，不同工作表中的单元格可以相互引用，它的表示方法为：“工作表名称！单元格或单元格区域地址”。如：Sheet2!F8:F16。

(2)引用不同工作簿中的单元格。在当前工作表中引用不同工作簿中的单元格的表示方法为：

[工作簿名称.xlsx]工作表名称！单元格(或单元格区域)地址

三、使用函数处理数据

函数是预先定义好的表达式，它必须包含在公式中。每个函数都由函数名和参数组成，其中函数名表示将执行的操作(如求平均值函数AVERAGE)，参数表示函数将作用的值的单元格地址，通常是一个单元格区域(如A2：B7单元格区域)，也可以是更为复杂的内容。在公式中合理地使用函数，可以完成诸如求和、逻辑判断和财务分析等众多数据处理功能。

1. 函数的分类

Excel 提供了大量的函数，表 9-1 列出了常用的函数类型和使用范例。

表 9-1 常用的函数类型和使用范例

函数类型	函数	使用范例
常用	SUN(求和)、AVERAGE(求平均值)、MAX(求最大值)、MIN(求最小值)、COUNT(计数)等	=AVERAGE(F2：F7)表示求 F2：F7 单元格区域中数字的平均值
财务	DB(资产的折扣值)、IRR(现金流的内部报酬率)、PMT(分期偿还额)等	=PMT(B4，B5，B6)表示在输入利率、周期和规则作为变量时，计算周期支付值
日期与时间	DATA(日期)、HOUR(小时数)、SECOND(秒数)、TIME(时间)等	=DATA(C2，D2，E2)表示返回 C2、D2、E2 所代表的日期的序列号
数学与三角	ABS(求绝对值)、SIN(求正弦值)、ACOSH(反双曲余弦值)、INT(求整数)、LOG(求对数)、RAND(产生随机数)等	=ABS(E4)表示得到 E4 单元格中数值
查找与引用	ADDRESS(单元格地址)、AREAS(区域个数)、COLUMN(返回列标)、LOOKUP(从向量或数组中查找值)、ROW(返回行号)等	=ROW(C10)表示返回引用单元格所在行的行号
逻辑	AND(与)、OR(或)、FALSE(假)、TRUE(真)、IF(如果)、NOT(非)	=IF(A3>=B5，A3＊2，A3/B5)表示使用条件测试 A3 是否大于等于 B5，条件结果要么为真，要么为假
统计	AVERAGE(求平均值)、AVEDEY(绝对误差的平均值)、COVAR(求协方差)、BINOMDIST(一元二项式分布概率)	=COVAR(A2：A6，B2：B6)表示求 A2：A6 和 B2：B6 单元格区域数据的协方差

2. 函数的使用方法

使用函数时，应首先确认已在单元格中输入了“=”号，即已进入公式编辑状态。接下来可输入函数名称，再紧跟着一对括号，括号内为一个或多个参数，参数之间要用逗号来分隔。用户可以在单元格中手工输入函数，也可以使用函数向导输入函数。

(1)手工输入函数。手工输入一般用于参数比较单一、简单的函数，即用户能记住函数的名称、参数等，此时可直接在单元格中输入函数。

步骤 1：打开素材“航空公司航班时刻表”。单击要输入函数的单元格，然后输入等号、函数名、左括号、具体参数(此处为单元格区域引用)和右括号，如图 9-2 所示。

¥1,440.00	¥720.00	¥2,160.00
¥860.00	¥430.00	¥1,290.00
¥1,320.00	¥660.00	¥1,980.00
¥1,700.00	¥850.00	¥2,550.00
¥1,120.00	¥560.00	¥1,680.00
¥1,100.00	¥550.00	
¥980.00	¥490.00	=sum(I10,J10)
¥1,260.00	¥630.00	SUM(number1, [number2], [number3], ...)

图 9-2　手动输入函数计算

步骤 2：单击编辑栏中的“输入”按钮或按 Enter 键，得到计算结果。

(2)使用“公式”选项卡插入函数。单击“公式”选项卡里面的“插入函数”按钮，可以快速地插入函数。

步骤 1：打开素材“航空公司航班时刻表”。单击要使用函数的单元格，然后单击“公式”选项卡，单击“插入函数”按钮，在单元格内出现函数，此时利用鼠标选择参数区域，如图 9-3 所示。

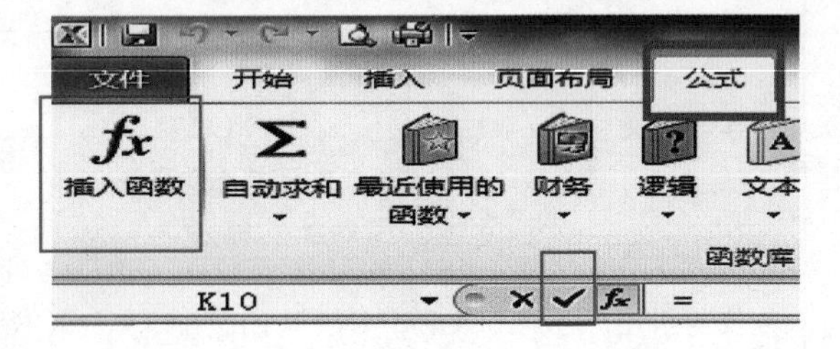

图 9-3　利用“公式”选项卡插入函数

步骤 2：单击编辑栏中的“输入”按钮或按 Enter 键，得到计算结果。

提示：如果某行或某列需要利用相同函数计算时，在参数相对应的前提下，可以利用填充柄完成操作。

四、计算员工工资

在了解了公式和函数的相关知识和使用方法后，接下来我们通过案例，来学习利用这些知识对工作表数据进行操作。

1. 制作思路

打开素材文件，计算员工工资表中实领工资，为相关的单元格插入函数，同时利用填充柄完成其他相应数据计算。

2. 制作步骤

步骤 1：打开素材“员工工资表”。单击要使用函数的单元格 G3，然后选择“公式”选项卡，单击“插入函数”按钮，在弹出的对话内选择求和函数 SUM，在单元格内出现函数，此时在函数参数对话框里设置参数，利用鼠标选择参数区域，按 Enter 键完成计算，如图 9-4 所示。

员工工资表

序号	姓名	基本工资	岗位工资	津贴	奖金	总计
007	赵军伟	1050	300	658	180	=SUM(C3:F3)
001	张勇	1000	300	568	180	
005	司慧霞	950	300	604	140	
003	谭华	945	300	640	180	
012	李波	925	300	586	140	
002	王刚	920	300	622	140	
011	任敏	910	300	594	100	
010	周敏捷	895	300	630	140	
008	周健华	885	300	576	100	
004	吴圆圆	875	300	550	100	
006	王辉杰	850	300	600	100	
009	韩禹	825	300	612	100	

员工工资表

序号	姓名	基本工资	岗位工资	津贴	奖金	总计
007	赵军伟	1050	300	658	180	2188
001	张勇	1000	300	568	180	
005	司慧霞	950	300	604	140	
003	谭华	945	300	640	180	
012	李波	925	300	586	140	
002	王刚	920	300	622	140	
011	任敏	910	300	594	100	
010	周敏捷	895	300	630	140	
008	周健华	885	300	576	100	
004	吴圆圆	875	300	550	100	
006	王辉杰	850	300	600	100	
009	韩禹	825	300	612	100	

图 9-4　G3 单元格的计算

步骤 2：选中 G3 单元格，将鼠标移至单元格右下角，当鼠标成黑色十字时，按住左键，拖曳至 G14 单元格，就得到最终结果，如图 9-5 所示。

员工工资表

序号	姓名	基本工资	岗位工资	津贴	奖金	总计
007	赵军伟	1050	300	658	180	2188
001	张勇	1000	300	568	180	2048
005	司慧霞	950	300	604	140	1994
003	谭华	945	300	640	180	2065
012	李波	925	300	586	140	1951
002	王刚	920	300	622	140	1982
011	任敏	910	300	594	100	1904
010	周敏捷	895	300	630	140	1965
008	周健华	885	300	576	100	1861
004	吴圆圆	875	300	550	100	1825
006	王辉杰	850	300	600	100	1850
009	韩禹	825	300	612	100	1837

图 9-5　利用填充柄完成函数计算

任务 2　查询与汇总

任务说明

在日常工作中，经常需要对大量的数据进行整理，用来进行分析处理，这时就需要使用 Excel 2010 提供的排序、筛选和分类汇总功能。本任务将学习这些功能的使用方法，帮助用户在以后的工作中能游刃有余地查看表格数据。

任务实施

一、数据排序

1. 对列数据进行排序

在 Excel 2010 中，数据排序有升序和降序两种排序方式，默认的是列数据排序。用户可以直接在功能区中进行简单排序的操作，简单排序是指对数据表中的单列数据按照Excel默认的升序或降序的方式排列。单击要进行排序的列中的任一单元格，再单击“数据”选项卡上“排序和筛选”组中“升序”按钮或“降序”按钮，所选列即按升序或降序方式进行排序，下面介绍具体操作方法。

步骤 1：打开“员工工资表”，选择C5单元格，如图 9-6 所示，即要进行排序操作的数据列中某一个数据单元格。

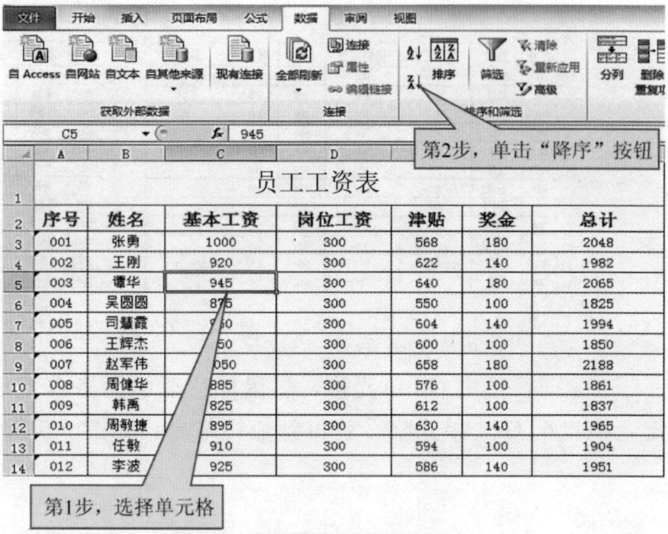

第2步，单击“降序”按钮

员工工资表

序号	姓名	基本工资	岗位工资	津贴	奖金	总计
001	张勇	1000	300	568	180	2048
002	王刚	920	300	622	140	1982
003	谭华	945	300	640	180	2065
004	吴圆圆	875	300	550	100	1825
005	司慧霞	[illegible]50	300	604	140	1994
006	王辉杰	[illegible]50	300	600	100	1850
007	赵军伟	[illegible]050	300	658	180	2188
008	周健华	885	300	576	100	1861
009	韩禹	825	300	612	100	1837
010	周敏捷	895	300	630	140	1965
011	任敏	910	300	594	100	1904
012	李波	925	300	586	140	1951

第1步，选择单元格

图 9-6　简单排序步骤

步骤 2：单击“数据”选项卡，在“排序和筛选”组中单击“降序”按钮，则将数据按照“基本工资”进行降序排列，结果如图 9-7 所示。

员工工资表

序号	姓名	基本工资	岗位工资	津贴	奖金	总计
007	赵军伟	1050	300	658	180	2188
001	张勇	1000	300	568	180	2048
005	司慧霞	950	300	604	140	1994
003	谭华	945	300	640	180	2065
012	李波	925	300	586	140	1951
002	王刚	920	300	622	140	1982
011	任敏	910	300	594	100	1904
010	周敏捷	895	300	630	140	1965
008	周健华	885	300	576	100	1861
004	吴圆圆	875	300	550	100	1825
006	王辉杰	850	300	600	100	1850
009	韩禹	825	300	612	100	1837

图 9-7　简单排序结果

2. 对行数据进行排序

在 Excel 2010 中，除了对列数据进行排序外，用户还可以通过“排序”对话框，设置数据以行进行排序。

操作步骤如下。

步骤 1：选取要进行以行排序的数据单元格区域。

步骤 2：单击“数据”选项卡，在“排序和筛选”组中单击“排序”按钮。

步骤 3：在弹出的“排序”对话框中，单击“选项”按钮，如图 9-8 所示。

步骤 4：弹出“排序选项”对话框，在“方向”选项组中单击选中“按行排序”单选按钮，完毕后单击“确定”按钮，如图 9-9 所示。

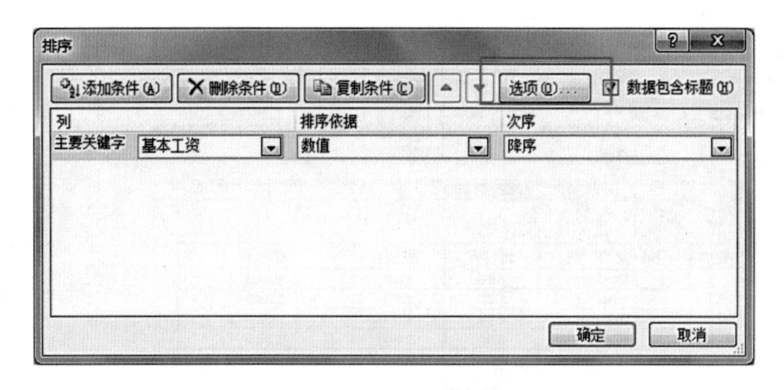

图 9-8 “排序”对话框

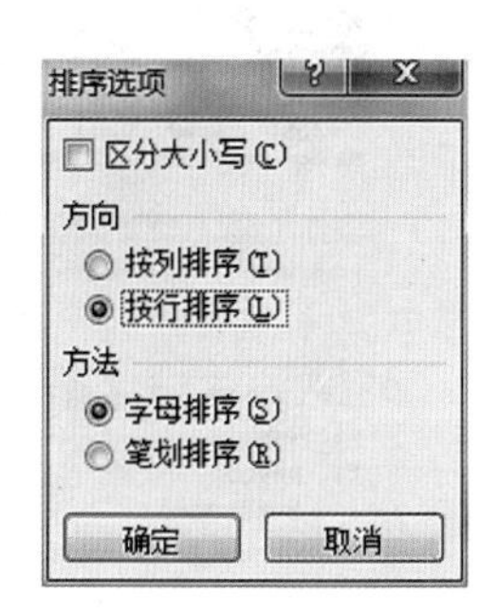

图 9-9 “排序选项”对话框

步骤 5：返回“排序”对话框，设置关键字和排序方式，单击“确定”按钮即可完成行数据排序。

3. 多关键字排序

排序的过程中，用户可以设置多关键字进行排序，这也被称为复杂排序，即对工作表中的数据按 2 个或 2 个以上的关键字进行排序。对多个关键字进行排序时，在主要关键字完全相同的情况下，会根据指定的次要关键字进行排序；在次要关键字完全相同的情况下，会根据指定的下一个次要关键字进行排序，依此类推。

步骤 1：选取要进行排序的数据区域。

步骤 2：单击“数据”选项卡，在“排序和筛选”组中单击“排序”按钮。

步骤 3：在弹出的“排序”对话框中，单击“添加条件”按钮，如图 9-10 所示。

步骤 4：设置各关键字以后，单击“确定”按钮完成排序操作。

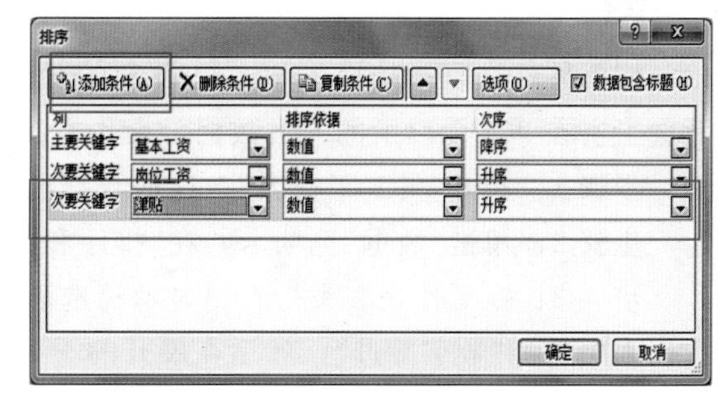

图 9-10 添加多关键字进行排序

二、数据筛选

在 Excel 2010 中进行数据筛选，就是将符合条件的数据显示出来，而将不符合条件的数据隐藏起来。在 Excel 2010 中，有自动筛选、按条件筛选、高级筛选 3 种筛选方式。

1. 自动筛选

自动筛选是比较简单的筛选方式，筛选时根据需要选中要显示的数据，而其他数据将隐藏起来，操作如下。

步骤 1：打开“员工工资表”，选取数据区域中任一数据单元格。

步骤 2：单击“数据”选项卡，在“排序和筛选”组中单击“筛选”按钮。

步骤 3：在工作表表头行右侧显示筛选箭头，单击筛选箭头，在弹出的列表中，将不需要显示的数据复选框取消掉，只留下需要显示的数据即可，如图 9-11 所示。

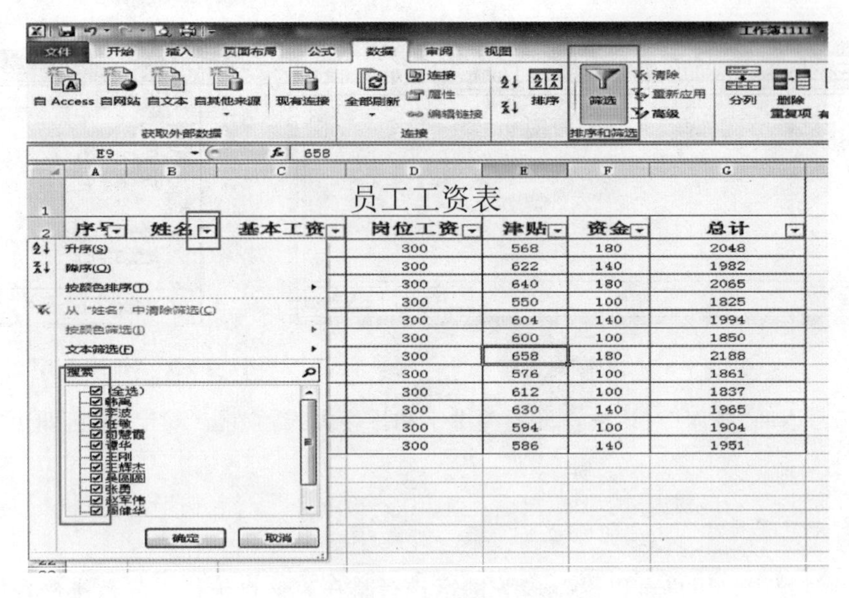

图 9-11　自动筛选

2. 按条件筛选

按条件筛选是指按照用户自己设定的筛选条件，筛选出符合条件的数据。例如，要筛选工资在 900 元以下的人员数据，操作方法如下。

步骤 1：打开“员工工资表”，选取数据区域中任一数据单元格。

步骤 2：单击“数据”选项卡，在“排序和筛选”组中单击“筛选”按钮。

步骤 3：在工作表表头行右侧显示筛选箭头，单击“基本工资”筛选箭头，在打开的筛选列表中选择“数字筛选”，然后在展开的子列表中选择一种筛选条件，选择“小于”选项，如图 9-12 所示。

图 9-12　按条件筛选

步骤 4：在打开的“自定义自动筛选方式”对话框中设置筛选项，基本工资小于 900，单击“确定”按钮即可，如图 9-13 所示。

图 9-13　“自定义自动筛选方式”对话框

3. 高级筛选

高级筛选用于条件较复杂的筛选操作，其筛选结果可显示在原数据表格中，不符合条件的记录被隐藏起来，也可以在新的位置显示筛选结果，不符合条件的记录同时保留在数据表中，从而便于进行数据的对比。

在高级筛选中，又可分为多条件筛选和多选一条件筛选两种。

(1)多条件筛选：利用高级筛选功能查找出同时满足多个条件的记录。例如，要将工资表中“基本工资”低于 900 元，且“奖金”小于 140 元的记录筛选出来，操作如下。

步骤 1：打开“员工工资表”，输入筛选条件，然后单击要进行筛选操作工作表中的任意非空单元格，再单击“数据”选项卡“排序和筛选”组中的“高级”按钮，如图 9-14 所示。

自 Access　自网站　自文本　自其他来源　现有连接　全部刷新　连接　属性　编辑链接　排序　筛选　清除　重新应用　高级

获取外部数据　连接　排序和筛选

E5　f_x　640

员工工资表

序号	姓名	基本工资	岗位工资	津贴	奖金
001	张勇	1000	300	568	180
002	王刚	920	300	622	140
003	谭华	945	300	640	180
004	吴圆圆	875	300	550	100
005	司慧霞	950	300	604	140
006	王辉杰	850	300	600	100
007	赵军伟	1050	300	658	180
008	周健华	885	300	576	100
009	韩禹	825	300	612	100
010	周敏捷	895	300	630	140
011	任敏	910	300	594	100
012	李波	925	300	586	140

标题行，必须与筛选区域一致

基本工资	奖金
<=900	<140

筛选条件

图 9-14　多条件筛选

步骤 2：弹出“高级筛选”对话框，“列表区域”中显示的就是需要设置的数据范围，已经填好了。我们只需将之前写好的筛选条件选中，即可将“条件区域”填好，如图 9-15 所示。

步骤 3：填好后单击“确定”按钮，之前选中的数据表格就会自动进行筛选，并显示出筛选结果，如图 9-16 所示。

图 9-15 “高级筛选”对话框

	A	B	C	D	E	F	G
1	员工工资表						
2	序号	姓名	基本工资	岗位工资	津贴	奖金	总计
6	004	吴圆圆	875	300	550	100	1825
8	006	王辉杰	850	300	600	100	1850
10	008	周健华	885	300	576	100	1861
11	009	韩禹	825	300	612	100	1837
15							

图 9-16 多条件筛选结果

(2)多选一条件筛选：在查找时只要满足几个条件当中的一个，记录就会显示出来。多选一条件筛选的操作与多条件筛选类似，只是将条件输入在不同的行中，如图 9-17 所示。

基本工资	奖金
<900	
	<140

图 9-17 筛选条件在不同的行

4. 取消筛选

对于不再需要的筛选可以将其取消。若要取消在工作表中对所有列进行的筛选，可单击“数据”选项卡上“排序和筛选”组中的“清除”按钮，或单击列标题后的箭头，然后单击“从××中清除筛选”，此时筛选标记消失，所有列数据显示出来，如图 9-18 所示；若要删除工作表中的三角筛选箭头，可单击“数据”选项卡上“排序和筛选”组中的“筛选”按钮。

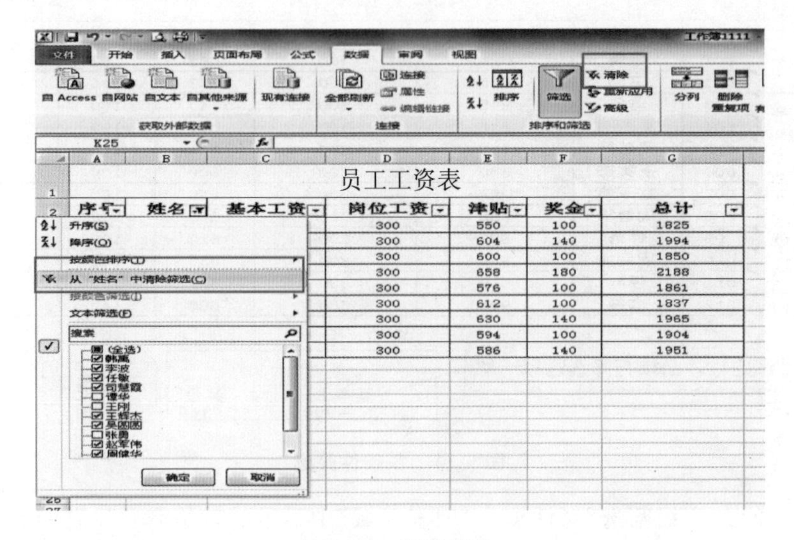

图 9-18 取消筛选

三、分类汇总

分类汇总是把数据表中的数据分门别类地统计处理，无须建立公式，Excel 会自动对各类别的数据进行求和、求平均值、统计个数、求最大值(最小值)和总体方差等多种计算，并且分级显示汇总的结果，从而增加了工作表的可读性，使用户能更快捷地获得需要的数据并做出判断。

要进行分类汇总的数据表的第一行必须有列标签，而且在分类汇总之前一定要按分类对象进行排序，以使得数据中拥有同一类关键字的记录集中在一起，然后对记录进行分类汇总操作，操作方法如下。

步骤1：打开“员工工资表”，在“姓名”一列后插入新列“部门”，然后以“部门”为关键字，进行排序，这时同一个部门的数据相对集中在一起，如图9-19所示。

员工工资表

序号	姓名	部门	基本工资	岗位工资	津贴	奖金	总计
002	王刚	设计室	920	300	622	140	1982
006	王辉杰	设计室	850	300	600	100	1850
007	赵军伟	设计室	1050	300	658	180	2188
012	李波	设计室	925	300	586	140	1951
004	吴圆圆	后勤部	875	300	550	100	1825
011	任敏	后勤部	910	300	594	100	1904
001	张勇	工程部	1000	300	568	180	2048
003	谭华	工程部	945	300	640	180	2065
005	司慧霞	工程部	950	300	604	140	1994
008	周健华	工程部	885	300	576	100	1861
009	韩禹	工程部	825	300	612	100	1837
010	周敏捷	工程部	895	300	630	140	1965

图9-19　按“部门”排序

步骤2：选中数据区域中任一数据，单击“数据”选项卡上“分级显示”组中的“分类汇总”按钮，如图9-20所示。

步骤3：在打开的“分类汇总”对话框内，设置分类字段为“部门”，汇总方式为“求和”，选定汇总项为“总计”，如图9-21所示。

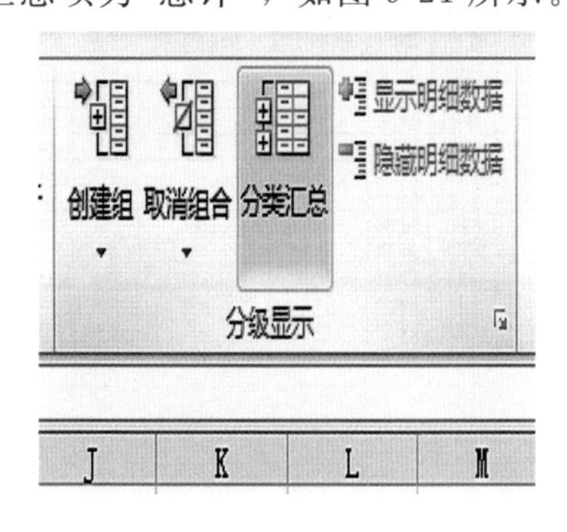

图9-20　单击“分类汇总”按钮

图9-21　“分类汇总”对话框

步骤4：单击“确定”按钮，即完成分类汇总，结果如图9-22所示。

员工工资表							
序号	姓名	部门	基本工资	岗位工资	津贴	奖金	总计
		设计室 汇总					7971
		后勤部 汇总					3729
001	张勇	工程部	1000	300	568	180	2048
003	谭华	工程部	945	300	640	180	2065
005	司慧霞	工程部	950	300	604	140	1994
008	周健华	工程部	885	300	576	100	1861
009	韩禹	工程部	825	300	612	100	1837
010	周敏捷	工程部	895	300	630	140	1965
		工程部 汇总					11770
		总计					23470

图 9-22　分类汇总结果

注：单击工作表左侧的折叠按钮[-]可以隐藏原始数据，此时该按钮变为[+]，单击该按钮将显示组中的原始数据。

四、合并计算

合并计算是指用来汇总一个或多个源区域中数据的方法。合并计算不仅可以进行求和汇总，还可以进行求平均值、计数统计和求标准差等运算，利用它可以将各单独工作表中的数据合并计算到一个主工作表中。单独工作表可以与主工作表在同一个工作簿中，也可位于其他工作簿中。

要想合并计算数据，首先必须为合并数据定义一个目标区，用来显示合并后的信息，此目标区域可位于与源数据相同的工作表中，也可在另一个工作表中；其次需要选择要合并计算的数据源，此数据源可以来自单个工作表、多个工作表或多个工作簿。

假设某公司员工工资表有一月份和二月份两张，现对工资表作合并计算，操作如下。

步骤 1：打开“员工工资表”，在 A16：H16 单元格区域输入“员工两个月工资总表”，如图 9-23 所示。

员工一月份工资表								员工二月份工资表							
序号	姓名	部门	基本工资	岗位工资	津贴	奖金	总计	序号	姓名	部门	基本工资	岗位工资	津贴	奖金	总计
001	张勇	工程部	1000	300	568	180	2048	001	王辉杰	设计室	850	300	800	500	2450
002	王刚	设计室	920	300	622	140	1982	002	谭华	工程部	945	300	840	580	2665
003	谭华	工程部	945	300	640	180	2065	003	张勇	工程部	1000	300	768	580	2648
004	吴圆圆	后勤部	875	300	550	100	1825	004	韩禹	工程部	825	300	812	500	2437
005	司慧霞	工程部	950	300	604	140	1994	005	周敏捷	工程部	895	300	830	540	2565
006	王辉杰	设计室	850	300	600	100	1850	006	李波	设计室	925	300	786	540	2551
007	赵军伟	设计室	1050	300	658	180	2188	007	吴圆圆	后勤部	875	300	750	500	2425
008	周健华	工程部	885	300	576	100	1861	008	赵军伟	设计室	1050	300	858	580	2788
009	韩禹	工程部	825	300	612	100	1837	009	周健华	工程部	885	300	776	500	2461
010	周敏捷	工程部	895	300	630	140	1985	010	任敏	后勤部	910	300	794	500	2504
011	任敏	后勤部	910	300	594	100	1904	011	司慧霞	工程部	950	300	804	540	2594
012	李波	设计室	925	300	586	140	1951	012	王刚	设计室	920	300	822	540	2582

图 9-23　员工工资表

步骤 2：单击要放置合并计算结果区域左上角的单元格，再单击“数据”选项卡上“数据工具”组中的“合并计算”按钮，打开“合并计算”对话框，如图 9-24 所示。

步骤 3：在“合并计算”对话框中，设置函数为“求和”，然后单击“引用位置”编辑框，选择要进行合并计算的数据区域，如图 9-25 所示。

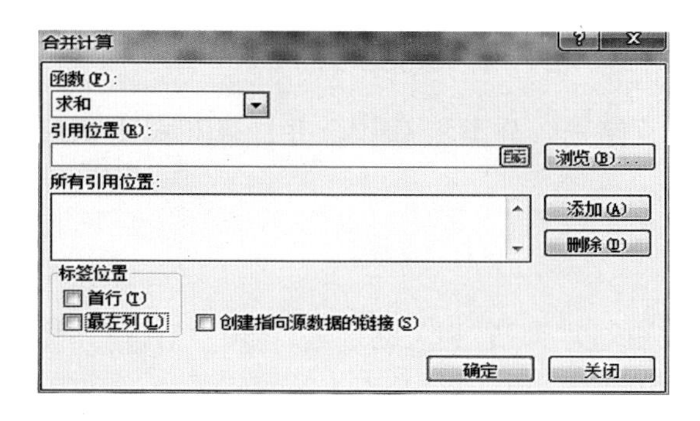

图 9-24　“合并计算”对话框

员工一月份工资表

序号	姓名	部门	基本工资	岗位工资	津贴	奖金	总计
001	张勇	工程部	1000	300	568	180	2048
002	王刚	设计室	920	300	622	140	1982
003	谭华	工程部	945	300	640	180	2065
004	吴圆圆	后勤部	875	300	550	100	1825
005	司慧霞	工程部	950	300	604	140	1994
006	王辉杰	设计室	850	300	600	100	1850
007	赵军伟	设计室	1050	300	658	180	2188
008	周健华	工程部	885	300	576	100	1861
009	韩禹	工程部	825	300	612	100	1837
010	周敏捷	工程部	895	300	630	140	1965
011	任敏	后勤部	910	300	594	100	1904
012	李波	设计室	925	300	586	140	1951

合并计算 - 引用位置:

$A$2:$H$14

图 9-25　选取合并计算的数据区域

步骤 4：返回“合并计算”对话框，然后单击“添加”按钮，将数据区域添加到“所有引用位置”列表中，如有多个数据区域，则再次选取数据区域，添加进“所有引用位置”列表。

步骤 5：选中“首行”或“最左列”复选框，表示将源区域中的行标签或列标签复制到合并计算中，最后单击“确定”按钮完成合并计算，结果如图 9-26 所示。

员工两个月工资总表

序号	姓名	部门	基本工资	岗位工资	津贴	奖金	总计
001	张勇	工程部	1850	600	1368	680	4498
002	王刚	设计室	1865	600	1462	720	4647
003	谭华	工程部	1945	600	1408	760	4713
004	吴圆圆	后勤部	1700	600	1362	600	4262
005	司慧霞	工程部	1845	600	1434	680	4559
006	王辉杰	设计室	1775	600	1386	640	4401
007	赵军伟	设计室	1925	600	1408	680	4613
008	周健华	工程部	1935	600	1434	680	4649
009	韩禹	工程部	1710	600	1388	600	4298
010	周敏捷	工程部	1805	600	1424	640	4469
011	任敏	后勤部	1860	600	1398	640	4498
012	李波	设计室	1845	600	1408	680	4533

图 9-26　合并计算结果

五、员工工资表排序、筛选、分类汇总实例

在了解了数据排序、筛选、分类汇总和合并计算相关知识后，通过以下实例操作，巩固所学知识。

1. 任务

利用“员工工资表”完成以“部门”为关键字进行“降序”排序；筛选出基本工资在900元以下的人员；以“部门”为分类字段，将“基本工资”与“奖金”进行“平均值”分类汇总。

2. 制作思路

打开素材文件，创建员工工资表，在每个表里单独完成相应操作。

3. 制作步骤

步骤1：打开“员工工资表”，然后复制到Sheet1到Sheet3，为后续操作做好准备工作。

步骤2：打开Sheet1，选中“部门”列任意一个数据，然后单击“数据”选项卡，在“排序和筛选”组中单击“降序”按钮，结果如图9-27所示。

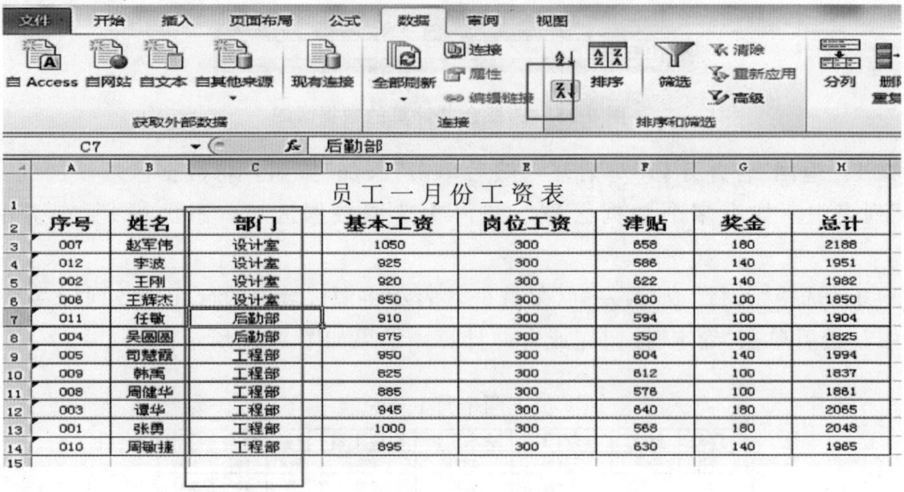

员工一月份工资表

序号	姓名	部门	基本工资	岗位工资	津贴	奖金	总计
007	赵军伟	设计室	1050	300	658	180	2188
012	李波	设计室	925	300	586	140	1951
002	王刚	设计室	920	300	622	140	1982
006	王辉杰	设计室	850	300	600	100	1850
011	任敏	后勤部	910	300	594	100	1904
004	吴圆圆	后勤部	875	300	550	100	1825
005	司慧霞	工程部	950	300	604	140	1994
009	韩禹	工程部	825	300	612	100	1837
008	周健华	工程部	885	300	576	100	1861
003	谭华	工程部	945	300	640	180	2065
001	张勇	工程部	1000	300	568	180	2048
010	周敏捷	工程部	895	300	630	140	1965

图 9-27　以“部门”为关键字“降序”排序

步骤3：打开Sheet2，选取数据区域任一单元格；单击“数据”选项卡，在“排序和筛选”组中单击“筛选”按钮；在工作表表头行右侧显示筛选箭头，单击“基本工资”筛选箭头，在打开的筛选列表中选择“数字筛选”，然后在展开的子列表中选择“小于”选项，在打开的“自定义自动筛选方式”对话框中设置筛选项，基本工资小于900，单击“确定”按钮，即完成筛选，结果如图9-28所示。

	员工一月份工资表							
2	序号	姓名	部门	基本工资	岗位工资	津贴	奖金	总计
6	006	王辉杰	设计室	850	300	600	100	1850
8	004	吴圆圆	后勤部	875	300	550	100	1825
10	009	韩禹	工程部	825	300	612	100	1837
11	008	周健华	工程部	885	300	576	100	1861
14	010	周敏捷	工程部	895	300	630	140	1965

图 9-28 筛选结果

步骤4：打开Sheet3，单击“数据”选项卡上“分级显示”组中的“分类汇总”按钮，打开“分类汇总”对话框。设置分类字段为“部门”，汇总方式为“平均值”，选定汇总项勾选“基本工资”和“奖金”复选框，如图9-29所示。

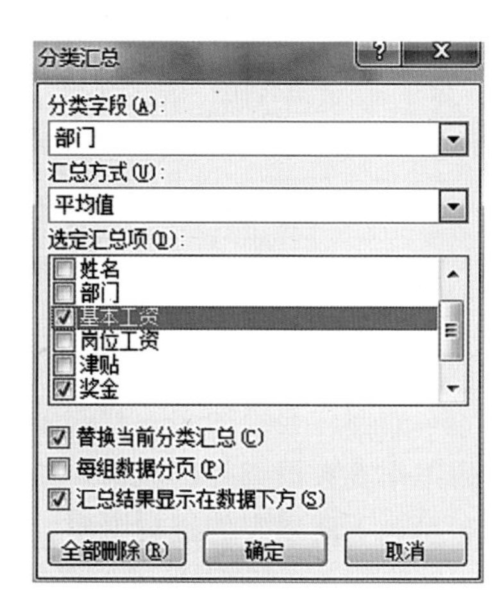

图 9-29 设置分类汇总条件

步骤5：单击“确定”按钮，完成分类汇总，结果如图9-30所示。

	员工一月份工资表							
2	序号	姓名	部门	基本工资	岗位工资	津贴	奖金	总计
7			设计室 平均值	936.25			140	
10			后勤部 平均值	892.5			100	
17			工程部 平均值	916.6666667			140	
18			总计平均值	919.1666667			133.3333333	

图 9-30 分类汇总结果

任务3 建立数据透视表和数据透视图

任务说明

在Excel中，数据透视表和数据透视图能帮助用户分析、组织数据，利用它们可以很快地从不同角度对数据进行分类汇总。对数据众多、结构复杂的工作表，为了直观看出其中的一些内在规律，可考虑建立数据透视表或数据透视图。

任务实施

一、创建与编辑数据透视表

1. 数据透视表框架名称及用法

在数据透视表框架中，需要设定页、行、列、数据项以确定汇总不同组合的数据透视报表，表 9-2 是框架相关术语的说明。

表 9-2 框架相关术语

序号	框架名词	作 用
1	页	页框中的字段在数据透视表中表示按字段不同的值进行分页
2	行	行框中的字段在数据透视表中表示按字段不同的值进行纵向分类汇总
3	列	列框中的字段在数据透视表中表示按字段不同的值进行横向分类汇总
4	数据	数据框中的字段在数据透视表中表示按字段进行汇总计算

同创建普通图表一样，要创建数据透视表，首先要有数据源，这种数据可以是现有的工作表数据或外部数据，然后在工作簿中指定放置数据透视表的位置，最后设置字段布局。下面以实例进行说明，具体操作如下。

步骤 1：打开“员工工资表”素材文件，然后单击工作表中任意一个数据区域的单元格，再单击“插入”选项卡上“表”组中的“数据透视表”按钮，在弹出的下拉列表中选择“数据透视表”选项，如图 9-31 所示。

员工一月份工资表

基本工资	岗位工资	津贴	奖金	总计
1050	300	658	180	2188
925	300	586	140	1951
920	300	622	140	1982
850	300	600	100	1850
910	300	594	100	1904
875	300	550	100	1825
950	300	604	140	1994
825	300	612	100	1837
885	300	576	100	1861
945	300	640	180	2065
1000	300	568	180	2048
895	300	630	140	1965

图 9-31 插入“数据透视表”

步骤 2：在打开的“创建数据透视表”对话框的“表/区域”编辑框中自动显示工作表名称和单元格区域的引用。如要在新的工作表显示结果，选中“新工作表”单选按钮，则自动新建一个工作表放入结果；如选“现有工作表”单选按钮，则在当前已有工作表中显示结果。在“位置”区域选择相应位置即可，最后单击“确定”按钮，如图 9-32 所示。

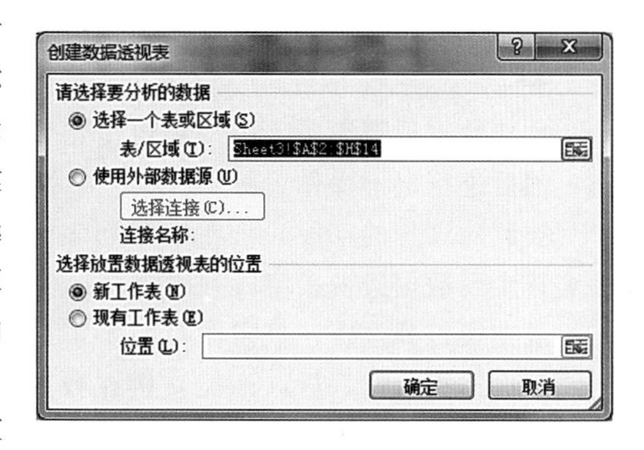

图 9-32　“创建数据透视表”对话框

步骤 3：单击“确定”按钮后，一个空的数据透视表会添加到新建的工作表中，“数据透视表工具”选项卡自动显示，窗口右侧显示数据透视表字段列表，以便用户添加字段、创建布局和自定义数据透视表，如图 9-33 所示。

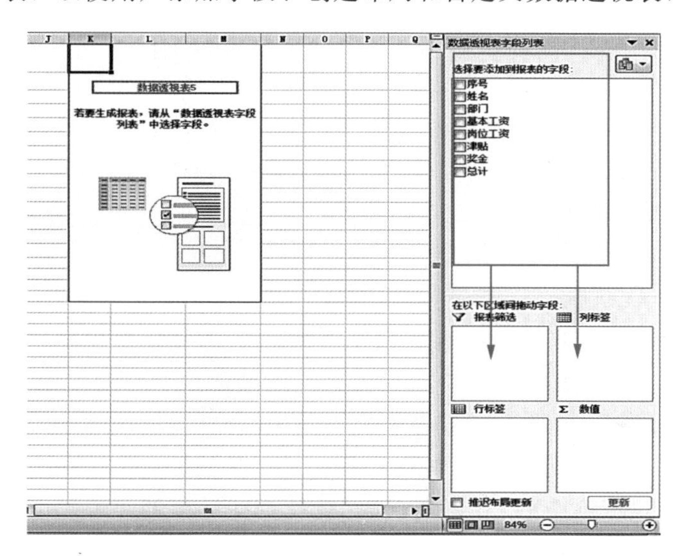

图 9-33　插入新的工作表

步骤 4：将所需字段添加到报表区域的相应位置，最后在数据透视表外单击，数据透视表创建完成，结果如图 9-34 所示。

行标签	求和项:基本工资	求和项:岗位工资	求和项:津贴	求和项:奖金
韩禹	825	300	612	100
李波	925	300	586	140
任敏	910	300	594	100
司慧霞	950	300	604	140
谭华	945	300	640	180
王刚	920	300	622	140
王辉杰	850	300	600	100
吴圆圆	875	300	550	100
张勇	1000	300	568	180
赵军伟	1050	300	658	180
周健华	885	300	576	100
周敏捷	895	300	630	140
总计	11030	3600	7240	1600

图 9-34　数据透视表

2. 编辑数据透视表

创建数据透视表后，用户还可单击数据透视表中的任意非空单元格，进入其编辑状态，然后进行以下操作。

要删除添加的字段，可在字段列表区取消相应的字段复选框，或在布局部分中将字段名拖曳到数据透视表字段列表之外。

要交换行列位置，只需在布局部分中将字段名拖曳到相应的列表框中即可。

数据透视表建好后，不能直接在数据透视表中更改数据，只能回到数据源工作表中对数据进行修改，然后切换到要更新的数据透视表，并单击“数据透视表工具”选项卡上“数据”组中的“刷新”按钮，来更新数据透视表中的数据；如果希望更改数据源区域，可单击该组中的“更改数据源”按钮。

单击数据透视表中“行标签”或“列表签”右侧的筛选按钮，利用弹出的操作列表可分别调整相应数据的排列顺序，或只显示需要显示的数据。

要删除数据透视表中的所有报表筛选、标签、值和格式，应先选中数据透视表中任意非空单元格，然后单击“数据透视表工具”选项卡“操作”组中的“选择”按钮，在展开的列表中选择“整个数据透视表”选项，以选中整个数据透视表单元格区域，最后按 Delete 键删除即可。此外，也可直接删除整个工作表。

二、创建数据透视图

数据透视图的作用与数据透视表相似，不同的是它可将数据以图形方式表示出来。数据透视图通常有一个使用相同布局的相关联的数据透视表，两个报表中的字段相互对应。下面以实例介绍创建数据透视图的方法，具体操作如下。

步骤 1：打开“员工工资表”素材文件，单击工作表中数据区域的任一单元格，然后单击“插入”选项卡上“表”组中的“数据透视表”按钮，在弹出的下拉列表中选择“数据透视图”选项。

步骤 2：与“创建数据透视表”一样，在打开的“创建数据透视表及数据透视图”对话框中，设置要创建数据透视图的数据区域和数据透视图的放置位置，然后单击“确定”按钮，如图 9-35 所示。

图 9-35 “创建数据透视表及数据透视图”对话框

步骤 3：在放置“数据透视图”的新工作表中，在“数据透视表字段列表”中布局字段。然后单击数据透视表以外的空白位置，即完成数据透视图的建立，如图 9-36 所示。

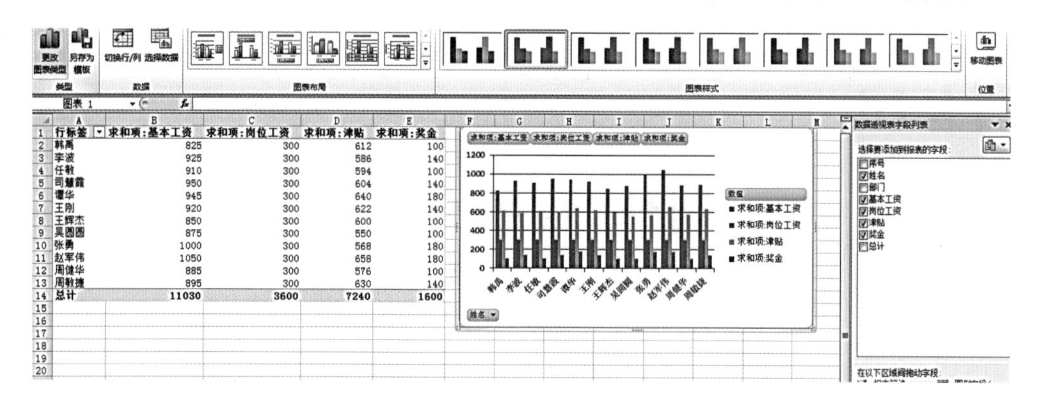

图 9-36　创建数据透视图

项目实践

编辑“公司工资表”，表样如图 9-37 所示。

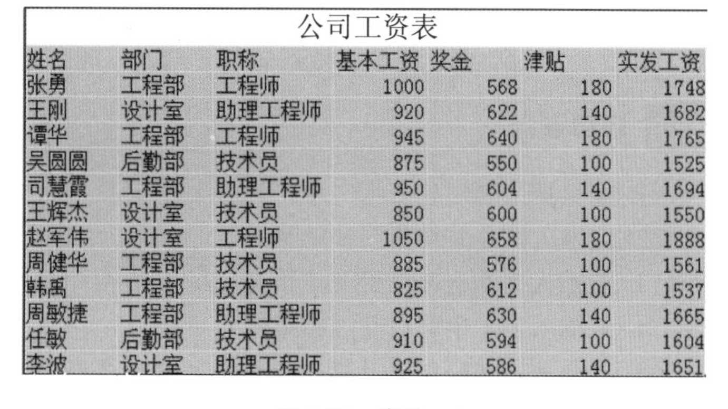

公司工资表

姓名	部门	职称	基本工资	奖金	津贴	实发工资
张勇	工程部	工程师	1000	568	180	1748
王刚	设计室	助理工程师	920	622	140	1682
谭华	工程部	工程师	945	640	180	1765
吴圆圆	后勤部	技术员	875	550	100	1525
司慧霞	工程部	助理工程师	950	604	140	1694
王辉杰	设计室	技术员	850	600	100	1550
赵军伟	设计室	工程师	1050	658	180	1888
周健华	工程部	技术员	885	576	100	1561
韩禹	工程部	技术员	825	612	100	1537
周敏捷	工程部	助理工程师	895	630	140	1665
任敏	后勤部	技术员	910	594	100	1604
李波	设计室	助理工程师	925	586	140	1651

图 9-37　表样

操作要求如下。

(1)运用公式(函数)：使用 Sheet1 工作表中的数据，计算“实发工资”，结果放在相应的单元格中。

(2)数据排序：使用 Sheet2 工作表中的数据，以“基本工资”为主要关键字，降序排序。

(3)数据筛选：使用 Sheet3 工作表中的数据，筛选出“部门”为工程部，并且“基本工资”大于等于 900 元的记录。

(4)数据分类汇总：使用 Sheet4 工作表中的数据，以“部门”为分类字段，将“基本工资”与“实发工资”进行“平均值”分类汇总。

扫一扫

项目 10

制作“自我介绍”

项目描述

要制作精美的、吸引眼球的演示文稿，首先要根据演示文稿播放的场合来设计整体的风格；其次要合理地搭配图文内容，选择可以突出自己特色的图片，结合简要的文字；最后设计图文的动画效果，要做到简单协调，不能喧宾夺主。

项目目标

1. 能根据主题创建演示文稿。
2. 能插入图片并调整图片的格式。
3. 能插入文本框并设置文本格式。
4. 能插入艺术字并对其进行编辑。
5. 能为演示文稿对象设置动画效果。
6. 掌握演示文稿格式的设置方法。
7. 掌握动画效果的应用方法。

项目任务

任务 1：添加图文内容
任务 2：设置演示文稿格式
任务 3：设置动画效果

任务 1　添加图文内容

任务说明

在本任务中介绍图片和文本框的插入方法，并以空乘人员自我介绍为例，制作演示文稿，要求包含航空方面的图片及自我的描述，要能突出自我的专业特色。

任务实施

一、启动 PowerPoint 2010

启动软件是学习该软件操作的前提，而启动 PowerPoint 的方法有多种，在此介绍两种比较常用的方法。

1. Windows“开始”菜单启动

(1)单击电脑桌面左下角的“开始”按钮，弹出“开始”菜单，选择“所有程序”。

(2)在弹出的子菜单中执行“Microsoft Office”命令，即出现如图 10-1 所示的子菜单，执行“Microsoft PowerPoint 2010”命令，即可打开软件。

2. 快捷方式启动

双击桌面上的快速启动图标，如图 10-2 所示，即可打开 PowerPoint 2010。

图 10-1　PowerPoint 启动菜单

图 10-2　PowerPoint 桌面图标

二、创建演示文稿

创建新的演示文稿是制作任何演示文稿的前提，在 PowerPoint 2010 中新建演示文稿主要有以下几种方式，如图 10-3 所示。

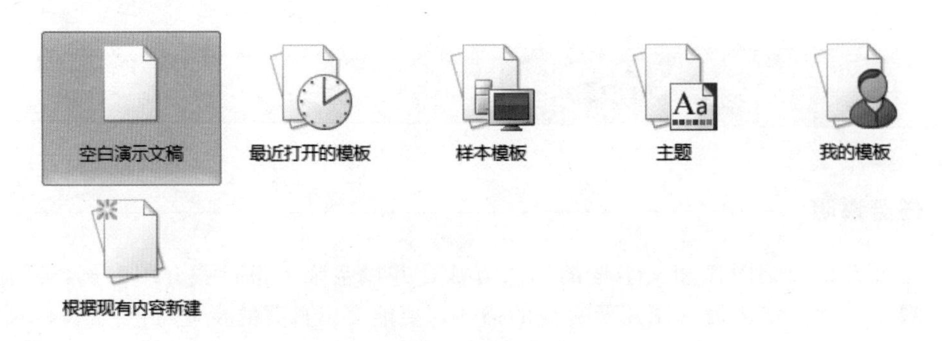

图 10-3　创建演示文稿的几种方式

1. 创建空白演示文稿

启动演示文稿后，单击幻灯片编辑窗口即可创建空白演示文稿，如图 10-4 所示。

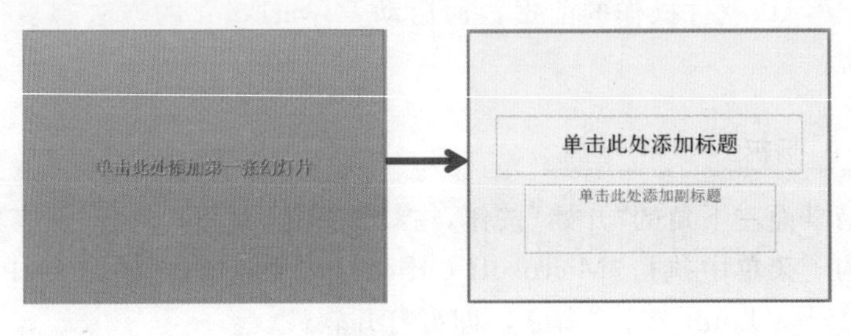

图 10-4

2. 创建“主题”演示文稿

(1)选择“文件”选项卡，执行“新建”命令，此时界面显示如图 10-5 所示。

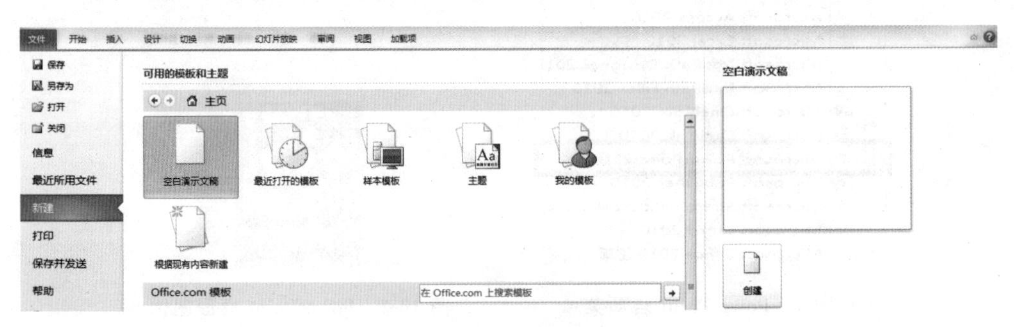

图 10-5　“可用的模板和主题”窗口

(2)单击“主题”，选择“波形”主题，单击“创建”按钮。

(3)单击“创建”按钮后，界面显示如图 10-6 所示，即可开始插入图文内容等。

图 10-6　新建的演示文稿

扩展：

(1)当第一张幻灯片编辑结束，要新建下一张幻灯片时，操作方法有如下几种。

➤在“幻灯片/大纲”窗格任意位置，单击鼠标右键，选择“新建幻灯片”命令，即可在幻灯片 1 后新建一张幻灯片。

➤选中“幻灯片/大纲”窗格中的“幻灯片 1”，选择“开始”选项卡，执行“新建幻灯片”命令，即可在幻灯片 1 后新建一张幻灯片。

➤选中“幻灯片/大纲”窗格下方需要新建幻灯片的前一张幻灯片，按 Enter 键也可新建一张幻灯片。

➤“新建幻灯片”命令的快捷键为 Ctrl+M。

(2)删除幻灯片：在“幻灯片/大纲”窗格中选择需要删除的幻灯片，单击右键，执行“删除幻灯片”命令，或按键盘上的 Delete 键即可删除幻灯片。

三、插入图像

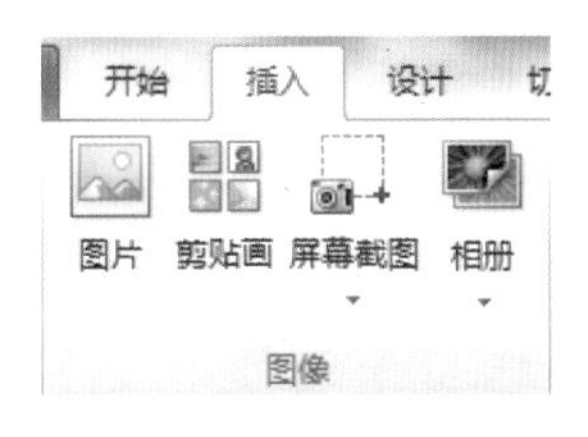

图 10-7　可插入的图像种类

在 PowerPoint 2010 中插入图像包括了几种情况，具体的如图 10-7 所示。下面主要介绍插入图片的方法。

选择“插入”选项卡，单击“图片”按钮，弹出“插入图片”对话框，定位至图片所在位置，选中图片，单击“插入”按钮，如图 10-8 所示。

图 10-8 “插入图片”对话框

插入选中的图片后，显示如图 10-9 所示。

图 10-9 插入图片的效果

四、插入文本

演示文稿中的文字不仅能给播放者提示，还能向观看者传达整个演示文稿的主题及内容。因此，在幻灯片中插入合理的文本是至关重要的。

在演示文稿中插入文本主要有两种方式，一是利用占位符直接录入；二是利用“插入”选项卡的“文本”组。

1. 利用占位符录入文本

单击文字占位符中的“单击此处添加标题”，录入需要的文本即可，如图 10-10 所示。

图 10-10　利用占位符录入文本

2. 通过“插入”选项卡的“文本”组插入文本

选择“插入”选项卡，在功能区会出现可插入的各个分组，其中“文本”组如图 10-11 所示。

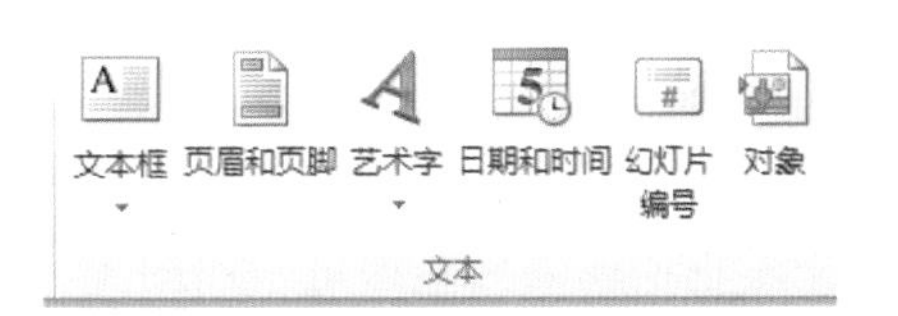

图 10-11　“插入”选项卡的“文本”组

(1)插入文本框。单击“插入”选项卡，在“文本”组中单击“文本框”下拉按钮，如图 10-12(a)所示，在下拉菜单执行“横排文本框”或“垂直文本框”命令后，在需要录入文本的位置单击鼠标，即可插入一个文本框，并在其中输入文字，显示的效果分别如图 10-12(b)(c)所示。

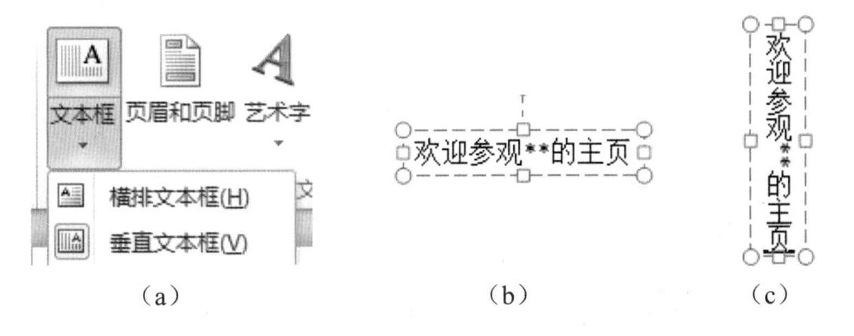

图 10-12　插入文本框

(2)插入“页眉和页脚”“日期和时间”“幻灯片编号”。单击“插入”选项卡，在“文本”组单击“页眉和页脚”“日期和时间”或“幻灯片编号”按钮，都会弹出“页眉和页脚”对话框，如图 10-13 所示，在该对话框中可根据需要进行操作。

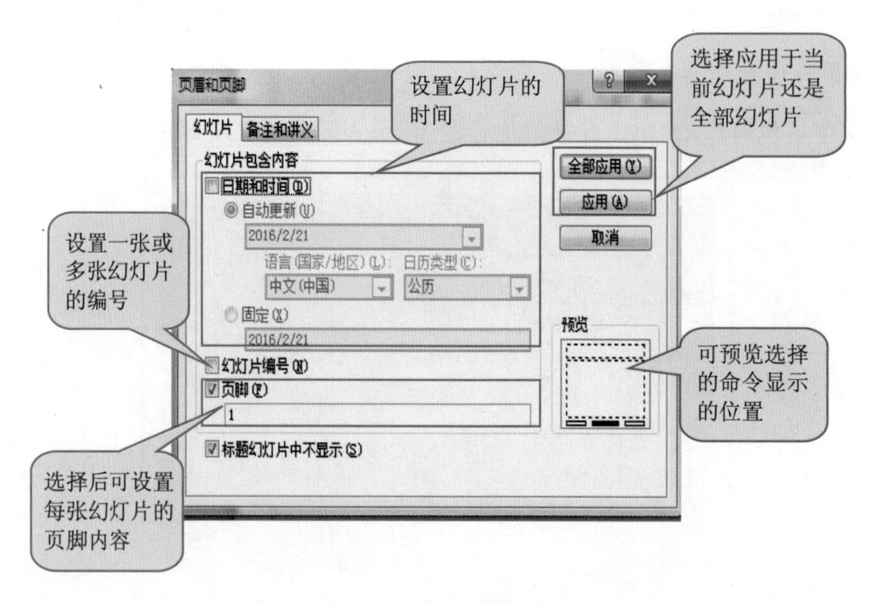

图 10-13 “页眉和页脚”对话框

(3)插入“艺术字”。PowerPoint 2010 提供了 30 种艺术字，用户可以根据需求自行选择需要的艺术字式样，具体操作如下。

①单击“插入”选项卡，在“文本”组单击“艺术字”按钮，弹出艺术字框，如图 10-14 所示。

②选择所需要的艺术字式样，并在弹出的文本框中输入内容即可，如图 10-15 所示。

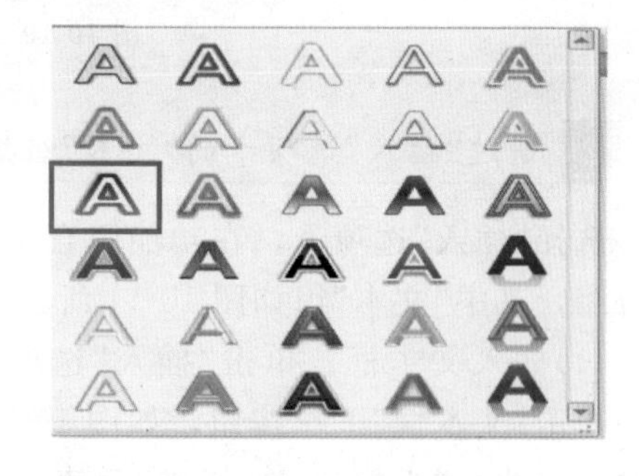

图 10-14 艺术字框

图 10-15 插入艺术字

(4)插入“对象”。单击“插入”选项卡，在“文本”组单击“对象”按钮，弹出“插入对象”对话框，如图 10-16 所示。选择一种对象类型，单击“确定”按钮即可。

图 10-16 “插入对象”对话框

任务 2　设置演示文稿格式

任务说明

演示文稿是结合了图片、文字，通过编辑处理，来制造出具有视觉冲击的效果。PowerPoint 2010 新增和改进了图片编辑功能(如颜色饱和度和色温，删除背景工具)以及艺术过滤器(如虚化、画笔、水印)。本任务从文本、图片方面介绍设置演示文稿格式的方法。

任务实施

一、设置文本格式

1. 设置字形

选中文本框，单击“开始”选项卡，在“字体”组中设置，如图 10-17 所示。

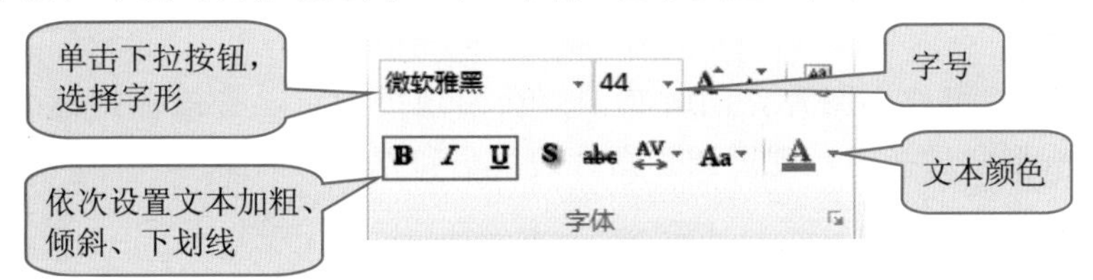

图 10-17　“字体”组

2. 设置形状样式

选中文本框后，会显示“格式”选项卡，在“形状样式”组中设置，如图 10-18 所示。

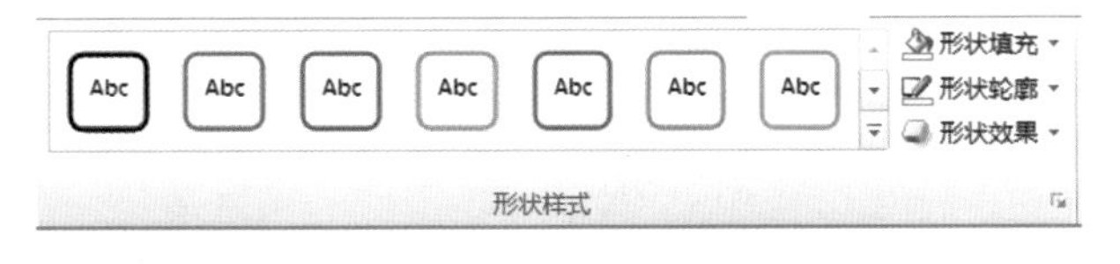

图 10-18　“格式”选项卡的“形状样式”组

单击“形状填充”下拉按钮，设置文本框的填充颜色。

单击“形状轮廓”下拉按钮，设置文本框的轮廓颜色。

单击“形状效果”下拉按钮，显示文本框的效果，如图 10-19 所示。

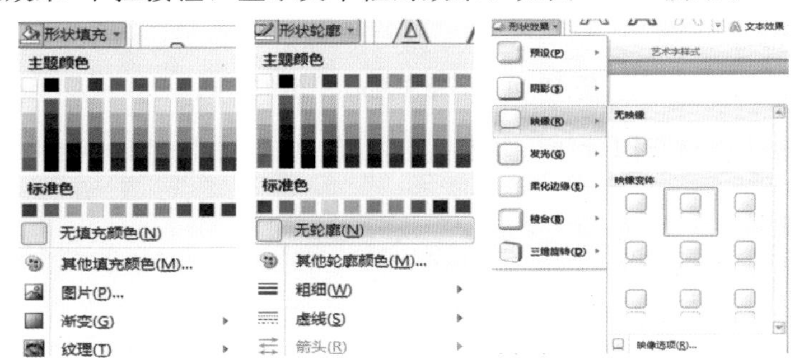

图 10-19　“形状填充”“形状轮廓”“形状效果”下拉列表

二、编辑图片格式

(1)新建空白演示文稿，插入素材文件夹中的“飞机”图片，显示如图 10-20 所示。

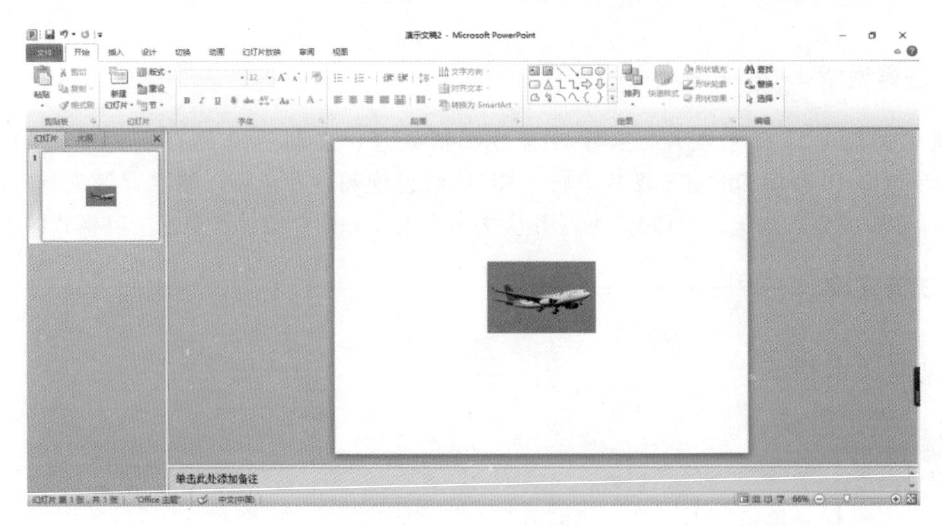

图 10-20　插入“飞机”图片

(2)单击图片即可选中图片，同时其四周会出现控制点，将鼠标指针放在控制点上，待指针变为箭头形状后拖动，则可调整图片的大小和方向，如图 10-21 所示。

图 10-21　调整图片的大小和方向

(3)将鼠标指针移动至图片上，按住左键不放拖动图片，即可移动图片的位置，如图 10-22 所示。

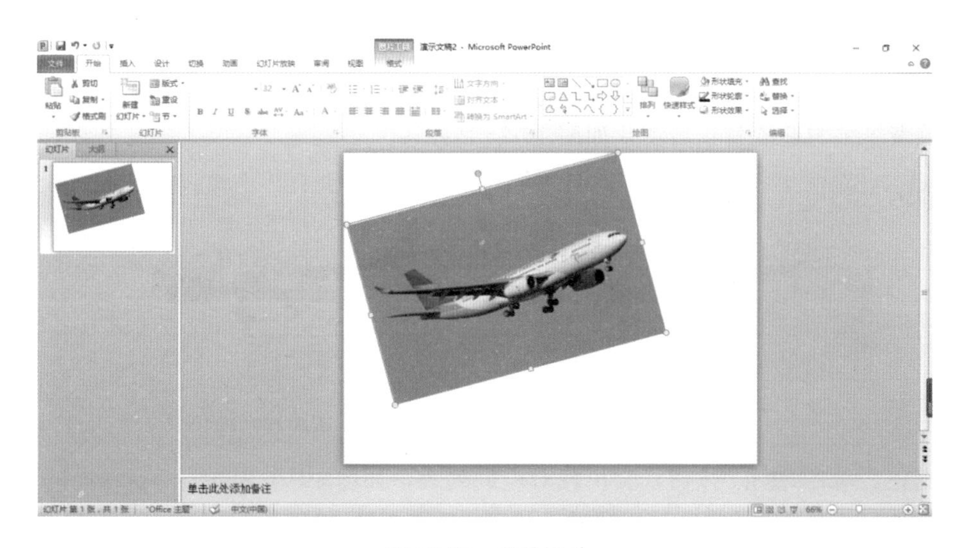

图 10-22　移动图片

(4)选中需要编辑的图片，会显示“格式”选项卡，如图 10-23 所示。在对应的功能区中可以根据需要编辑图片格式。

图 10-23　“格式”选项卡

(5)使用功能区“调整”组对图片进行编辑。

➤删除背景：可用于删除图像颜色比较单一的图片背景，能够实现简单的去除背景效果。

选中图片，在“格式”选项卡的“调整”组中单击“删除背景”按钮，会显示“删除背景”对应的选项，如图 10-24 所示。

图 10-24　“删除背景”选项

其中，“紫色区域”为要删除背景的范围，可通过调整矩形框改变大小；还可以通过“标记要保留的区域”和“标记要删除的区域”命令来标记哪些需要删除、哪些需要保留。

删除背景前与删除背景后图片如图 10-25 所示。

图 10-25　删除背景前与删除背景后的图片

➤更正：单击“更正”按钮，会出现对应的列表，如图 10-26 所示。

➤颜色：可调整图片的颜色饱和度、色调、重新着色/设置透明色等，如图 10-27 所示。

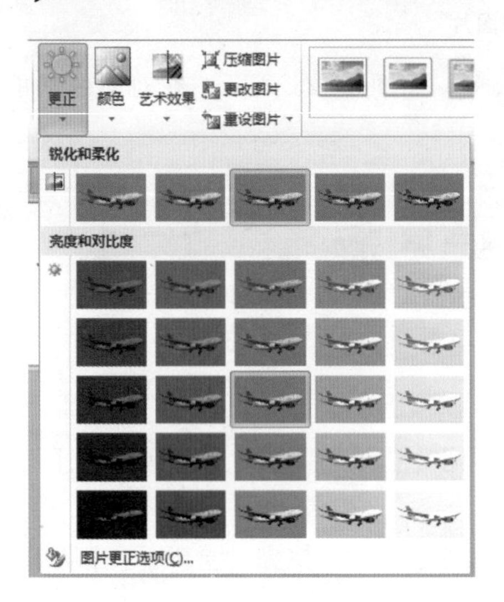

图 10-26　“更正”列表

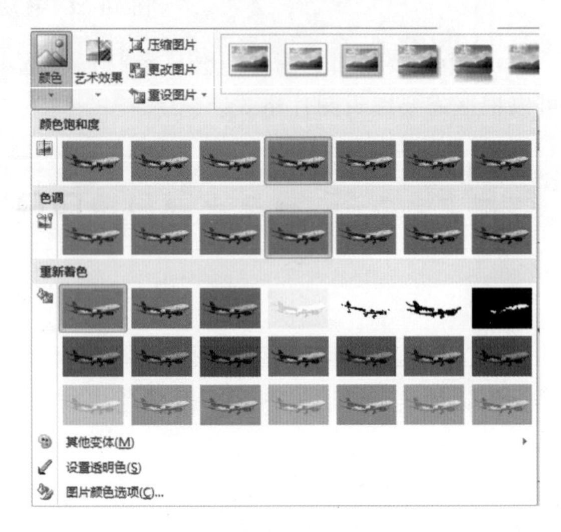

图 10-27　“颜色”列表

➤艺术效果：可设置图片的各种艺术效果，如图 10-28 所示。

若需要更改图片，但是要继续使用图片的格式，则可单击“更改图片”按钮；若对图片格式的编辑不满意，也可单击“重设图片”按钮。

(6)在“格式”选项卡的“图片样式”组中，还可以给图片设置边框、形状等，如图 10-29 所示。

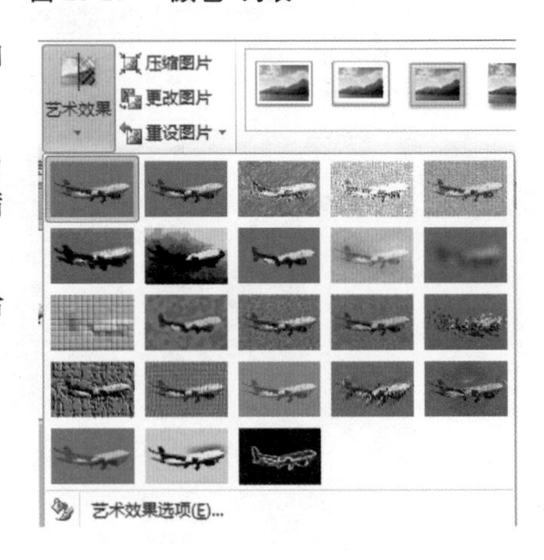

图 10-28　“艺术效果”列表

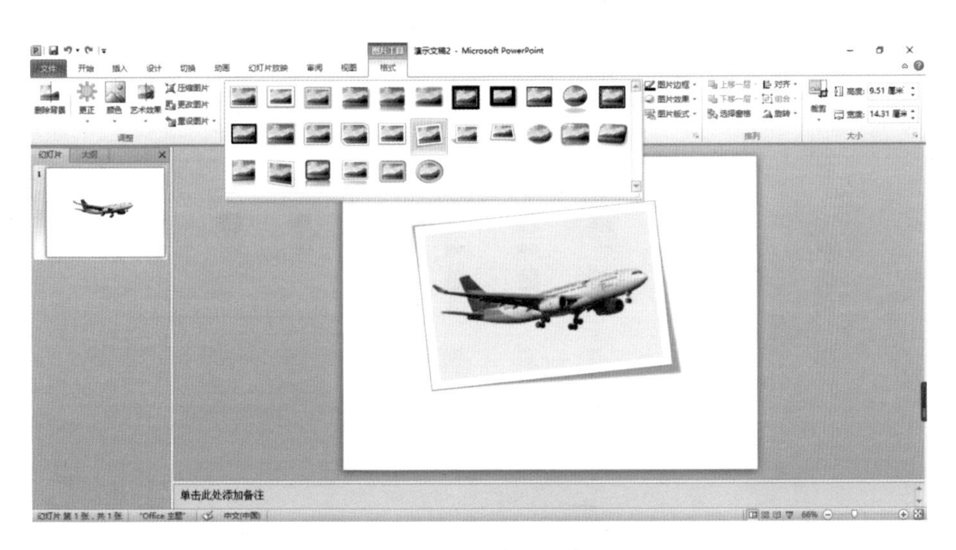

图 10-29　图片样式选项

任务 3　设置动画效果

任务说明

PowerPoint 2010 在动画效果设计方面具有更为强大的功能，让我们可以制作更为精美绚丽的演示文稿。在制作时，注意不要选择过多的动画效果，否则会让演示文稿看起来过于复杂。

任务实施

PowerPoint 2010 动画效果分为“切换”和“动画”两种效果，下面分别来进行介绍。

一、“切换”效果

在“切换”选项卡，可以给上一张幻灯片切换到下一张幻灯片时添加切换效果。选择“切换”选项卡，会出现如图 10-30 所示的切换效果，在其中选择合适的切换效果，并单击“全部应用”按钮，就能使每张幻灯片切换时都使用同样的效果。

图 10-30　切换效果

单击切换效果的“其他”下拉按钮，显示出所有的切换效果，如图 10-31 所示。

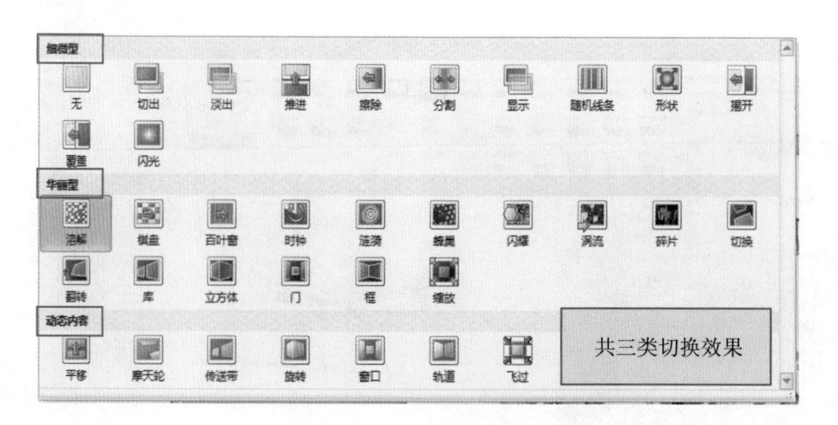

图 10-31　所有切换效果

二、“动画”效果

选中要设置动画效果的对象，选择“动画”选项卡，单击“添加动画”按钮，弹出其下拉列表，如图 10-32 所示。PowerPoint 2010 中一共给出了 4 类动画效果，它们可以结合在一起使用，运用恰当会使我们的演示文稿增色许多。

图 10-32　“添加动画”下拉列表

1. 进入效果

图 10-32 中所示的“进入”和“更多进入效果”都可以设置动画效果的对象出现的动画形式，鼠标移动到某一效果即可显示该效果的样式。

2. 强调效果

图 10-32 中所示的“强调”和“更多强调效果”都是为对象添加一个强调的动画效果，鼠标移动到某一效果即可显示该效果的样式。如下划线效果，如图 10-33 所示。

图 10-33　下划线效果

3. 退出效果

退出效果与进入效果动画效果类似，区别在于退出效果是对象在退出时所显示的动画效果。各种退出效果如图 10-34 所示。

4. 动作路径

该效果是根据形状或直线、曲线的路径来展示对象的运动路径，使用这些效果可以使对象上下左右移动或按形状移动，并且可以结合于其他效果，如图 10-35 所示。

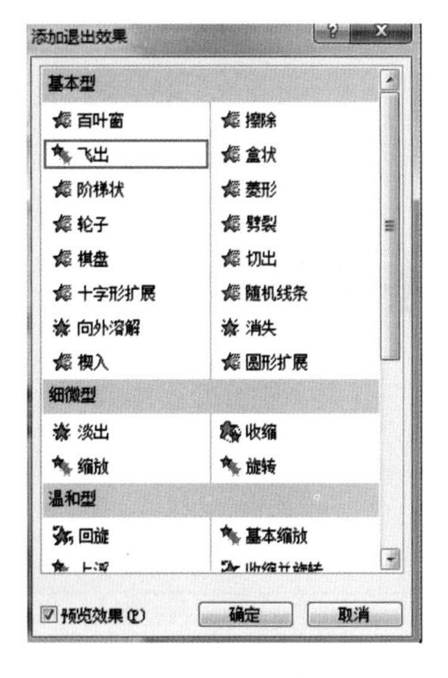

图 10-34　退出效果

图 10-35　动作路径

项目实践

制作“自我介绍”演示文稿，效果显示如图 10-36 所示，操作要求如下。

(1)创建一个“气流”主题的演示文稿，并新建幻灯片，插入文本框，录入文本，插入素材文件夹中的图片。

(2)删除幻灯片 1 中图片的背景，并设置图片样式为透视阴影，白色，图片边框为白色，大小高度为 8cm，宽度为 12cm。

(3)设置幻灯片 2、3 中除标题外正文字体为方正姚体，字号为 28。

(4)在幻灯片 4 中插入艺术字式样“填充－蓝色，强点文字颜色 1，金属棱台，映像”，字号为 88。

(5)设置图片的动画效果为“向右路径”，从演示文稿左侧进入。

姓名：
性别：
毕业院校：
所学专业：
个人信息
幻灯片2

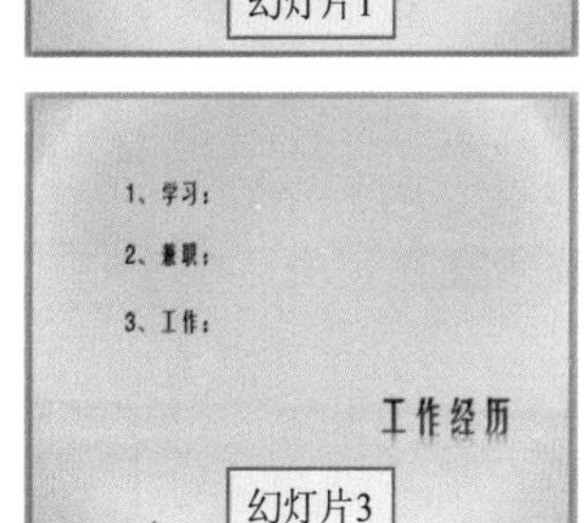

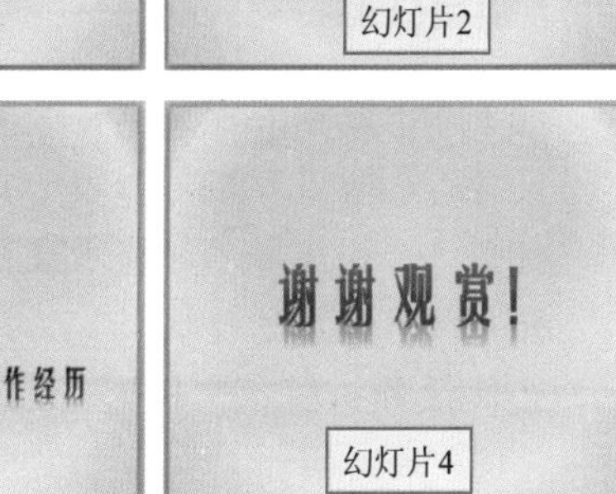

图 10-36　“自我介绍”演示文稿

(6)设置文本“自我介绍”“个人信息”“工作简历”动画效果为浮入文本，“谢谢观赏！”动画效果为弹跳，其余文本的动画效果为淡出。

(7)所有动画效果都是“上一动画效果之后”开始。

项目 11

制作业绩汇报报表

项目描述

现在无论是授课还是汇报工作，几乎都会借助于演示文稿。在汇报工作时，将自己的工作数据以表格、报表的形式展示出来，会让观看者更加一目了然，观看者也会更愿意仔细地去听你的汇报，因此学会在演示文稿中制作业绩汇报报表尤为重要。

项目目标

1. 能制作演示文稿母版。
2. 能插入表格与图表。
3. 能制作演示文稿正文与目录。
4. 学会设置超链接。

项目任务

任务 1：设置演示文稿母版
任务 2：插入表格与图表
任务 3：制作目录与演示文稿正文
任务 4：设置超链接
拓展任务：演示文稿的打包

任务 1 设置演示文稿母版

任务说明

演示文稿母版包括幻灯片母版、讲义母版、备注母版三类，母版中包含了已设定格式的占位符，这些占位符是为标题、主要文本和所有出现的背景项目而设置的。通过更改母版，可以改变演示文稿中所有基于母版的内容，这对于制作多页风格相同的内容有很大的帮助。熟练掌握母版的操作，可以减轻工作量。

任务实施

步骤 1：选择“视图”选项卡，其中的“母版视图”组包含三类母版，如图 11-1 所示。下面主要介绍“幻灯片母版”的设置。

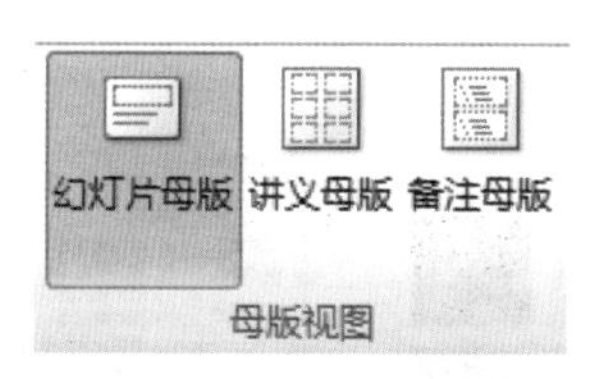

图 11-1 “母版视图”组

步骤 2：单击“幻灯片母版”按钮，界面显示如图 11-2 所示。

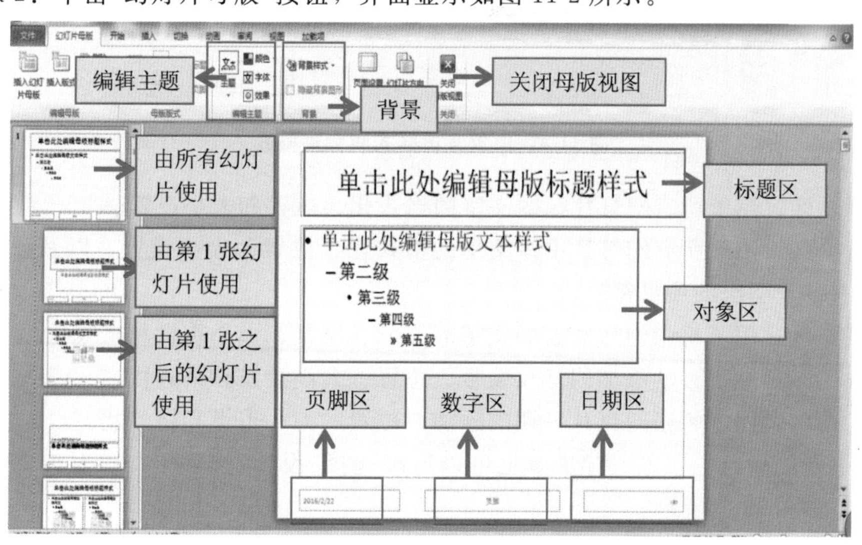

图 11-2 幻灯片母版

(1)编辑主题：执行其中的命令分别可以设置整个演示文稿的主题、主题颜色、文本字体、效果，如图 11-3 所示。

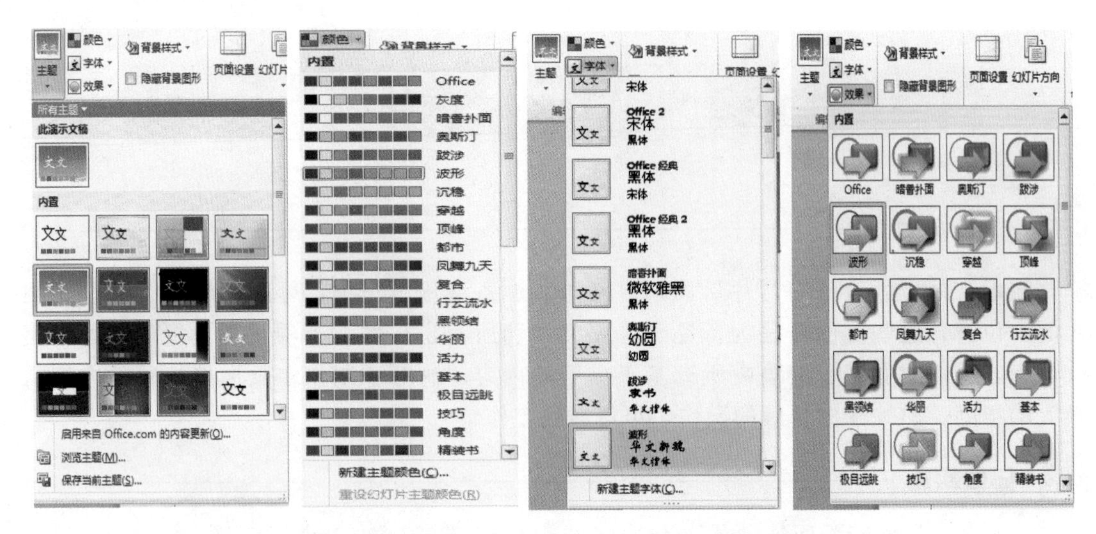

图 11-3　设置主题、主题颜色、文本字体、效果的列表

(2)背景：执行该命令可以设置演示文稿的背景样式、格式，以及隐藏背景图形，如图 11-4 所示。

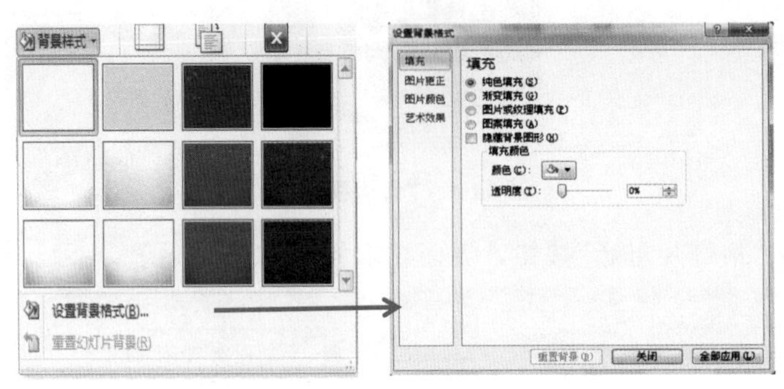

图 11-4　设置背景样式和背景格式

(3)标题区：用于所有幻灯片标题文字的格式化、位置和大小设置。

(4)对象区：用于所有幻灯片主体文字的格式化、位置和大小设置，以及设置文本的属性、设置各个层次的项目符号。

(5)页脚区：用于每张幻灯片页脚文字的添加、位置、大小重设和格式化。

(6)数字区：用于自动添加幻灯片编号、位置、大小重设和格式化。

(7)日期区：用于每张幻灯片日期的添加、位置、大小重设和格式化。

注：主题的颜色、字体、背景等也可以直接选择“设计”选项卡，在对应的功能区中进行设计，如图 11-5 所示。

图 11-5　“设计”选项卡

步骤 3：在设置母版样式中，可以删除不需要的内容，也可以插入自己需要的内容，如图像、文本等，操作如下。

选择“插入”选项卡，单击“图片”按钮，选择需要的图片进行插入，效果如图 11-6 所示。

步骤 4：设置好整个的母版样式之后，单击“关闭母版视图”按钮，就可保存设置。

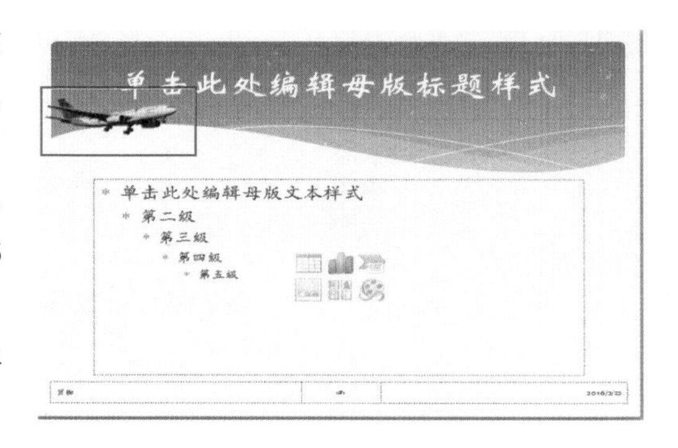

图 11-6　插入图片效果

任务 2　插入表格与图表

任务说明

学习本任务后，要求能够熟练灵活地插入表格、图表。

任务实施

一、插入表格

选择“插入”选项卡，单击“表格”按钮，弹出其下拉菜单，如图 11-7 所示。

(1)在“插入表格”区域，通过鼠标拖动可自动设置表格的行、列数，如插入 4 列 5 行的表格，如图 11-8 所示。

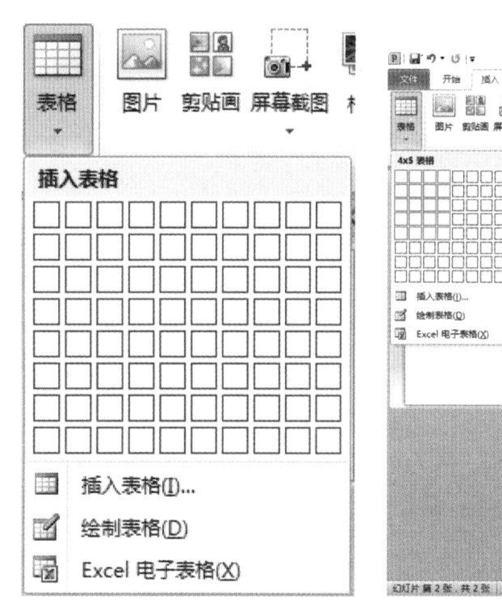

图 11-7　“表格”下拉菜单

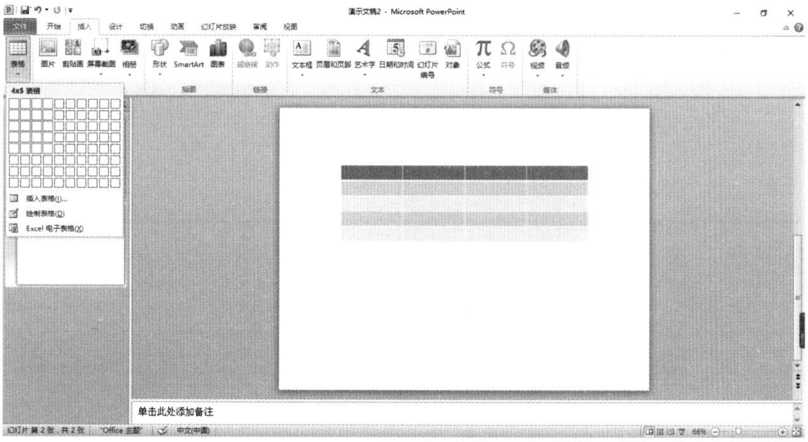

图 11-8　直接拖动鼠标插入表格

(2)执行“插入表格”命令，弹出“插入表格”对话框，在其中输入行、列数，单击“确定”按钮即可创建表格，如图 11-9 所示。

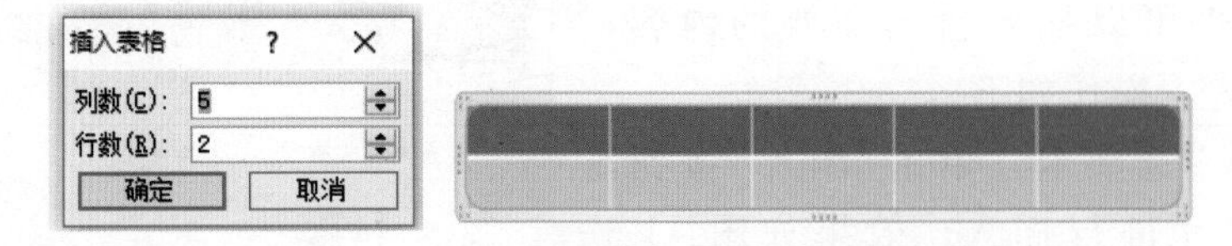

图 11-9　通过“插入表格”对话框创建表格

(3)执行“绘制表格”命令，将鼠标移动到编辑区，指针显示为画笔，拖动即可绘制一个表格，如图 11-10 所示。

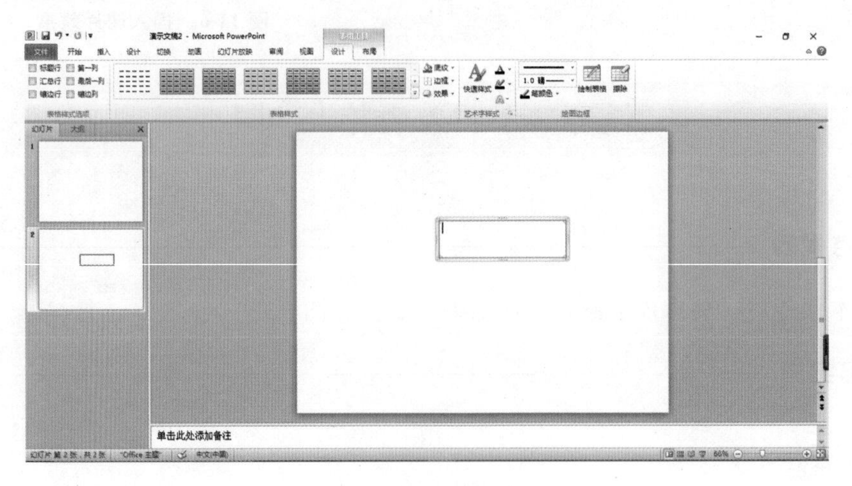

图 11-10　绘制表格

(4)执行“Excel 电子表格”命令，会在幻灯片中插入电子表格，如图 11-11 所示。此时可自主输入内容，并按照 Excel 电子表格操作方法对数据进行计算处理等，编辑完成后，单击幻灯片空白处即可。

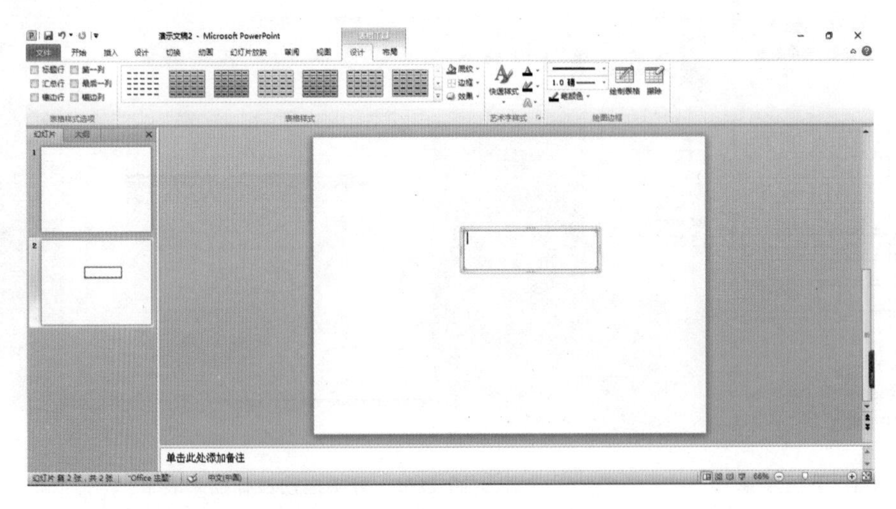

图 11-11　插入 Excel 电子表格

注：插入表格后，会出现“表格工具”，包括“设计”和“布局”选项卡，可对表格样式、边框、高度等进行编辑，如图 11-12 所示。

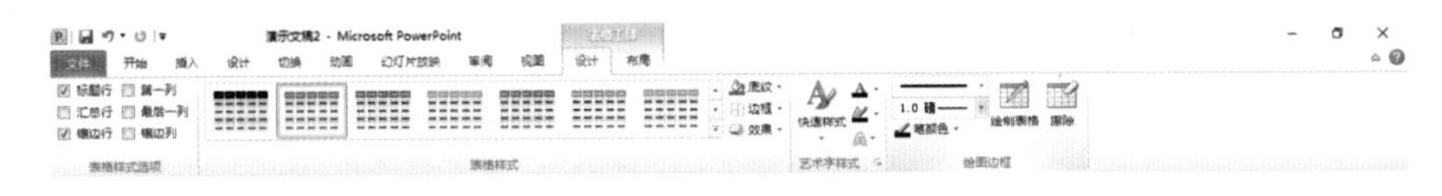

图 11-12　表格工具

二、插入图表

(1)选择“插入”选项卡，单击“图表”按钮，弹出“插入图表”对话框，如图 11-13 所示。

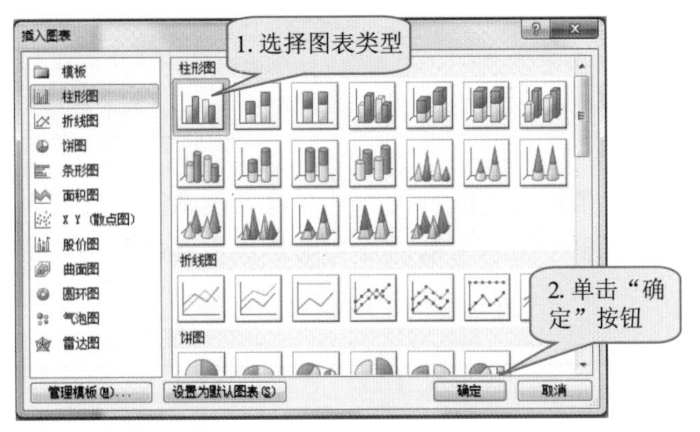

图 11-13　“插入图表”对话框

(2)选择一种图表类型，单击“确定”按钮，在插入图表的同时，将弹出 Excel 表格，界面显示如图 11-14 所示。

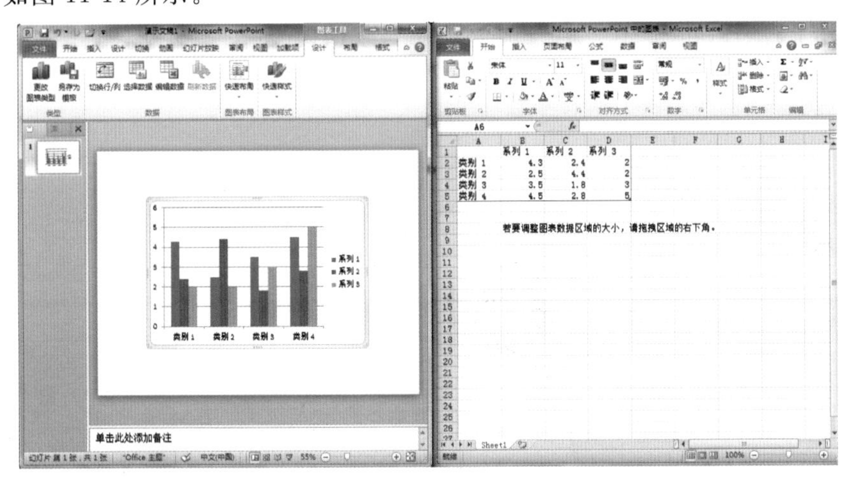

图 11-14　插入的图表及其对应的 Excel 表格

(3)编辑数据源：可直接在弹出的 Excel 表格中进行数据的录入、修改，也可将原有的数据直接复制粘贴过来。

(4)编辑图表：单击图表，会显示“图表工具”，包括“设计”“布局”和“格式”3 个选项卡，如图 11-15 所示，在其中进行编辑即可。

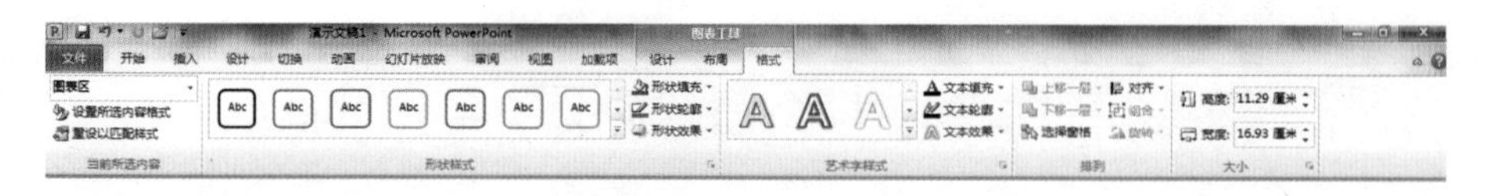

图 11-15　图表工具

任务 3　制作目录与演示文稿正文

任务说明

在制作演示文稿时，条理清晰的目录会让观看者熟悉演示文稿内容，对接下来的正文页会有大致的了解。而整个演示文稿的正文则是最主要的，通过正文向观看者传达作者的思想。

任务实施

一、制作目录

1. 新建幻灯片

(1)启动 PowerPoint 2010，打开需要制作目录的“民航安检工作概述”演示文稿，如图 11-16 所示。

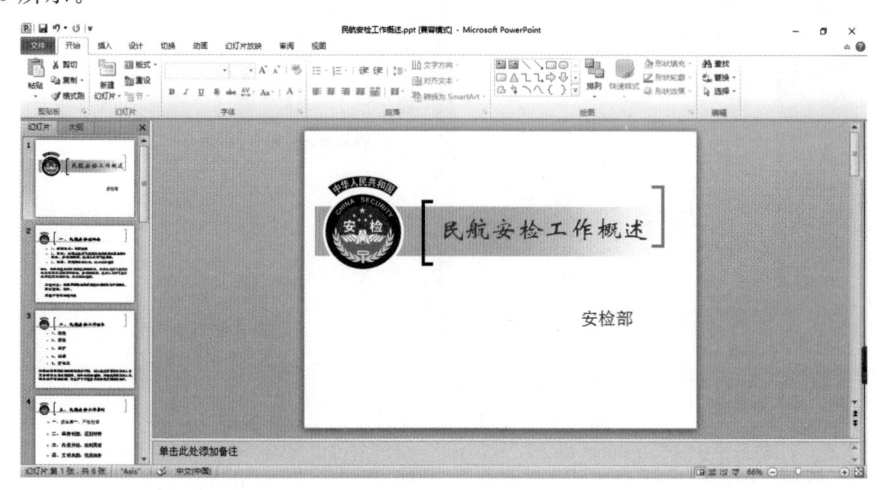

图 11-16　打开演示文稿

(2)目录一般是在演示文稿首页之后创建，选中幻灯片 1，按 Enter 键，即可新建幻灯片，如图 11-17 所示。

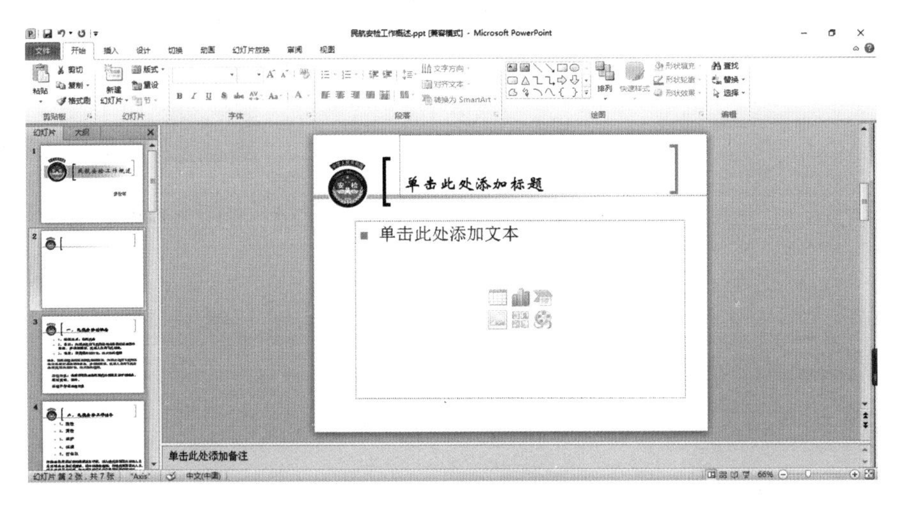

图 11-17 新建幻灯片

2. 录入文本

目录页的文本包括标题和正文两个部分，标题直接使用幻灯片占位符录入即可，而录入正文则有两种方式。

(1)使用幻灯片中已有的正文占位符输入第一个目录文本，并设置字体为华文新魏，其余的可直接复制粘贴第一个文本，然后修改文本内容，结果如图 11-18 所示。

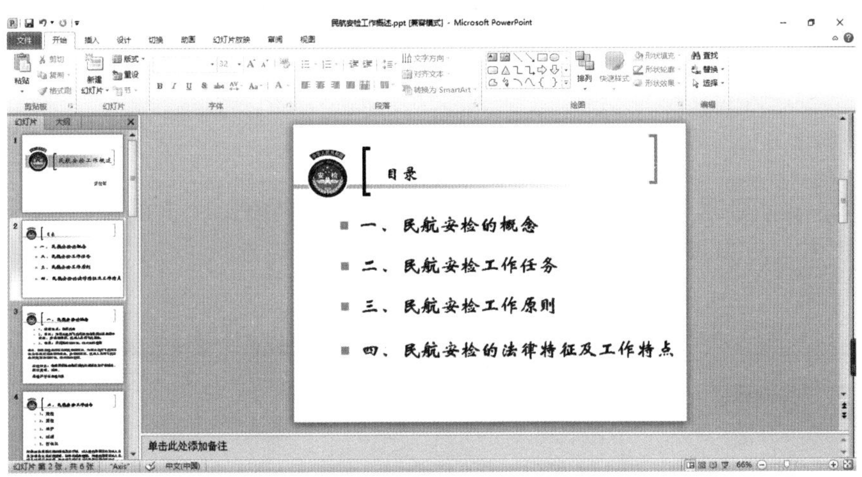

图 11-18 使用占位符录入目录文本

(2)在 PowerPoint 2010 中包括了插入 SmartArt 功能，选择“插入”选项卡，单击“SmartArt”按钮，弹出“选择 SmartArt 图形”对话框，在其中可以直接选择需要的类型，如图 11-19 所示。

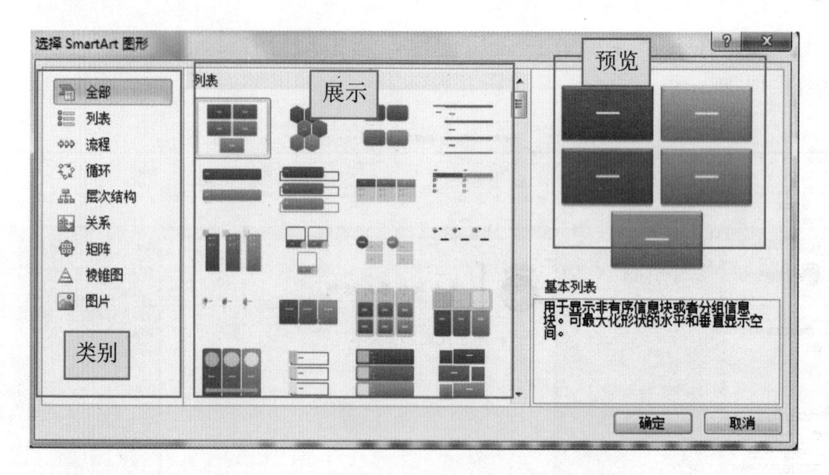

图 11-19 “选择 SmartArt 图形”对话框

插入“垂直列表框”后的效果如图 11-20 所示。

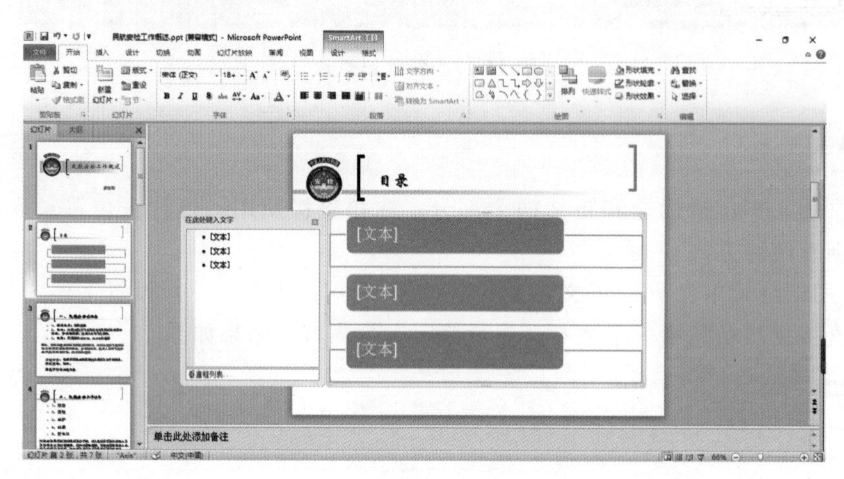

图 11-20 插入“垂直列表框”

此时如果显示的形状不满足我们的需求，可以进行更改。选择“SmartArt 工具”中的“设计”选项卡，可以添加形状，更改 SmartArt 样式，调整大小、位置等，如图 11-21 所示。

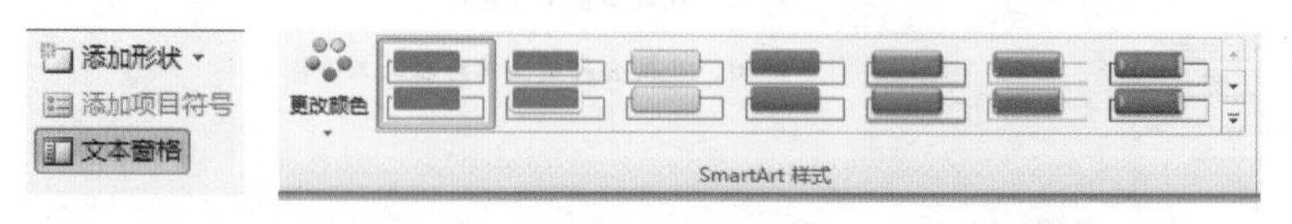

图 11-21 SmartArt 样式

选择“细微效果”样式，在“文本”处输入文本内容，并设置文本格式即可，如图 11-22 所示。

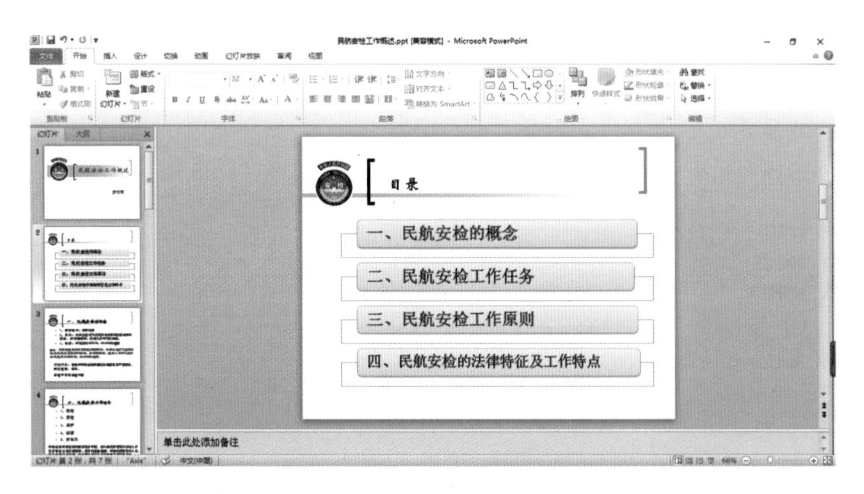

图 11-22 选择“细微效果”样式输入的目录文本

二、制作演示文稿正文

演示文稿正文的内容是基于目录而来，而正文的内容一般包含了文本、图片、视频、音乐等，在制作时，注意文本不要过多，否则会让观看者觉得压抑，字号搭配要得当。

正文的制作与目录制作相似，新建幻灯片，插入图片，插入文本框，录入文本，调整格式即可。

下面展示一个实例。其中，标题字体为微软雅黑，字号为 44，正文字体为宋体，字号为 32，如图 11-23 所示。

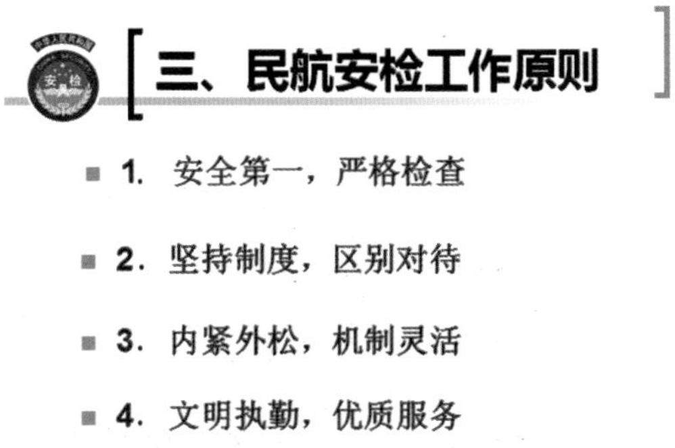

- 1. 安全第一，严格检查
- 2. 坚持制度，区别对待
- 3. 内紧外松，机制灵活
- 4. 文明执勤，优质服务

图 11-23 演示文稿正文示例

任务 4 设置超链接

任务说明

在演示文稿中设置超链接的目的是为了方便跳转到某个特定的地方，比如从目录跳到指定的某张幻灯片。通过本任务的学习，要学会使用超链接，让演示文稿使用起来更方便、快捷。

任务实施

打开“民航安检工作概述”演示文稿，选择目录页，选中要设置超链接的一个对象，设置超链接有两种方法。

方法 1：右键快捷菜单法。选中对象，单击右键，弹出快捷菜单，选择“超链接”命令，如图 11-24 所示。

方法 2：选择“插入”选项卡，单击“超链接”按钮，如图 11-25 所示。

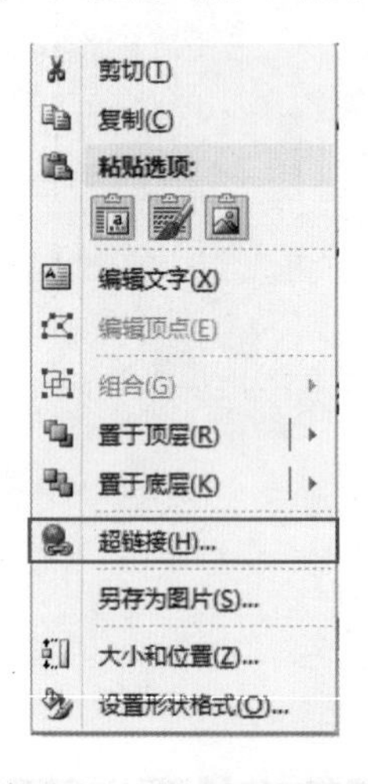

图 11-24　右键快捷菜单

图 11-25　单击“超链接”按钮

弹出“插入超链接”对话框，在其中进行相关设置，如图 11-26 所示。

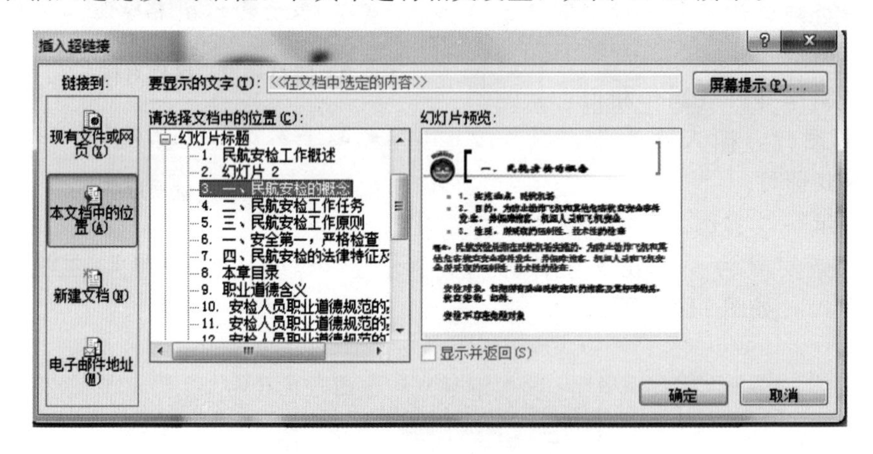

图 11-26　“插入超链接”对话框

拓展任务

演示文稿的打包

演示文稿制作好之后，一般会复制到其他设备上进行播放，为了避免其他设备对演示文稿的不兼容性，我们会将其打包，保证演示文稿的播放。

(1)选择“文件”选项卡，打开“保存并发送”菜单，如图 11-27 所示。

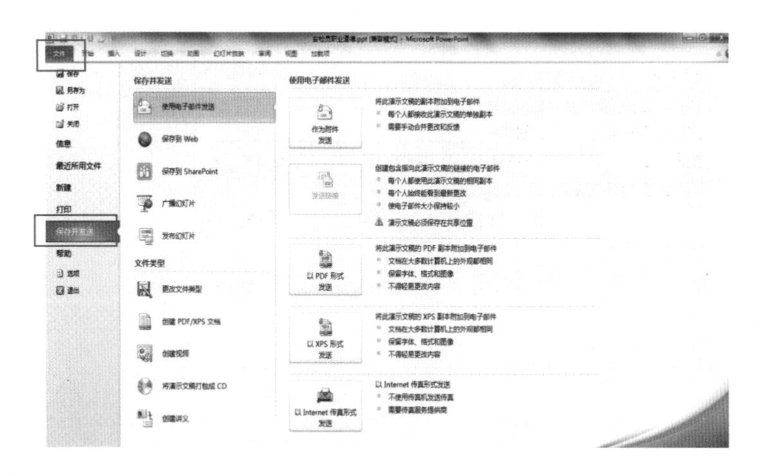

图 11-27　“保存并发送”菜单

(2)选择“将演示文稿打包成 CD”选项，如图 11-28 所示。

图 11-28　选择“将演示文稿打包成 CD”选项

(3)单击“打包成 CD”按钮，弹出“打包成 CD”对话框，如图 11-29 所示。在这里可以添加更多的演示文档，也可以删除不需要的文档。

(4)单击“复制到文件夹”按钮，弹出“复制到文件夹”对话框，可以设置文件夹名称和存放的位置，单击“确定”按钮完成操作，如图 11-30 所示。

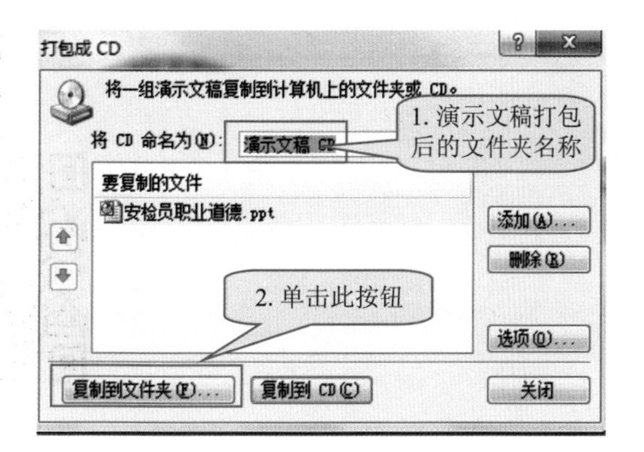

图 11-29　“打包成 CD”对话框

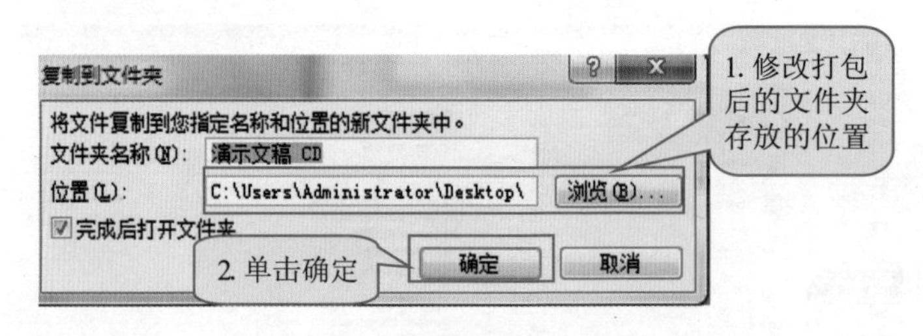

图 11-30 “复制到文件夹”对话框

项目实践

制作一个名为“3 月份就业信息分析”的演示文稿，效果如图 11-31 所示，操作要求如下。

(1)创建一个空白演示文稿，名字为“3 月份就业信息分析”。

(2)通过母版设计演示文稿封面标题字体为华文新魏，字号为 48，其余幻灯片标题字体为仿宋，加粗，字号为 44，正文字体为宋体，字号为 28。

(3)按照图 11-31 所示内容，依次录入演示文稿文本，并插入 SmartArt、表格、图表和艺术字。

(4)设置图表类型为簇状柱形图，以“就业人数统计表”中第 2 列和第 3 列为数据源。

(5)为目录页中的三项文本添加对应的超链接，分别超链接至该演示文稿的三页幻灯片中。

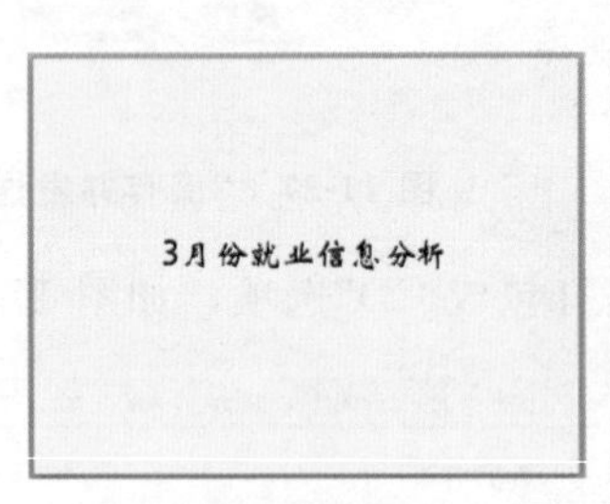

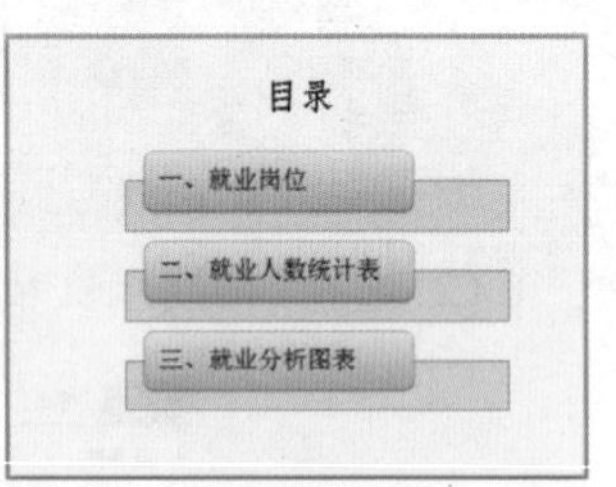

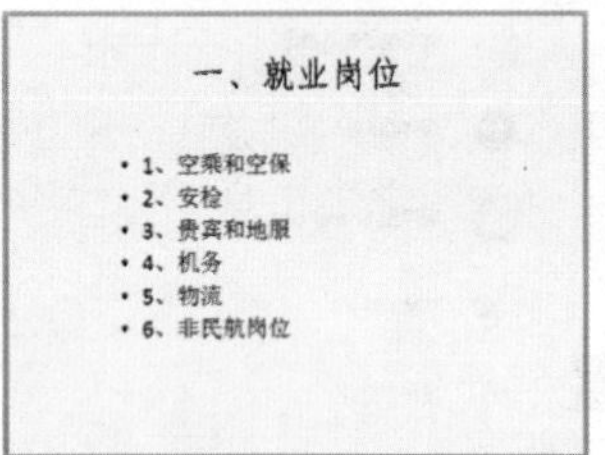

序号	岗位	总人数	招聘单位
1	空乘和空保	534	共计36家单位，1365人
2	安检	490	
3	贵宾和地服	243	
4	机务	24	
5	物流	8	
6	非民航岗位	16	

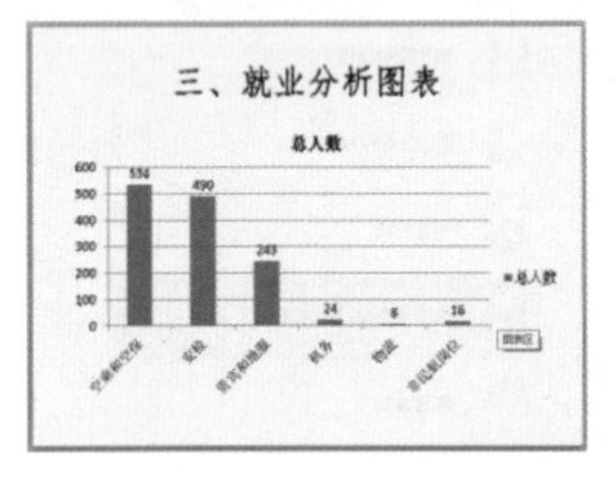

图 11-31 “3 月份就业信息分析”演示文稿

扫一扫

第 4 编

网络基础应用

项目 12

接入 Internet

项目描述

现代社会网络的使用非常广泛，很多工作也通过网络完成，甚至部分工作可以在家进行网络办公，所有的公司和大部分家庭都已接入互联网，而很多家庭用户和小型商业用户基本都是使用 ADSL 上网的。本项目介绍常见的 ADSL 拨号上网的方法。

项目目标

1. 掌握常见的 ADSL 接入方法。
2. 掌握 Windows 7 中常见的网络设置。
3. 掌握简单的无线网络连接设置方法。

项目任务

任务 1：学习拨号与 ADSL 接入方法
任务 2：设置网络共享
任务 3：连接简单的无线网络

任务 1　学习拨号与 ADSL 接入方法

任务说明

常见的家庭 ADSL 接入法是利用电脑直接连接 ADSL Modem 进行拨号，而公司由于上网电脑较多，则大多利用路由器进行拨号，本任务介绍两种接入方法的设置。

任务实施

一、Windows 7 ADSL 网络连接的设置方法

1. 计算机——路由器——ADSL Modem 的局域网模式连接设置

（1）在控制面板的网络和共享中心，设定好当前的网络类型即可（一般选择公用网络），如图 12-1 所示。IP 地址如非特殊需要不用设置（公司办公一般为了共享需要可以考虑分配 IP 地址），路由器会自动为计算机分配运行时的 IP 地址（一般都是内网地址，可能每次启动时会有变动）。

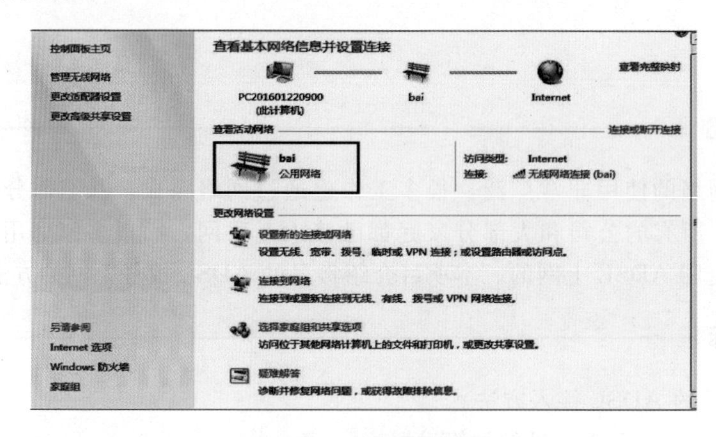

图 12-1　设定网络类型

（2）为路由器配置 ADSL 的自动拨号功能。方法是：启动路由器，打开浏览器，输入路由器的 IP 地址（一般是 192.168.1.1，或者 192.168.0.1，可以在“开始”菜单中运行 CMD 里输入 ipconfig 查看到网关的 IP 地址），输入路由器的登录账号和密码（一般都是 admin），普通家用或小型商用路由器大部分管理界面类似。

图 12-2 为 TP-LINK TL-WR842N 的管理界面，可以在网络参数 LAN 口设置里面，输入上网账号和口令密码，选择自动连接，这样只要每次路由器和 ADSL Modem 通电就会自动控制 ADSL 登录网络，无须手动再次干预。其他路由器设置类似。

图 12-2　路由器管理界面

(3)设置完毕，只要确认路由器已经可以正常联通网络，那么 Windows 7 这边基本无须设置了，系统会在开机后自动获取本次 IP 地址，默认全部交由操作系统完成。

2. 计算机——ADSL Modem 的 ADSL 计算机拨号设置

如果没有路由器，就需要在 Windows 7 中进行 PPPoE 的拨号设置，设置方法如下。

(1)在图 12-1 的“更改网络设置”组中，单击“设置新的连接或网络”，在弹出的对话框中选择第一项“连接到 Internet”，如图 12-3 所示。

(2)单击“下一步”按钮，由于计算机已经连上网络了，所以出现如图 12-4 所示的界面。

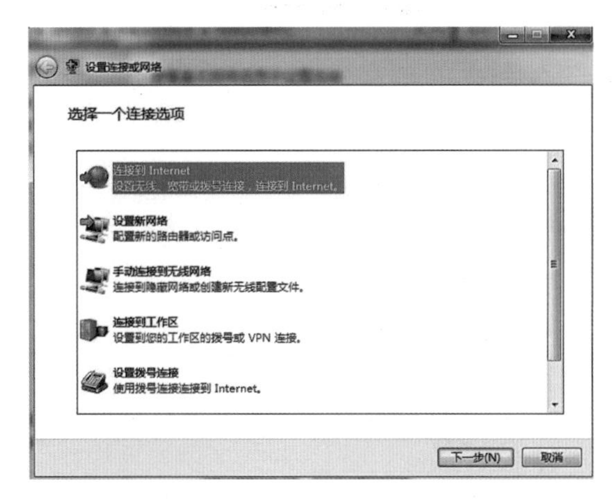

图 12-3 选择连接选项

图 12-4 计算机与 Internet 已连接

(3)单击“仍要设置新连接”，进入如图 12-5 所示的界面。

(4)选择“宽带(PPPoE)”连接，进入如图 12-6 所示的界面，输入用户名和密码即可。

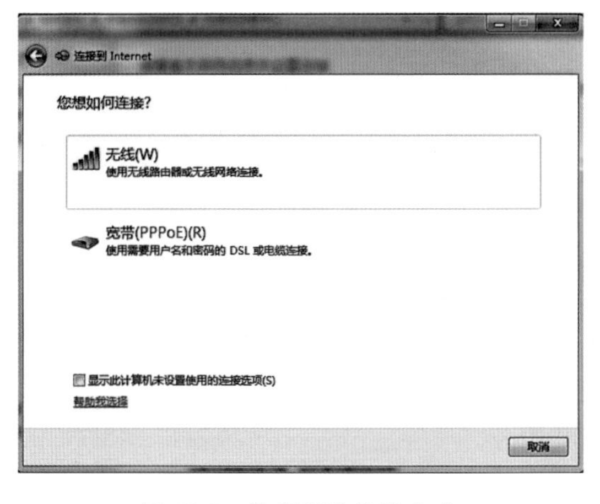

图 12-5 选择新的连接方式

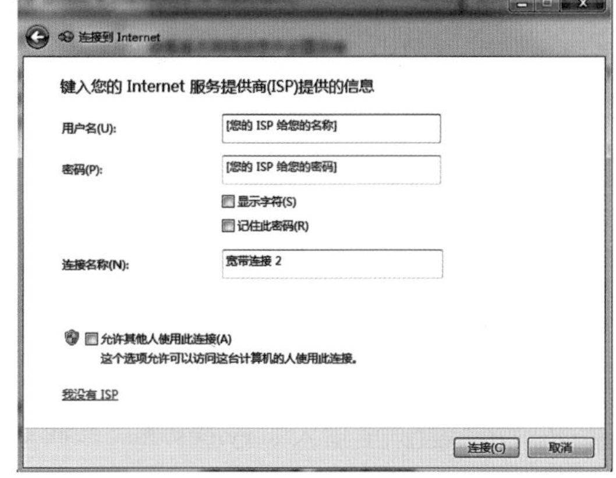

图 12-6 输入上网账号和密码

笔记本等带有无线网卡，如使用无线网卡上网，则在图 12-5 中选择“无线”连接，就可以切换到无线网络，配置方法类似。

二、Windows 7 普通 Modem 电话拨号连接的设置方法

使用模拟拨号的用户现在不太多了，不过还是介绍一下。在图 12-3 选择“设置拨号连接”选项，单击“下一步”按钮，出现如图 12-7 所示的界面。

在图 12-7 中输入用户的电话号码、用户名和密码，即可创建 Modem 拨号连接了。

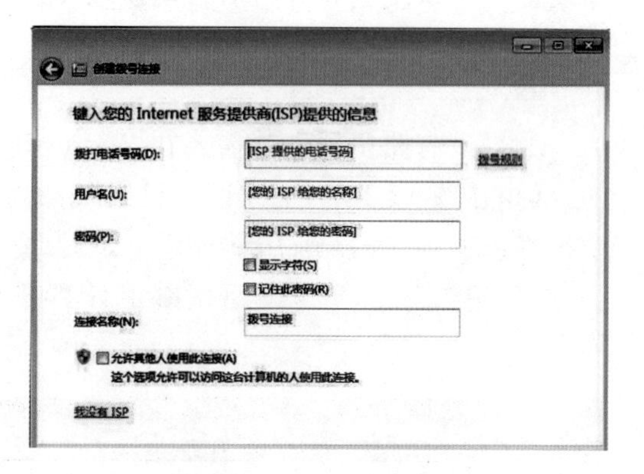

图 12-7　创建拨号连接

任务 2　设置网络共享

任务说明

网络共享主要包括文件共享、打印机共享、Internet 网络共享。通过共享局域网内的计算机能访问共享资源，提高资源利用率和办公效率。

任务实施

一、文件共享

所谓共享文件就是指某个计算机用来和其他计算机相互分享的文件。在 Windows 7 系统中，可以利用系统的共享功能来与局域网中的其他计算机共享文件。

1. 前提工作

(1)更改不同的计算机名，设置相同的工作组。

(2)右键单击桌面上的“计算机”图标，在弹出的快捷菜单中选择“管理”命令，打开“计算机管理”窗口，选择“本地用户和组”→“用户”，更改管理员用户名。

(3)手动设置 IP，将 IP 设置在同一个网段，子网掩码和 DNS 解析相同。如果是在同一个路由器下的计算机，将会自动获取 IP，则不需要此步骤操作。

(4)在“运行”里输入 services. msc，回车打开服务。

2. 文件共享设置方法

(1)打开资源管理器，打开其中的某一个磁盘，选定一个想与局域网中其他计算机共享的文件夹，例如“成都航空旅游职业学校”文件夹，如图 12-8 所示。

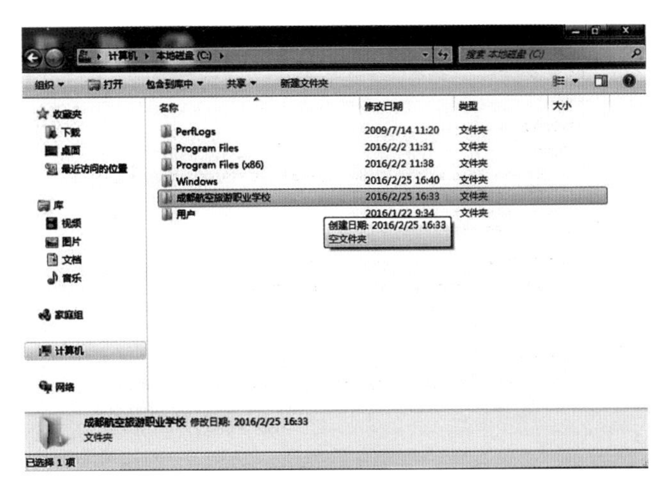

图 12-8 选择共享文件夹

(2)在此文件夹上单击鼠标右键，在出现的快捷菜单中单击“共享”命令，然后会在右边弹出一个子菜单，如图 12-9 所示，其中有 4 个选项，中间的两个选项是共享的方式，可以完全共享，也可以只能读取不能写入。为了安全考虑，在这里选择只可以读取的共享。

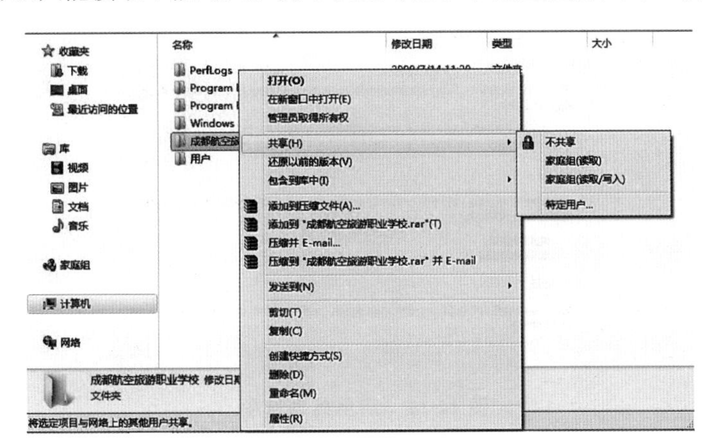

图 12-9 “共享”快捷菜单

(3)进入共享界面时，如果此前没有进行过文件共享，将会提示“网络上当前没有家庭组”，如图 12-10 所示。可单击“更改高级共享设置”链接，在如图 12-11 所示的高级共享设置界面修改相关的设置。

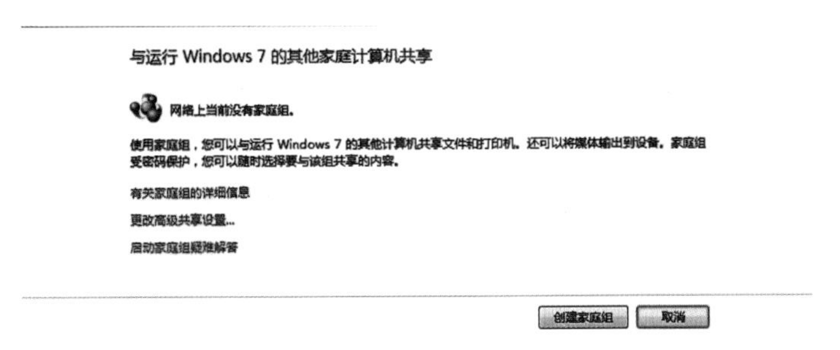

图 12-10 没有进行过文件共享的相关提示

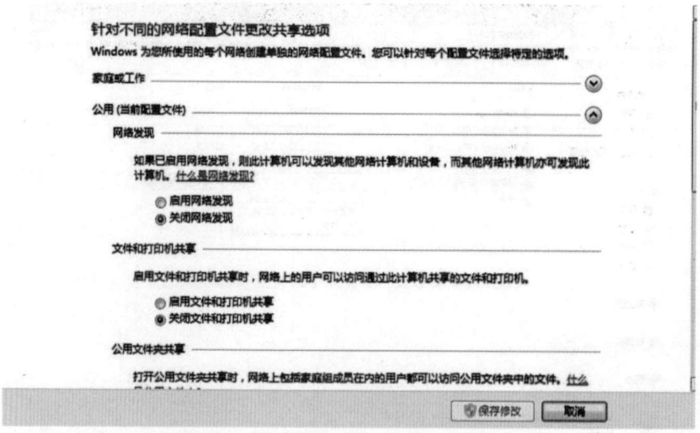

针对不同的网络配置文件更改共享选项
Windows 为您所使用的每个网络创建单独的网络配置文件。您可以针对每个配置文件选择特定的选项。
家庭或工作
公用 (当前配置文件)
网络发现
如果已启用网络发现，则此计算机可以发现其他网络计算机和设备，而其他网络计算机亦可发现此计算机。什么是网络发现?
启用网络发现
关闭网络发现
文件和打印机共享
启用文件和打印机共享时，网络上的用户可以访问通过此计算机共享的文件和打印机。
启用文件和打印机共享
关闭文件和打印机共享
公用文件夹共享
打开公用文件夹共享时，网络上包括家庭组成员在内的用户都可以访问公用文件夹中的文件。什么
保存修改
取消

图 12-11　高级共享设置界面

(4)依次选定启用文件共享的相关选项，如图 12-12 所示，然后单击“保存修改”按钮，退出设置界面。

文件和打印机共享
启用文件和打印机共享时，网络上的用户可以访问通过此计算机共享的文件和打印机。
启用文件和打印机共享
关闭文件和打印机共享
公用文件夹共享
打开公用文件夹共享时，网络上包括家庭组成员在内的用户都可以访问公用文件夹中的文件。什么是公用文件夹?
启用共享以便可以访问网络的用户可以读取和写入公用文件夹中的文件
关闭公用文件夹共享(登录到此计算机的用户仍然可以访问这些文件夹)
媒体流
当媒体流打开时，网络上的人员和设备便可以访问该计算机上的图片、音乐以及视频。该计算机还可以在网络上查找媒体。
媒体流已关闭。
选择媒体流选项...
文件共享连接
Windows 7 使用 128 位加密帮助保护文件共享连接。某些设备不支持 128 位加密，必须使用 40 或 56 位加密
保存修改
取消

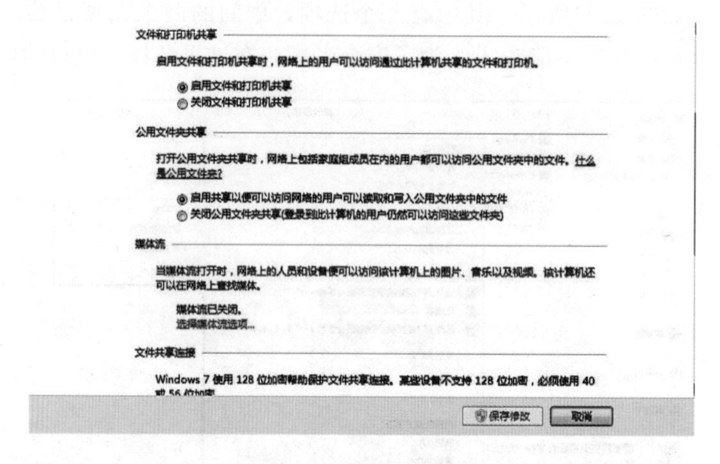

图 12-12　启用共享选项

(5)进入“更改家庭组设置”界面，单击“什么是网络位置”选项，如图 12-13 所示。

更改家庭组设置
此计算机属于某个家庭组。
家庭组不可用，因为您未连接到家庭网络。
什么是网络位置?
其他家庭组操作
查看或打印家庭组密码
更改密码...
离开家庭组...
更改高级共享设置...
启动家庭组疑难解答
保存修改
取消

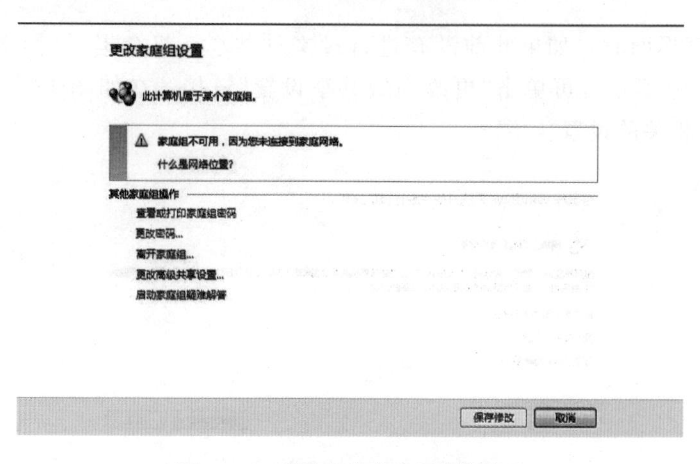

图 12-13　“更改家庭组设置”界面

(6)然后需要修改一下网络环境，因为家庭组共享必须是在家庭网络环境下，所以，单击“公用网络”选项，如图 12-14 所示。

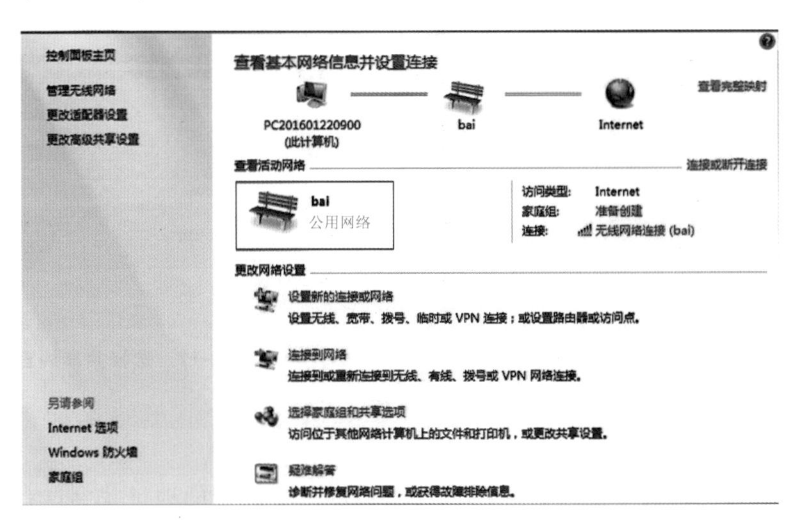

图 12-14　网络环境信息

(7)进入设置网络位置界面，单击“家庭网络”选项，设置为家庭网络，如图 12-15 所示。

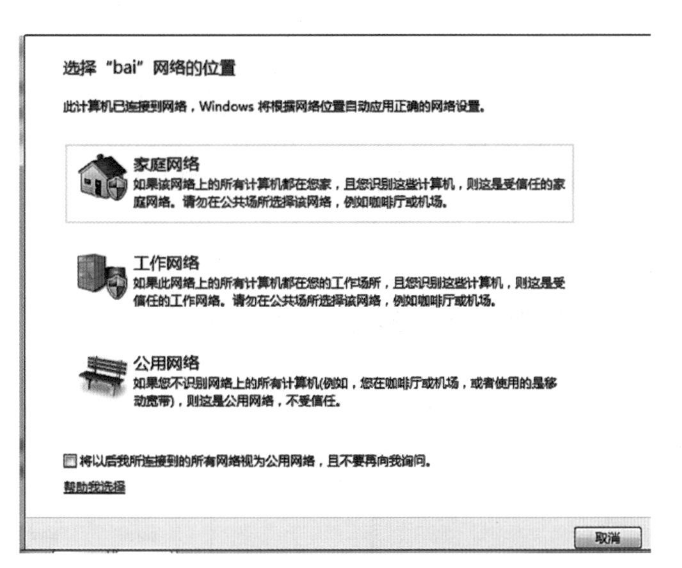

图 12-15　设置网络位置

(8)系统开始自动设置网络环境，如图 12-16 所示。

(9)接下来开始选择想共享的文件类型，可以是图片、音乐、视频等，如图 12-17 所示。选择好之后，单击“下一步”按钮，等待计算机配置完成，就可以开始共享文件了。

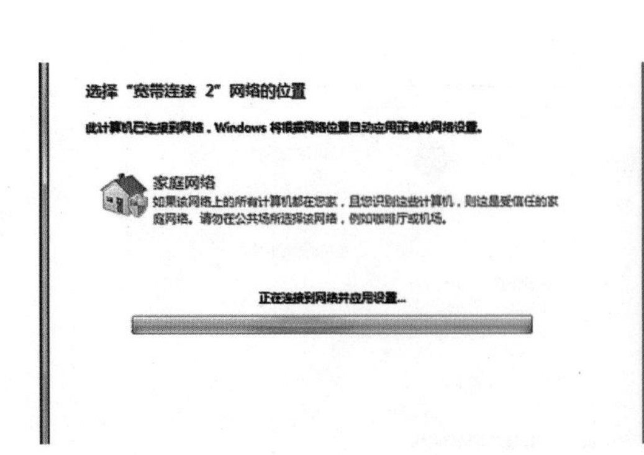

图 12-16　系统自动设置网络环境

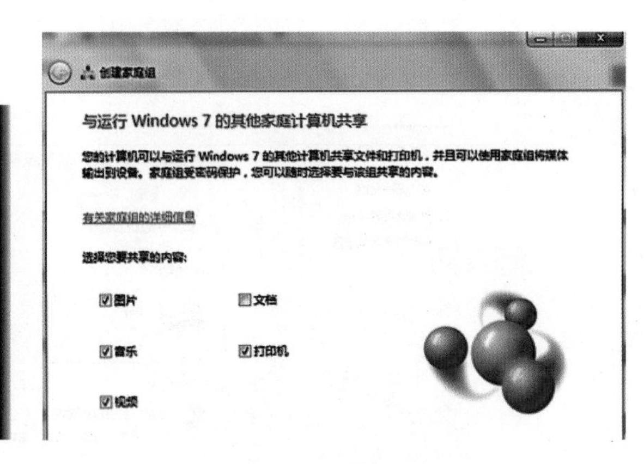

图 12-17　选择共享内容

二、打印机共享

打印机在局域网内共享后，其他用户可以通过一个确切的地址找到这台打印机，并实现打印，达到资源共享。共享打印机前请确认，共享者的计算机和使用者的计算机在同一个局域网内，同时该局域网是畅通的。

共享打印机的步骤如下。

1. 取消禁用 Guest 用户

因为其他用户访问安装打印机的这台计算机，就是以 Guest 账户访问的，因此需要取消禁用 Guest 用户。右键单击桌面上的"计算机"图标，在弹出的快捷菜单中选择"管理"命令，打开"计算机管理"窗口，展开"本地用户和组"→"用户"，如图 12-18 所示。双击"Guest"，打开"Guest 属性"对话框，确保"账户已禁用"选项没有被勾选，如图 12-19 所示。

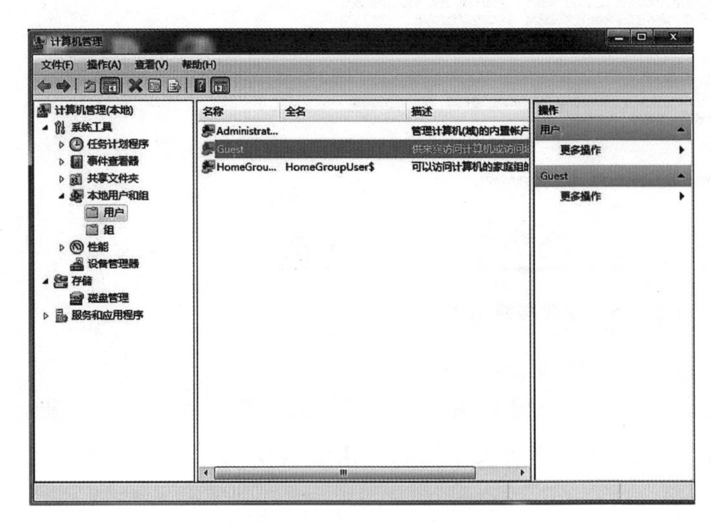

图 12-18　"计算机管理"窗口

图 12-19　"Guest 属性"对话框

2. 设置共享目标打印机

单击“开始”→“控制面板”→“硬件和声音”→“设备和打印机”，在弹出的窗口中找到想共享的打印机，在该打印机上右键单击，选择“打印机属性”命令，如图 12-20 所示。在打开的对话框中，切换到“共享”选项卡，勾选“共享这台打印机”，并且设置一个共享名(请记住该共享名，后面的设置可能会用到)，如图 12-21 所示。

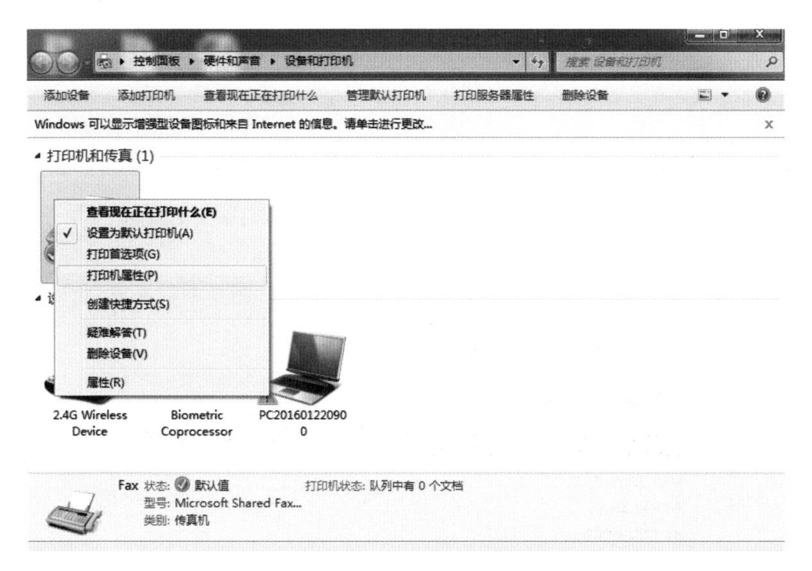

图 12-20　打印机快捷菜单

图 12-21　设置打印机的共享属性

3. 高级共享设置

在系统托盘的“网络连接”图标上右键单击，选择“打开网络和共享中心”命令，记住所处的网络类型，接着在弹出的窗口中单击“选择家庭组和共享选项”，如图 12-22 所示。在新打开的界面中单击“更改高级共享设置”，如图 12-23 所示。如果是家庭或工作网络，具体的共享设置可参考图 12-24，设置完成后不要忘记保存修改。

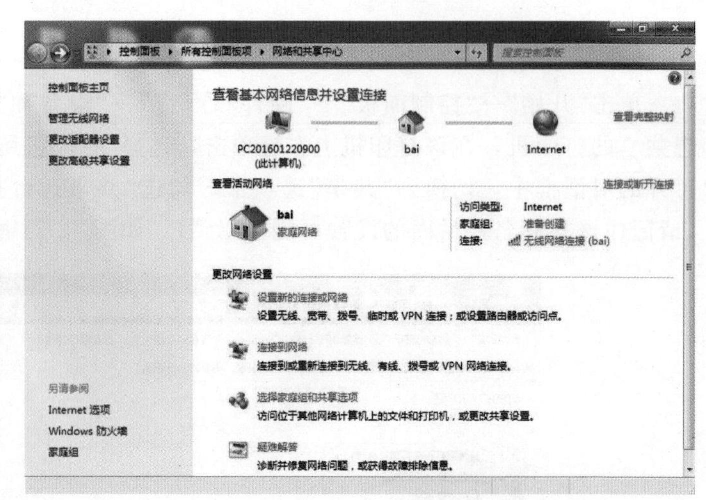

图 12-22 网络和共享中心

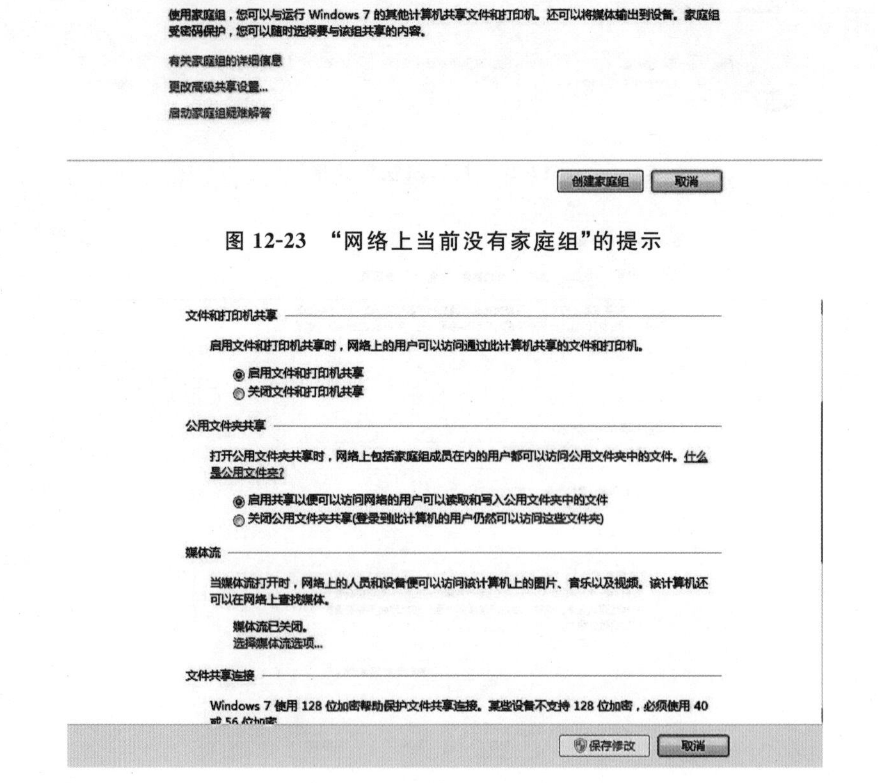

图 12-23 “网络上当前没有家庭组”的提示

图 12-24 高级共享设置

4. 设置工作组

在添加目标打印机之前，首先要确定局域网内的计算机都处于一个工作组。在桌面上的“计算机”图标上右键单击，选择“属性”命令，在弹出的窗口中找到工作组，如图 12-25 所示。如果计算机的工作组设置不一致，则单击“更改设置”按钮，在如图 12-26 所示窗口中进行设置。此设置要在重启后才能生效，所以在设置完成后不要忘记重启一下计算机。

图 12-25 计算机属性

提示：

共享打印机是在一个局域网内有一台打印机，大家都可以使用，但是如果共享打印机的这台计算机没有开机，大家就都无法使用这台打印机了。

网络打印机自己有一个 IP，相当于一台计算机，只要网络打开着大家就可以使用它。相对来说，还是网络打印机方便一点。人们似乎觉得网络打印机就是共享打印机，事实上网络打印机不仅仅是共享打印机，它是在共享打印机的基础上发展起来的。

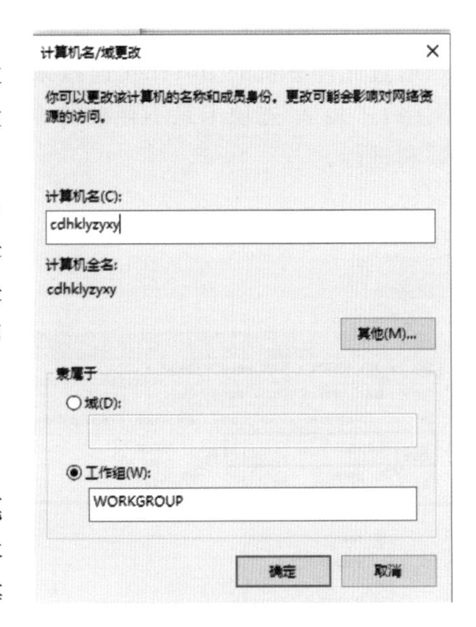

图 12-26 设置工作组

三、无线网络共享

家中的两台笔记本都有无线网卡，或者是一台笔记本和一部智能手机，现在想让两台笔记本或笔记本和手机都能够上网，而又不想购买路由器、交换机等设备，这个时候怎么办呢？其实只要进行无线网络共享设置即可实现。下面介绍在 Windows 7 下设置无线网络共享的方法。

(1)从桌面右下角的网络连接标志或者控制面板进入“网络和共享中心”，单击“更改适配器设置”选项，如图 12-27 所示。

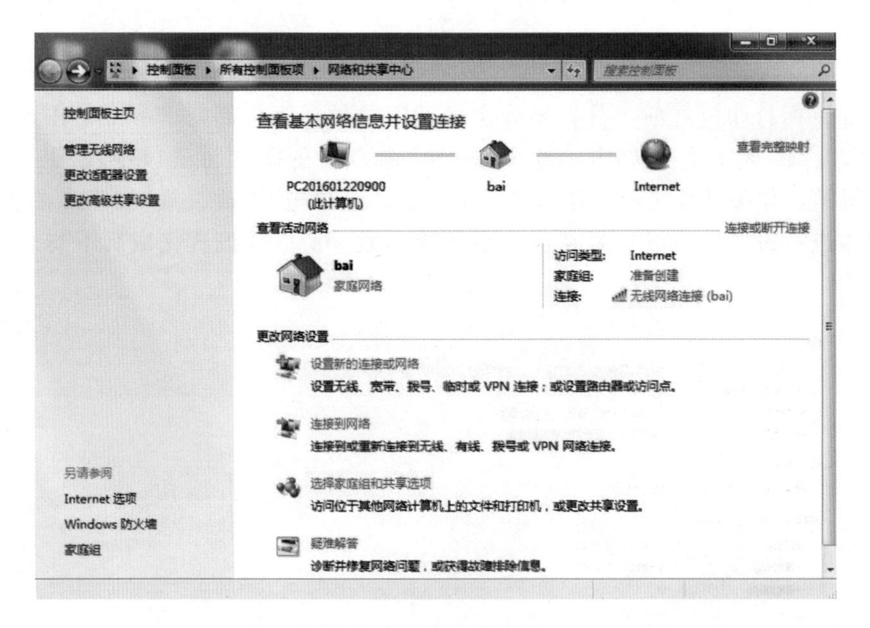

图 12-27　网络和共享中心

(2)找到已经连接的本地连接，然后右键单击，在弹出的快捷菜单中选择“属性”命令，如图 12-28 所示。

(3)在弹出的“本地连接 属性”对话框中，单击“共享”选项卡，勾选“允许其他网络用户通过此计算机的 Internet 连接来连接”，如图 12-29 所示。这里要注意，如果只有一个网络，“共享”选项卡是不存在的，所以在设置的时候把无线网络暂时启用，可保证共享顺利进行。

图 12-28　“本地连接”快捷菜单

图 12-29　本地连接共享设置

(4)然后回到“网络连接”窗口，右键单击“无线网络连接”，在弹出的快捷菜单中选择“属性”命令，如图 12-30 所示。

图 12-30　“无线网络连接”快捷菜单

(5)在弹出的“无线网络连接 属性”对话框的“网络”选项卡中，选择“Internet 协议版本 4(TCP/IPv4)”选项，单击“属性”按钮，如图 12-31 所示。

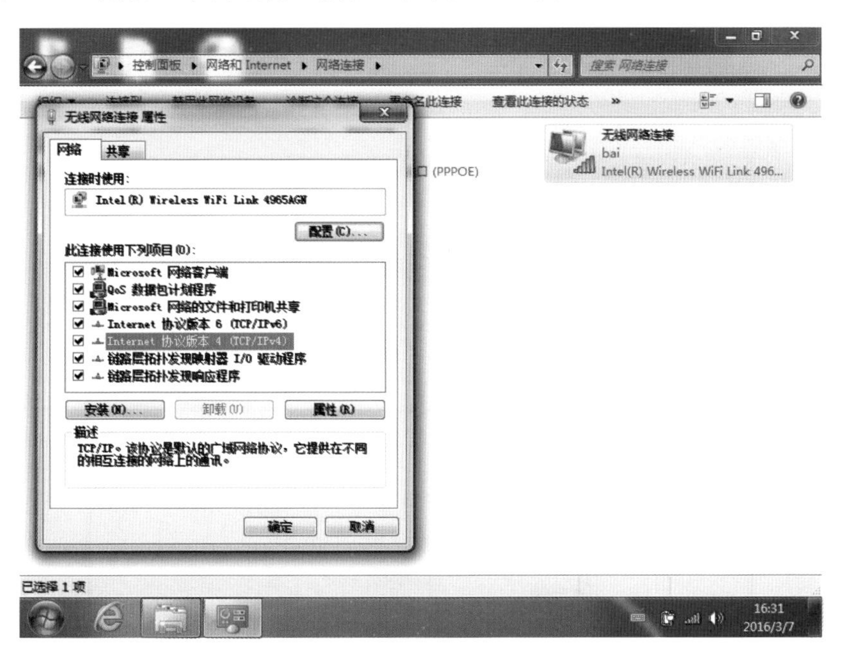

图 12-31　“无线网络连接 属性”对话框

(6)在弹出的“Internet 协议版本 4(TCP/IPv4)属性”对话框中，进行 IP 更改。IP 地址：192.168.0.1，子网掩码：255.255.255.0，默认网关：192.168.0.1，首选 DNS 服务器：192.168.0.1，完成后单击“确定”按钮，如图 12-32 所示。

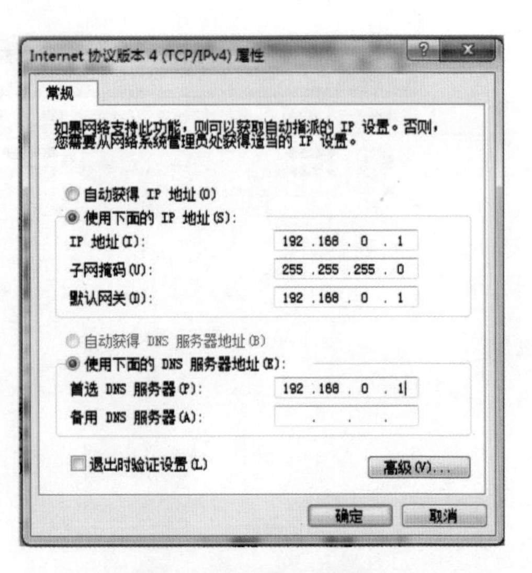

图 12-32　更改 IP 地址

(7)以上操作都是在主机上进行的，然后为分机也进行 IP 设置。具体设置方法与主机相同，只是分机的 IP 地址需要改为 192.168.0.X(X 可以是除 1 以外的任何 0～255 的整数)。

(8)上述设置完成后，就可以进行分机的无线上网了。如果此时分机无法连接，则可能是 ICS 服务没有打开，可参照下面的步骤进行操作。

(9)ICS 服务启动的设置。

①在桌面，右键单击“计算机”图标，在快捷菜单里选择“管理”命令，如图 12-33 所示。

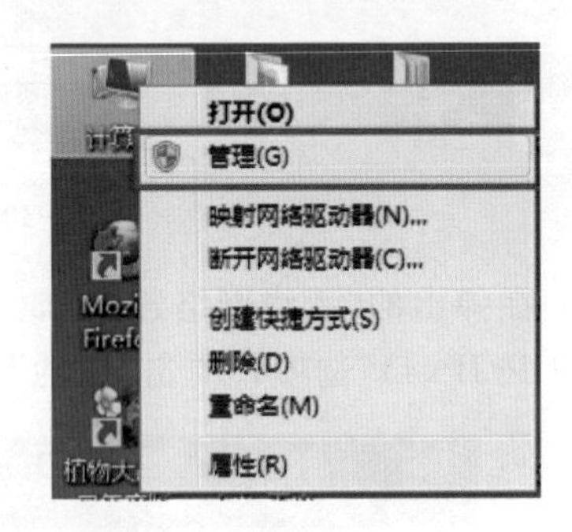

图 12-33　“计算机”快捷菜单

②在打开的“计算机管理”窗口中，选择“服务和应用程序”→“服务”，然后在中间的“服务”列表中找到“Internet Connection Sharing(ICS)”，如图 12-34 所示。

图 12-34　选择 ICS 服务

③右键单击选中的 ICS 服务，在快捷菜单里选择“属性”命令，如图 12-35 所示。

图 12-35　ICS 快捷菜单

④在属性对话框的“常规”选项卡，将启动类型选择为“自动”，然后单击“启动”按钮，如图 12-36 所示。

图 12-36　ICS 属性对话框

⑤如果提示无法启动，说明与 ICS 有依存关系的某些服务没有启动。打开“依存关系”选项卡，依次在“计算机管理”窗口的“服务”列表里找到 4 项服务，与之前一样设置成“自动”启动类型，并单击“启动”按钮尝试开启服务。如果该服务也无法开启，则继续寻找该服务的“依存关系”服务，直到与 ICS 存在依存关系的 4 项服务全部开启，才能开启 ICS 服务。

任务 3　连接简单的无线网络

任务说明

无线网络相比于有线网络有许多优势，它可以不受空间的限制自由上网。但是它的连接方式却不似有线网络那样简单，本任务我们学习怎么连接无线网络。

任务实施

首先，在“开始”菜单中打开控制面板，如图 12-37 所示。

图 12-37　“开始”菜单

打开控制面板之后，找到“网络和共享中心”这个选项，然后打开，如图 12-38 所示。

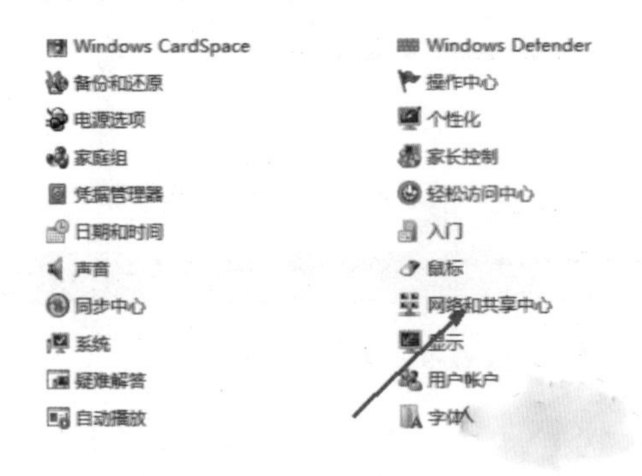

图 12-38　控制面板

打开“网络和共享中心”之后，这里有详细的关于网络连接方面的信息。单击“设置新的连接或网络”链接，如图 12-39 所示。

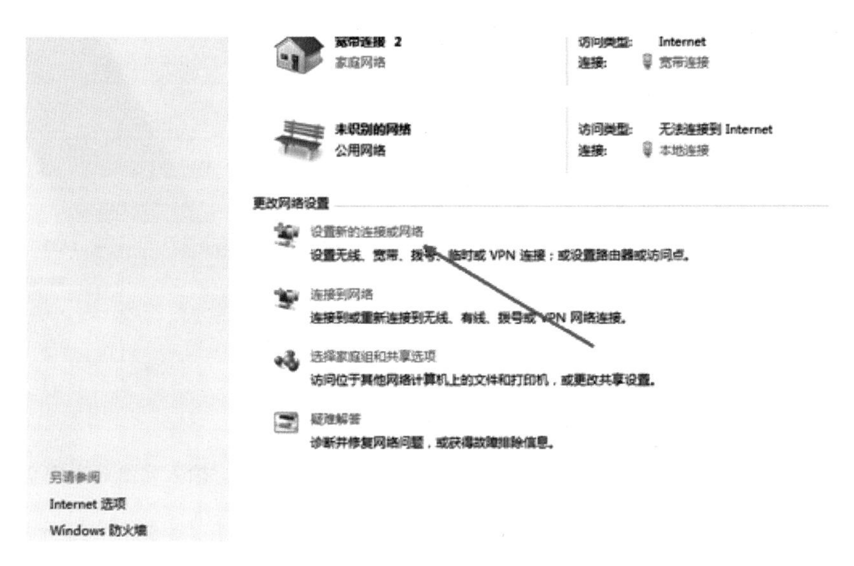

图 12-39 网络和共享中心

如果用户的计算机上以前有网络连接，现在是重新设定一个无线网络连接，就选择第一个选项“连接到 Internet”，创建一个新的连接，如图 12-40 所示。然后单击“下一步”按钮。

图 12-40 选择连接选项

在选择连接方式界面中，如果用户有无线网络，就会在下面的列表中显示出一个无线连接的选项。单击“无线”这个选项，然后单击“确定”按钮，如图 12-41 所示。

回到系统托盘处，找到网络连接的图标，然后打开，选择连接，将出现如图 12-42 所示设定无线网络的选项，输入网络名和安全密钥，单击“确定”按钮就可以了。

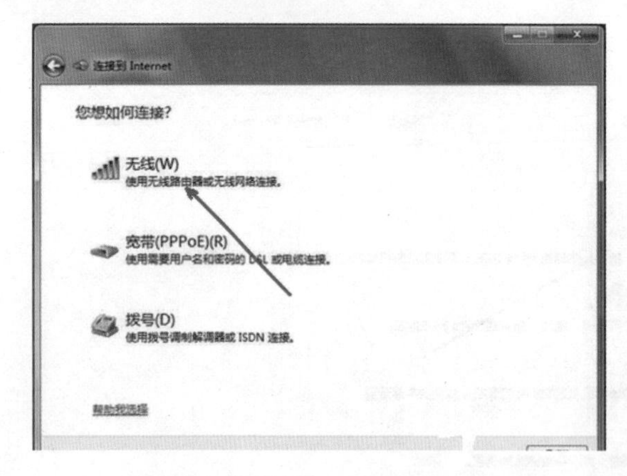

图 12-41　选择无线连接方式

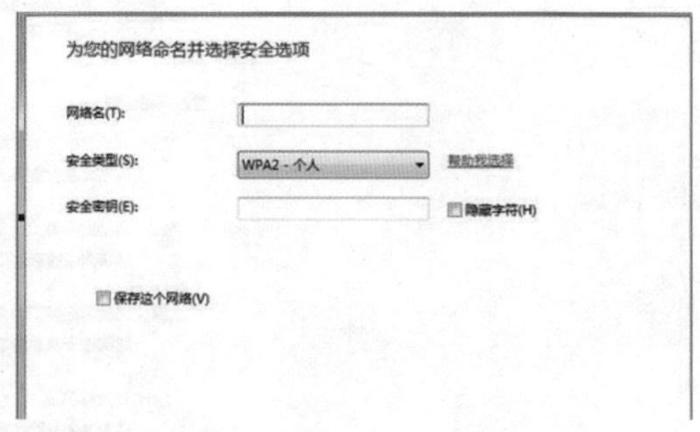

图 12-42　输入网络名和安全密钥

此时，无线网络连接设置完成，现在就可以用无线网络来上网了。打开系统托盘处的网络图标，会发现上面显示了无线网络“已连接”，如图 12-43 所示。

提示：无线网络相比于有线网络，可能会有不稳定。

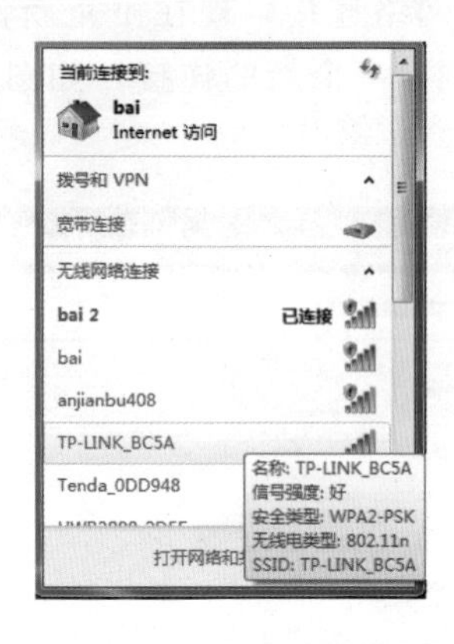

图 12-43　网络连接信息

项目实践

(1)用计算机连接该无线网络，在此网络共享一个文档。

(2)用手机连接该无线网络，完成下面扫一扫的任务。

(3)尝试更该改无线网络的名称，并设置更高强度的密码。

扫一扫

项目 13

下载资料

项目描述

我们可以利用网络阅读、娱乐等，也可以将网络中的很多优秀资源保存在自己的电脑中，以便随时查阅。本项目讲解怎么在网络中搜索自己需要的资源并下载和保存。

项目目标

1. 能够较准确地搜索到所需网络资源。
2. 掌握下载并保存网络资源的方法。

项目任务

任务 1：使用搜索引擎
任务 2：浏览与网页收藏
任务 3：下载并保存文件

任务 1　使用搜索引擎

任务说明

Internet 上的信息浩如烟海，网络资源无穷无尽，如何快速找到所需要的资源是摆在我们面前的大问题，而 Internet 上的搜索引擎为我们解决了这个问题。本任务学习如何使用搜索引擎。

任务实施

搜索引擎的主要功能是建立数据库，将杂乱无序的信息组织起来，建立有序的索引文档，供人们查询使用。目前，使用较多的中文搜索引擎有百度、雅虎中文、搜狐、网易、新浪网搜索及中文 Excite，而我们生活和工作中使用最多的就是百度搜索，如图 13-1 所示。

图 13-1　百度搜索

搜索引擎就是帮助我们来方便地查询网上信息的，但是当你输入关键词后，出现了成百上千个查询结果，而且这些结果中并没有多少你想要的东西，面对着一堆信息垃圾，这时你的心情该是如何沮丧。不要难过，这不是因为搜索引擎没有用，而是由于你没能很好地驾驭它，没有掌握它的使用技巧，才导致这样的后果。

下面介绍几种百度搜索引擎的使用方法，以提高使用搜索引擎的效率。

1. 简单查询

在搜索引擎中输入关键词，然后单击“百度一下”按钮就行了，系统很快会返回查询结果。这是最简单的查询方法，使用方便，但是查询的结果却不够准确，可能包含着许多无用的信息。

2. 使用双引号("")

给要查询的关键词加上双引号(半角)，可以实现精确的查询，这种方法要求查询结果要精确匹配，不包括演变形式。例如，在搜索引擎的文本框中输入"成航"，它就会返回网页中有“成航”这个关键字的网址，而不会返回诸如“成都航空”之类的网页。

3. 使用加号(＋)

在关键词的前面使用加号，也就等于告诉搜索引擎该单词必须出现在搜索结果中的网页上。例如，在搜索引擎中输入“＋电脑＋电话＋传真”，就表示要查找的内容必须同时包含“电脑、电话、传真”这三个关键词。

4. 使用减号(—)

在关键词的前面使用减号，也就意味着在查询结果中不能出现该关键词。例如，在搜索引擎中输入“电视台—中央电视台”，就表示最后的查询结果中一定不包含“中央电视台”。

5. 使用通配符(*和?)

通配符包括星号(*)和问号(?)，前者表示匹配的数量不受限制，后者匹配的字符数要受到限制，主要用在英文搜索引擎中。例如，输入“computer*”，就可以找到computer、computers、computerised、computerized 等单词，而输入“comp?ter”，则只能找到 computer、compater 等单词。

6. 使用布尔检索

所谓布尔检索，是指通过标准的布尔逻辑关系来表达关键词与关键词之间逻辑关系的一种查询方法，这种查询方法允许我们输入多个关键词，各个关键词之间的关系可以用逻辑关系词来表示。

and，称为逻辑“与”，用 and 进行连接，表示它所连接的两个词必须同时出现在查询结果中。例如，输入“computer and book”，它要求查询结果中必须同时包含 computer 和 book。

or，称为逻辑“或”，它表示所连接的两个关键词中任意一个出现在查询结果中就可以。例如，输入“computer or book”，则查询结果中可以只有 computer，或只有 book，或同时包含 computer 和 book。

not，称为逻辑“非”，它表示所连接的两个关键词中应从第一个关键词概念中排除第二个关键词。例如，输入“automobile not car”，就要求查询的结果中包含 automobile(汽车)，但同时不能包含 car(小汽车)。

near，它表示两个关键词之间的词距不能超过 n 个单词。

在实际的使用过程中，可以将各种逻辑关系综合运用，灵活搭配，以便进行更加复杂的查询。

7. 使用括号

当两个关键词用另外一种操作符连在一起，而又想把它们列为一组时，就可以对这两个词加上圆括号。

8. 使用元词检索

大多数搜索引擎都支持“元词”(metawords)功能，依据这类功能用户把元词放在关键词的前面，这样就可以告诉搜索引擎想要检索的内容具有哪些明确的特征。例如，在搜索引擎中输入“title：成都航空旅游职业学校”，就可以查到网页标题中带有成都航空旅游职业学校的网页。在键入的关键词后加上“domain：org”，就可以查到所有以 org 为后缀的网站。

其他元词还包括以下几个。

image：用于检索图片；link：用于检索链接到某个选定网站的页面；URL：用于检

索地址中带有某个关键词的网页。

9. 区分大小写

这是检索英文信息时要注意的一个问题，许多英文搜索引擎可以让用户选择是否要求区分关键词的大小写，这一功能对查询专有名词有很大的帮助。例如，Web专指万维网或环球网，而web则表示蜘蛛网。

任务2　浏览与收藏网页

任务说明

不少人都会有一些固定的访问网页，比如搜索引擎之类的网站或一些常用的门户网站，我们就经常要用到，本任务学习怎么在浏览器收藏自己喜欢的网页或网址。

任务实施

1. 收藏网页

(1)以收藏百度为例，首先在浏览器(这里以IE为例，其他浏览器的操作类似)打开百度首页，如图13-2所示。

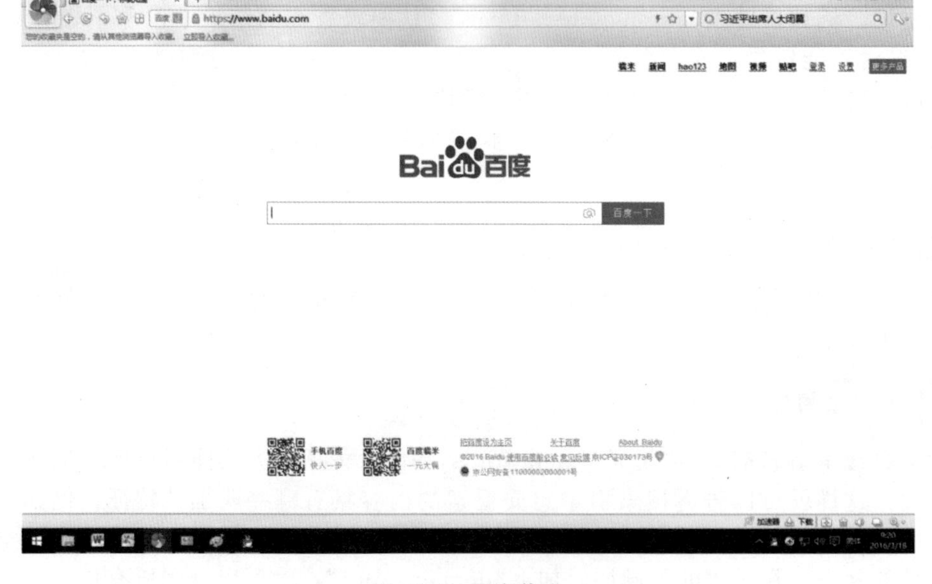

图13-2　百度首页

(2)打开网页后，在百度页面中的任意一处右键单击，弹出快捷菜单，如图13-3所示。

图 13-3　百度页面快捷菜单

（3）在快捷菜单中单击“添加到收藏夹”命令，如图 13-4 所示。

图 13-4　单击“添加到收藏夹”命令

（4）弹出“添加收藏”对话框，单击“添加”按钮即可，如图 13-5 所示。

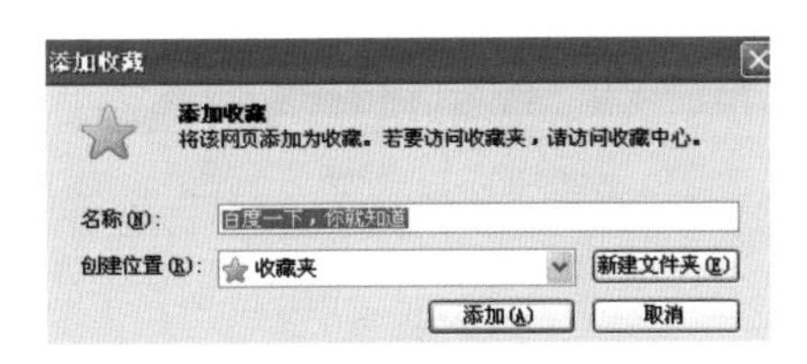

图 13-5　“添加收藏”对话框

以后在使用网络的过程中，如果想打开百度网页，可以先找到浏览器上方的收藏夹小图标，如图 13-6 所示。

图 13-6　找到收藏夹小图标

单击收藏夹图标，就可以看到我们添加的收藏网页了，如图 13-7 所示。当然也可以在浏览器的收藏栏中看到收藏的网页。

图 13-7　收藏夹中的网页

2. 快速搜索打开 IE 浏览器收藏夹里的网页

如果你疏于整理，将一大堆网页都直接存在收藏夹里，很快你会发现收藏夹里面的网页变得杂乱无章，要想在收藏夹里找到一个网页也是需要一点时间的。

这个时候要是有搜索功能就好了，实际上 IE 浏览器默认已经提供了收藏夹的搜索功能，IE 地址栏就是一个收藏夹网页的搜索入口。

当我们想要进行搜索时，只需要在地址栏输入收藏夹网页的相关关键字，比如网页标题、网址，浏览器就会自动搜索进行匹配，并在下拉列表中进行显示。

如果记得收藏夹网页标题部分，那么只需要在地址栏输入标题关键字即可。例如，收藏夹里收藏了很多南航的网页，只需输入“南航”，下拉列表就会显示所有标题带“南航”关键字的网页，如图 13-8 所示。

图 13-8　在地址栏输入关键字“南航”

如果记得收藏夹网页的网址部分，那么只需要在地址栏输入网址关键字即可。例如，记得网址里面有“CS”这个关键字，那么输入“CS”后，就会出现网址里面带“CS”关键字的网页，如图 13-9 所示。

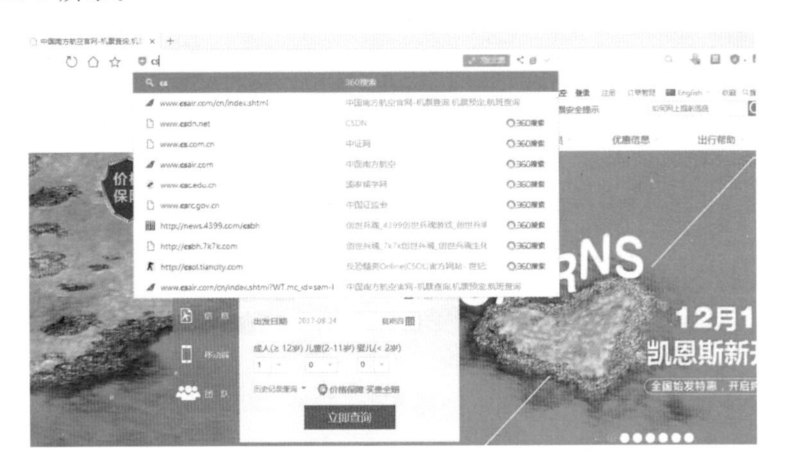

图 13-9　在地址栏输入关键字“CS”

搜索网址时不要使用 www. microsoft 这样的格式，这样一输入以后，浏览器就会识别为你想直接打开这个网址，而放弃对收藏夹的搜索。

任务 3　下载并保存文件

任务说明

网络中有许多的共享资源，有些是付费的，有些是免费的，但如果没有网络我们将无法随时阅读，如果能将网络上的资源下载并保存到自己的终端会更好。本任务学习如何在网络中下载并保存文件。

任务实施

一、从网站下载图片、应用及其他文件

用户可以从浏览器下载诸多类型的文件，如文档、图片、视频、应用等。当单击或双击想要下载的文件时，Internet Explorer 会询问想要对该文件执行的操作。以下是可以执行的部分操作，具体取决于要下载的文件类型。

(1)打开：打开文件以进行查看，但是不将其保存到电脑中。

(2)保存：将文件保存到电脑中的默认下载位置。在 Internet Explorer 运行过安全扫描并完成文件的下载后，用户可以选择打开文件或文件存储到的文件夹，也可以在下载管理器中查看该文件。

(3)另存为：将文件另存为不同的文件名、文件类型，或者另存到电脑上的其他位置。

(4)运行：运行应用、扩展或其他类型的文件。在 Internet Explorer 运行安全扫描之后，文件将开始打开并在电脑上运行。

(5)取消：取消下载，并返回浏览器以继续浏览。

二、查找下载到电脑上的文件

下载管理器会跟踪从网站下载的图片、文档及其他文件。已经下载的文件会自动保存在“下载”文件夹中。该文件夹通常位于 Windows 的 安装驱动器中(例如，C:\users\your name\downloads)。用户随时可以将“下载”文件夹中的下载项移动到电脑的其他位置。若要查看使用 Internet Explorer 下载的文件，可执行以下操作。

(1)在“开始”菜单上，单击“Internet Explorer”，打开 Internet Explorer。

(2)单击“页面工具”按钮，在下拉列表中单击“查看下载”命令，打开“查看下载”窗口。选择所需的下载内容，然后选择下列操作之一。

- 单击“运行”以打开并运行下载的文件。
- 单击“打开程序位置”以查看文件在电脑上的存储位置。
- 单击“删除程序”以删除文件。
- 单击“清除”以从下载列表中删除文件。
- 单击“清除列表”以从下载列表中删除所有文件。

三、关于下载和安全警告

在下载文件时，Internet Explorer 会检测下载项中是否有恶意或对电脑存在潜在损害的迹象。如果 Internet Explorer 认为某个下载项是可疑文件，则会通知用户，以便用户可以决定是否仍要保存、运行或打开该文件。并非所有引发警告的文件都是恶意文件，但是仍需要用户确认下载的来源网站是所信任的网站，并且确定要下载该文件，这一点很重要。

如果看到一条安全警告，提示“无法验证此程序的发布者”，则表示 Internet Explorer 无法识别要求下载该文件的站点或组织。在保存或打开该下载项前，用户应确保了解并信任其发布者。

从网站下载文件始终存在风险。以下是下载文件时为帮助保护电脑可以采取的一些预防措施。

- 安装和使用防病毒程序。
- 仅从信任的网站下载文件。
- 如果文件包含数字签名，请确保该签名有效，并且该文件来源于受信任的位置。若要查看数字签名，可单击首次下载文件时打开的安全警告对话框中的发布者链接。

四、下载《我要追》实例

(1)打开 IE，在地址栏输入www.baidu.com，打开百度首页，在百度搜索栏输入“我要追”，单击“百度一下”按钮，出现如图 13-10 所示页面。

图 13-10　搜索“我要追”

(2)单击第一项搜索结果中的“在线试听”按钮，会出现如图 13-11 所示页面，单击“下载”按钮，就可以下载了。

图 13-11　在线试听《我要追》

五、修改 IE9 下载文件的保存位置

用 IE9 下载文件时，它不会像之前的 IE 版本那样弹出一个对话框，取而代之的是在浏览器下方出现一个提示栏，如图 13-12 所示。

图 13-12　IE9 下载提示栏

提示栏上面有“运行”“保存”“取消”按钮，如果在一段时间内没有进行操作，它会加深背景色使提示变得更醒目，如图 13-13 所示。

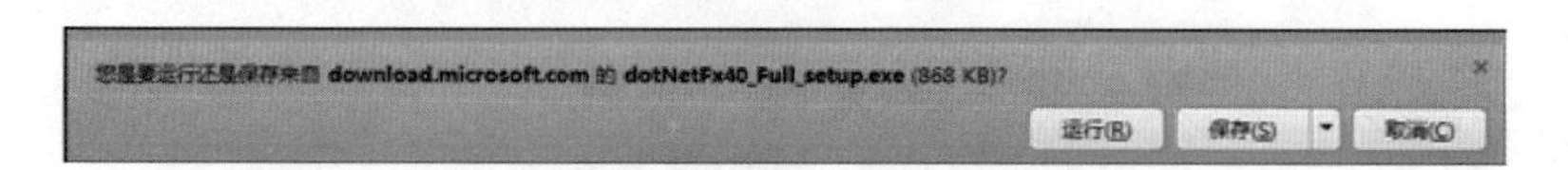

图 13-13　加深背景色的提示栏

如果要在下载完成后运行该文件，可以单击“运行”按钮。如果只要下载，可以单击“保存”按钮。下载的文件会保存在“个人文件夹”→“下载”中，用户可以修改这个位置，操作方法如下。

(1)单击浏览器右上角的“页面工具”按钮，在弹出的下拉菜单中单击“查看下载”命令，如图 13-14 所示。

(2)在弹出的“查看下载”对话框中单击“选项”按钮，如图 13-15 所示。

图 13-14　“页面工具”下拉菜单

图 13-15　“查看下载”对话框

(3)弹出“下载选项”对话框，在其中可输入一个默认下载位置，或单击“浏览”按钮并选择一个文件夹作为保存下载文件的位置，完成后单击“确定”按钮，如图 13-16 所示。

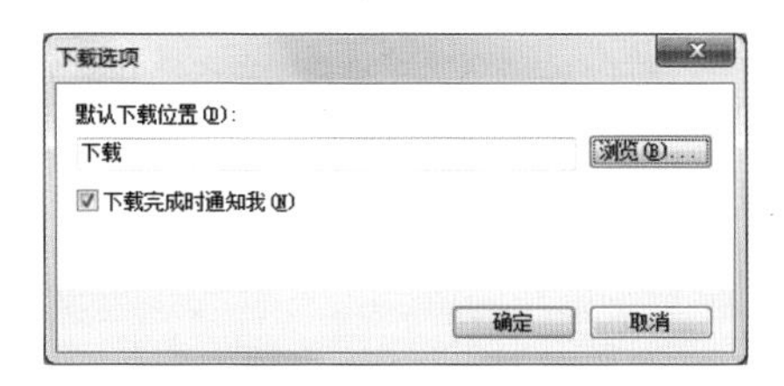

图 13-16 “下载选项”对话框

项目实践

使用搜索引擎下载一个计算机的微课。

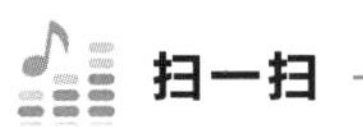

扫一扫

参考文献

[1] 王移芝，罗四维．计算机基础教程[M]．北京：高等教育出版社，2004．

[2] 杨振山，龚沛曾．计算机基础[M]．第4版．北京：高等教育出版社，2004．

[3] 李秀，安颖莲，姚瑞霞等．计算机文化基础[M]．第5版．北京：清华大学出版社，2005．

[4] 黄逵中，黄泽钧，胡璟．计算机应用基础教程[M]．北京：中国电力出版社，2002．

[5] 谭浩强．计算机应用基础实训指导与习题集[M]．北京：中国铁道出版社，2002．

[6] 华诚科技．Office 2010从入门到精通[M]．北京：机械工业出版社，2011．

[7] 王小林，郭燕．Excel 2010电子表格制作高级案例教程[M]．北京：航空工业出版社，2012．

[8] 文杰书院．Excel 2010电子表格处理基础教程[M]．北京：清华大学出版社，2012．

[9] 凌弓创作室．Excel 2010表格制作与数据处理[M]．北京：科学出版社，2015．

[10] 张红，白祎花．中文版Windows 7无师自通[M]．北京：清华大学出版社，2012．